前言

物业管理是随着我国房地产业的发展，特别是住房制度改革而出现的一个新兴行业，行业的迅速发展需要大批具有较高科学文化素养的专门人才。而物业绿化管理技术又是在物业管理中一项极其重要的、不可缺少的工作，对于相关人才的需求更是迫切。为此我们编著出版了此本教材，旨在使物业管理行业加强从业人员的环境绿化方面知识的学习，提高自身素养，同时力求提高物业的环境绿化管理水平，更好地为业主提供舒适的生活与工作环境。

本教材在第一版的基础上做了进一步的修订：在体例上，更加注重实用性和可操作性，但杜绝仅仅是"为了实训而实训"，而是根据各章内容的知识特性及能力培养的实际要求出发，设计了配套的"实训操作"与"练习题"；在内容编排上，基于对目前用人单位、第一版教材的使用者等多方调研，增设了第五章第一节"园林设计制图基础知识"、第七章"常用园林工具与机具介绍"，利于学生掌握相关的工具性知识。

本教材主编康亮，副主编林俭。参加编写的人员和分工如下：康亮（第一章、第四章、第七章部分）、韩敏（第二章、第六章、第七章部分）、洪立瑾（第三章第一节、第二节1—7）、吴波立（第三章第二节8）、林俭（第五章），还有朱建忠、李心天和杨青也参与了相关资料的收集与图片整理工作。

本教材适用于高等职业技术院校物业管理专业，也适用于物业管理爱好者等。

本教材在编写过程中，得到了上海城市管理职业技术学院相关领导部门及物业管理企业的支持和帮助；同时参考了已出版的有关教材内容以及许多专家、学者的论著，吸取了他们许多重要论断和材料。在出版过程中，得到了华东师范大学出版社的大力支持和帮助。在这里，谨向他们表示衷心的感谢。由于我们水平有限，可能存在许多不足之处，希望批评指正。

编　者
2013 年 12 月

"十二五"职业教育国家规划教材

经全国职业教育教材审定委员会审定

高职高专物业管理系列教材

物业绿化管理 _{第二版}

主　编◇康　亮

副主编◇林　俭

华东师范大学出版社

图书在版编目(CIP)数据

物业绿化管理/康亮主编.—2版.—上海:华东师范大
学出版社,2014.1
　ISBN 978-7-5675-1648-9

　Ⅰ.①物…　Ⅱ.①康…　Ⅲ.①绿化-物业管理-高等
职业教育-教材　Ⅳ.①S731②F293.33

　中国版本图书馆 CIP 数据核字(2014)第 015856 号

物业绿化管理(第二版)

主　　编　康　亮
项目编辑　蒋　将
审读编辑　陈俊学
责任校对　邱红穗
版式设计　卢晓红
封面设计　孔薇薇

出版发行　华东师范大学出版社
社　　址　上海市中山北路 3663 号　邮编 200062
网　　址　www.ecnupress.com.cn
电　　话　021-60821666　行政传真 021-62572105
客服电话　021-62865537　门市(邮购)电话 021-62869887
地　　址　上海市中山北路 3663 号华东师范大学校内先锋路口
网　　店　http://hdsdcbs.tmall.com

印 刷 者　上海市崇明县裕安印刷厂
开　　本　787×1092　16 开
印　　张　18
字　　数　417 千字
版　　次　2015 年 1 月第 2 版
印　　次　2020 年 8 月第 2 次
书　　号　ISBN 978-7-5675-1648-9/F·242
定　　价　45.00 元

出 版 人　王　焰

目录

第一章
物业绿化管理基础知识

本章导读

1. 学习目标

通过教学使学生了解物业绿化的基本范畴。掌握植物器官的基本要素,并熟知植物各器官间的相互关系,为以后的植物识别打下扎实的基础。了解园林植物的自然分类和人为分类系统,掌握植物生长与温度、光照、水分、空气以及土壤与肥料之间的相互关系,为更好地完成物业绿化的养护工作奠定有力的理论依据。

2. 学习内容

物业绿化所涉及的范畴及物业绿化的意义。植物各器官的生理功能、类型与形态特征。植物的自然分类系统和人为分类系统。植物生长过程中与环境因子的关系。

3. 重点与难点

重点:植物器官中营养器官(根、茎、叶)的基本知识;园林植物的自然分类系统;温度、光照、水分对植物生长的影响。

难点:植物器官中花的相关知识点;植物各器官间的相互关系;植物生长与土壤、肥料的相关性。

第一节　物业绿化管理概述

一、物业及物业管理

所谓物业,从管理角度来说,指已经建成投入使用的建筑物及其相关的设备、设施和场地,包括居民住宅、写字楼、学校、酒店、工厂等。物业是由英语"estate"或"property"引译而来的,原意是"财产、资产、拥有物、房地产"等。

狭义的物业管理,指专业组织或机构,受业主委托,按合同或契约,运用现代经营手段和修缮技术对已建物业及其业主或用户进行管理和服务。狭义的物业管理,一般包括对房屋建筑及附属配套设备、设施及场地以经营的方式进行管理,对房屋周围的环境、清洁卫生、安全保卫、公共绿化、公用设施、道路养护统一实施专业化管理,并向住用人提供多方面的经营服务。广义的物业管理,指在物业的寿命周期内,为发挥物业的经济价值和使用价值,管理者采取多种科学技术方法与管理手段,对各类物业实施全过程的管理,并为物业所有者或使用者提供有效周到的服务。广义物业管理的范畴相当大,它涉及物业全部寿命周期内的多种管理与服务活动。如物业的开发建设管理,租售管理、装修管理、修缮管理以及为物业使用者的经营、生产、居住而提供的多种形式的服务。

物业管理行业是一项新兴的行业,是一种综合性的服务行业,是市场经济的产物,实践证明,物业管理提高了居民住宅、写字楼、学校、酒店、工厂等的服务水平,在解决建设、管理与服务脱节问题上发挥了有力的作用,让人们更好地生活和工作,提高生活和工作的质量。

二、物业绿化管理的概念

作为物业管理的重要部分,物业绿化管理是物业管理的基本内容之一。物业绿化管理概念有狭义、广义两种。狭义的物业绿化管理指对物业内外及其附属设施的园林绿化植物及园林建筑、园林小品等进行养护管理、保洁、更新、修缮,并对园林植物等采取淋水、施肥、修剪、中耕除草及病虫害防治、防风、防寒等养护管理措施,达到改善、美化环境,保持环境生态系统良性循环的效果,并使业主的物业得到保值和升值。广义的物业绿化管理除了包括狭义的物业绿化管理所包含的内容外,还包括苗圃经营、绿化有偿服务、花店经营等与园林绿化相关的经营活动以及园林设计施工等等。

其中物业绿化中涉及较多的就是居住区绿地的管理。居住区内绿地指根据居住区不同的规划组织结构类型,设置相应的中心公共绿地,包括居住地公园(居住区级)、小游园(小区级)和组团绿地(组团级),以及儿童游戏场和其他的块状、带状公共绿地等。

三、物业绿化管理的意义

1. 良好的物业绿化管理可以创造出良好的社会效益

现代的物业建筑中,大量的硬质楼房形成轮廓挺直的水泥块群的景观,给人一种单调且冷酷无情的压抑感。而物业中的园林绿化却是柔和的软质景观,它不仅能丰富城市建筑群体的轮廓线和美化小区环境,而且小区中的小公园、小游园甚至路边大树下可开展多种形式的活动,是向群众进行文化宣传或住户间相互交流、丰富小区文化、增进人们相互之间感情和促进小区融合的地方。另外,良好的小区及城市的绿化还能起到保护水土、防范自然灾害等防灾避难的作用,具有良好的社会效益。

2. 良好的物业绿化管理能够创造良好的环境效益

城市的园林绿化往往被称为"市肺"。同样,小区内的绿化也对小区的环境保护起到举足轻重的作用。

(1) 调节小气候

物业绿化中居住区绿化占有很大的比例,居住区内高楼林立,热岛效应很明显,绿化可以改善当地的小气候。

① 居住区绿地中树叶通过叶面蒸腾,可调节空气相对湿度,减轻干燥程度。

② 居住区绿地中通过树冠阻挡了太阳辐射带来的光和热;通过树木本身旺盛的蒸腾作用消耗了大量的热能;树木在制造碳水化合物的同时可以吸收太阳能。因此在炎热的夏季,绿化能降低居住区小环境的气温,使人们备感凉爽。

③ 居住区建筑间的狭长地带会使风速变大、变快。但通过树冠的阻挡可分割气流,使气流间相互抵消,风力由强变弱,降低风速。

④ 绿地中草坪和地被能减弱雨水对土壤的冲刷,减少地表径流,从而保持水土。

(2) 清新空气

树木在生长过程中可以吸收二氧化碳,并同时释放氧气。绿化还可以减少空气中的灰尘,增加空气中的负离子含量,消除空气中的细菌、病毒。树木还有吸收有害气体达到净化空气的作用。

(3) 其他作用

绿化还有减低噪声、监测环境污染、防火避灾、美化环境等许多有益的功能,可创造一个良好舒适的环境。

3. 良好的物业绿化管理可以创造良好的经济效益

现在,随着生活水平的提高,人们的消费观念也在改变。现在人们买房已不限于"有一个属于自己的住所"这一概念,也不限于建筑面积的大小,更多的购房者关注的是居住区环境的好坏。因此,小区绿化环境的好坏往往直接影响物业的销售情况及物业管理费的收取。而酒店及旅游景点的环境绿化情况更是能否吸引顾客的决定性因素之一。另外,物业绿化有偿服务也是物业公司创收的主要来源之一。可见,一种良好的物业绿化管理可以创造出良好的经济效益。

4. 物业绿化管理的好坏直接影响物业管理公司的形象

作为物业门面之一的物业绿化,往往给进入小区的人们很深的第一印象。物业绿化管理的好坏往往对人们对该物业公司的信心有着极大的影响,也是业主评价物业公司工作是否到位的主要标准之一。另外,物业绿化管理也是物业管理评优工作中的重要项目之一。

四、物业绿化管理的发展和现状

　　物业绿化管理的前身是古人对私家庭院中的花草树木进行的管理养护。在古代,由于生活水平及小农经济的影响,物业管理并没有成为一个专门的行业,而人们对庭院绿化管理也都只是作为一种业余爱好,没有提升为一种专业,只有极为富有的大家族,才有一两个专管种花、种草的花工。而解放以来直到 20 世纪 80 年代,大多数城市的住宅都由房管所(局)管理。由于受经济条件影响,除旅游景点外,大多住宅并不注重绿化环境,一般小区也不配备专职绿化管理人员。20 世纪 80 年代以后,随着人们生活水平的提高,当今人们认识到,园林绿化更具有保护环境、提高环境质量的生态功能,具有有益于身心健康,甚至改善城市形象、改善投资环境等作用。因而,物业绿化成为了城市文明程度的主要标志,逐渐成为新建物业的重要内容之一。90 年代末绿化经费虽然大增,但仍是来源单一,尚未形成良好的社区绿化经费投入机制,导致物业管理公司对绿化养护管理的经费无着落,缺养少管的状况严重,而且缺少绿化监督队伍。

　　近年来随着绿化面积的增大和物业管理公司的成立,物业绿化管理也作为一个专业应运而生,并且不断壮大。目前,不少的物业公司均设有园林绿化部或环境部,有的还成立了专门的下属园林绿化管理公司,而且物业绿化管理的范围也不断扩大。

第二节　植物学基础知识

一、植物的多样性

　　植物的种类是多种多样的,目前全世界已经发现的植物大约有 50 万种,其中科学家已经命名的植物大约有 35 万种。包括低等植物(菌类、藻类、地衣)和高等植物(苔藓、蕨类和种子植物)。它们中有结构简单的单细胞植物,也有高度分化的多细胞植物;有自养的绿色植物,也有寄生或腐生的异养植物(又称非绿色植物);既有草本植物,又有木本植物;既有高大乔木,又有低矮灌木。植物在地球表面的分布极为广泛,从高山到平原,从大气中到土壤深层,从热带到寒带,从江河湖海到沙漠荒野,到处都长着植物。甚至在常年积雪的高山上也有地衣生存;在温度 40～85℃的泉水中也有蓝藻生长。植物界的广泛分布以及在恶劣条件下的生存能力,可以看作是不同种类对不同环境条件的适应。

　　植物在地球上经历了 30 亿年的进化和发展。植物的进化也和其他生物进化一样,有一个从简单到复杂、从水生到陆生、从低级到高级的发展过程。根据达尔文的进化理论,生物界普遍存在着遗传和变异,自然条件是不断变化的,那些不适应环境条件的变异逐渐被淘汰,只有那些生理功能和形态结构适应自然条件者,才得以生存和发展。自然界这些丰富多彩、千姿百态的植物类型正是自然选择的结果。由于人类生活、生产的需要,有了栽培植物,进一步促进了植物种类的发展。

二、我国丰富的植物资源

我国地域辽阔,地形复杂,气候类型较多,因此蕴藏着极为丰富的植物资源。据统计,我国仅种子植物就有 3 万多种,占世界高等植物的 1/10;原产我国的乔、灌木 7500 种,超过北温带其他国家的总数,是世界上木本植物种类最多的国家。由于我国一部分地区地形结构的特殊性,未遭受到冰川的破坏,保留了已在世界上其他地区绝迹的孑遗植物几十种,如银杏、水杉、水松等。

我国分布的园林植物极为丰富,素有"世界园林之母"之称。一些世界著名花卉的分布中心都集中在我国,如金粟兰属花卉、山茶、丁香、杜鹃、报春花、菊花、兰花等。我国园林植物陆续传播到世界各国,对各国园林植物的构成和园林风格都产生了深远的影响。

三、植物的器官

在植物体中,由多种组织构成,具有显著形态特征和特定生理功能的部分称为器官。植物自有了根、茎、叶的分化就产生了器官。一个完整的种子植物体包括根、茎、叶、花、果、种子六大器官。其中根、茎、叶密切协作,使植物的营养体(植物体)不断地由小长大,因此,这三个担负营养功能的器官称为营养器官。而花、果、种子与种族的繁衍有关,故称为生殖器官。

1. 根

根是植物在长期适应陆生生活所进化形成的器官,它是植物体的一个重要的营养器官。根的主要功能是从土壤中吸收水、无机盐和养分,把它们输导给植物地上部分供生长发育的需要,并有固定和支持植株的作用;根还是生物合成和分泌的场所,一些氨基酸、植物碱、植物激素等重要物质是在根内形成的。有些植物的根还可以产生不定芽而萌生新枝,具有营养繁殖的作用。有些植物的根发生变态后还具有贮藏功能、呼吸功能等。

(1) 根的形态

植物的根多数生活在土壤里,为了满足其生理功能的需要,不断地向土壤的深处或四周生长,扩大分布的范围。为了减少土壤对根生长造成的阻力,根一般呈圆柱状,先端呈圆锥体。为使根尖在前进中不受损害,在根的尖端还有根冠,起保护作用。

根在土壤中生长要承受土壤的压力,由于土壤质地复杂,使根呈各种弯曲状态。根没有节和节间的分化,能产生侧根。

(2) 根的类型

植物的根,根据发生部位的不同,可分为定根和不定根两大类。

① 定根

直接或间接地由胚根发育而成,有一定生长部位的根,称为定根。

a. 主根:由种子的胚根发育形成的根。

b. 侧根:主根上发生的分支以及由分支再发生的根。

② 不定根

在茎、叶和其他部位产生的,即没有固定生长位置的根,称为不定根。

③ 根系及其类型

植株体上所有根的总体,不管是由定根还是不定根发育而成的统称为根系。根据根系的起源和形态的不同,根系分为直根系和须根系两种类型。

a. 直根系:主根特别发达、粗壮,垂直向下,与侧根有明显区别的根系称为直根系。大部分双子叶植物和裸子植物的实生苗根系都属于此类型。

b. 须根系:主根不发达或早期停止生长,在基部产生许多粗细相似的呈须状的根系,称为须根系。大部分单子叶植物为须根系。但有些双子叶植物的扦插苗也形成须根系。

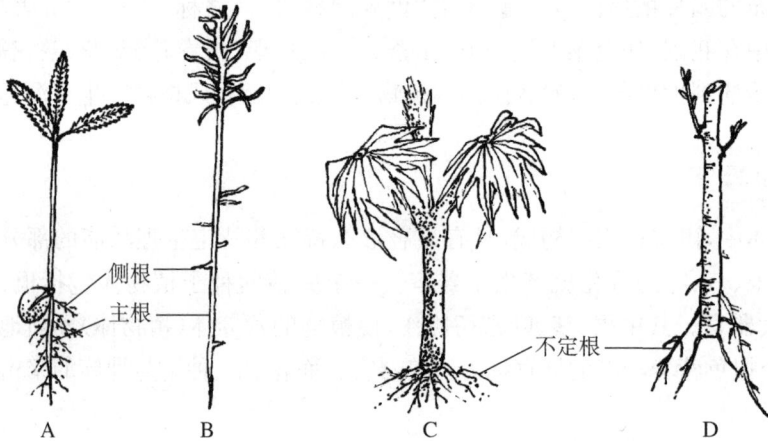

直根系:A 麻栎;B 马尾松　须根系:C 棕榈;D 柳树扦插苗

图 1-1　根的种类与根系的类型

（3）根系在土壤中的分布

根系在土壤中的分布状况,对植物地上部分的生长有着极为重要的影响。只有发达的根系才能充分吸收土壤中的水分和营养,才能具有较强的抗逆性,才能枝叶茂盛。在土壤结构良好的条件下,根系分布一般都十分广泛,其生长幅度往往超过地上部分。例如小麦的根可深入到 2 m 深的土层;花生萌发后一个月,主根长度可达到 50 cm 左右,侧根能达到 100~145 条,很多树木的根系分布可大于树冠数倍。根据根系在土壤中的分布深度,可以把根系分为深根系和浅根系两类。深根系主根发达,深入土层,垂直向下生长。浅根系主根不发达,侧根或不定根向四面扩张,长度往往超过主根,根系主要分布在土壤表层。

根系在土壤中的分布,一方面决定于植物的遗传特性,另一方面决定于土壤条件等。在同一树种中,如果生长在地下水位较低,土壤排水和通气状况良好,土壤肥沃,阳光充足的地区,其根系比较发达,可以深入较深的土层。反之,生长在地下水位较高,土壤排水和通气状况不好,肥力又较差的地区,其根系发育不良,多分布在较浅的土层。此外,用种子繁殖的实生苗,一般根系分布较深;而移植的苗木主根常常发育不良或停止发育,而侧根大量发生,其根系分布较浅。在园林生产实践中要创造适于根系发育的土壤条件,提高土壤肥力,改良土壤结构,促进根系发育,为地上部分的生长发育打好基础。

（4）根的变态

植物在长期进化过程中，为了适应已经改变了的生存环境，一部分营养器官的形态结构及生理功能发生了变化，并遗传给后代，这种变化称为变态。根的常见变态有以下几种类型：

① 贮藏根

由主根、侧根或不定根形成的贮藏有大量养料的肉质直根或块根，称为贮藏根。常见于一、二年生或多年生的草本植物，如萝卜肉质直根，而大丽花、甘薯和天门冬属于块根。

② 支柱根

有些植物在茎节或侧枝上产生许多不定根，向下伸入土壤中，形成起支柱作用的变态根为支柱根。如榕树侧枝上产生下垂的不定根都是支柱根。这种根除起支持作用外，还具有吸收水分和营养的功能。

③ 气生根

茎上产生，悬垂在空气中的不定根称为气生根。气生根的顶端无根冠和根毛，但有根被，如常春藤、吊兰、石斛等就生长这种变态根。根被是气生根的根尖表面特化的吸水组织，气生根是植物对高温、高湿的一种适应。

④ 呼吸根

生活在沼泽或热带海岸的植物，常有一部分根背地向上生长，裸露于空气中，根中有发达的通气组织，表面有皮孔，适应于呼吸作用，以弥补多水环境中空气的缺乏，如池杉、水杉、红树等植物有这样的变态根。

⑤ 寄生根

有些寄生植物，缠绕在寄主植物上，根则发育成吸器，伸入到寄主植物体内吸收水分和养料供自身的生活需要，这样的变态根称为寄生根。如桑寄生属植物、槲寄生属植物、菟丝子等就是生长着这种变态根的植物。

⑥ 攀缘根

有些藤本植物茎上有很多不定根，起到固着作用，使植物沿岩石、墙壁向上生长，这种不定根称攀缘根。如凌霄、地锦等植物就生长这种变态根。

2. 茎

茎是植物地上部分重要的营养器官。茎的上部支持着叶、花和果实，并呈有规律地分布，使叶能充分接受阳光，进行光合作用，并有利于传粉和种子的传播。茎的下部连接着根，一方面把根从土壤中吸收的水分及无机盐输送到地上各部分，另一方面将叶制造的有机养料输送到植物体需要的器官或部位。茎把根和叶连接起来，使植物成为一个统一的整体。此外，茎还具有贮藏和营养繁殖的作用。

（1）茎的形态与类型

① 茎的形态

植物的茎通常具主茎（主干）和侧枝之分，着生叶和芽的部分称为枝条。枝条上生长叶的部位叫做节，两节之间叫做节间。枝条顶端生有顶芽，枝条与叶片之间的夹角称为叶腋，叶腋处生有腋芽也叫侧芽，多年生落叶乔木或灌木的枝条上还可看到叶痕、维管束痕或叶迹、芽鳞痕和皮孔等。叶痕是叶片脱落后在茎上留下的痕迹。叶痕内的点线状突起是叶柄与茎之间的维管束断离以后所留下的

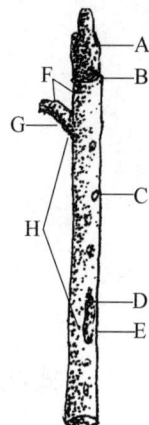

A 顶芽　B 芽鳞痕　C 皮孔　D 腋芽　E 叶痕　F 叶腋　G 叶柄　H 节间

图 1-2　茎的形态

痕迹,叫维管束痕或叶迹。枝条之间可看到冬芽长后芽鳞脱落的痕迹,叫芽鳞痕,根据芽鳞痕的数目,可判断枝条的生长年龄。枝条的周皮上还可看到各种不同形状的皮孔,它们是木质茎进行气体交换的通道。(见图1-2)

② 茎的类型

茎依生长习性可分为直立茎、攀缘茎、缠绕茎、匍匐茎等。

a. 直立茎:凡是直立向上生长的茎都是直立茎,多数植物的茎是直立的,最适于输导及机械支持作用。直立茎高度不等,矮的几厘米,高的可达一百多米。具有直立茎的植物包括乔木(具有明显的主干,各级侧枝间没有明显的大小粗细的差异,分枝点离地面较远,植物体一般较高)、灌木(无明显的主干,在接近地面的地方分枝,侧枝多而无明显的大小粗细的区别,呈丛生状态,植物体一般较矮小)。(见图1-3A)

b. 攀缘茎:指不能独立直立向上生长,只能依靠卷须、吸盘等器官,借助其他物体向上生长的茎,叫攀缘茎。具有缠绕茎的植物有葡萄、地锦等。(见图1-3D)

c. 缠绕茎:指只能依靠缠绕其他直立的物体向上生长的茎,叫缠绕茎。具有缠绕茎的植物有茑萝、牵牛花等。有些缠绕茎的缠绕方向可分为右旋或左旋。按顺时针方向缠绕为右旋缠绕茎,按逆时针方向缠绕为左旋缠绕茎。(见图1-3B和C)

d. 匍匐茎:茎沿水平方向生长,每个节上可生不定根,与整体分离后能长成新个体,故可用以进行营养繁殖,具有匍匐茎的植物有草莓等。

缠绕茎、攀缘茎、匍匐茎三种都有茎细长的特点,所以又统称为藤本植物。

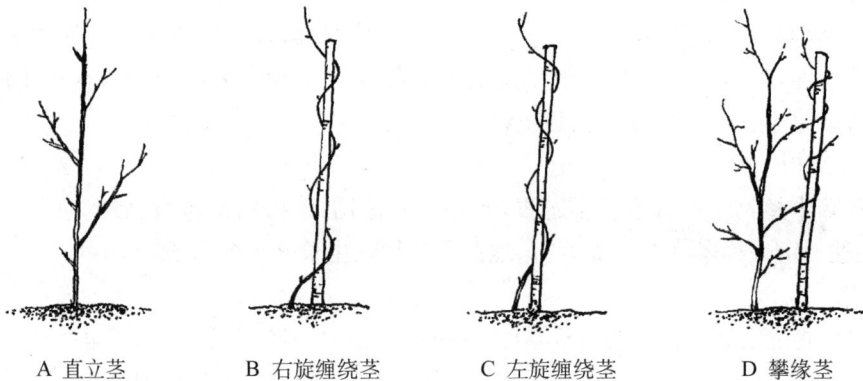

A 直立茎　　　　B 右旋缠绕茎　　　　C 左旋缠绕茎　　　　D 攀缘茎

图1-3　茎的主要类型

(2) 芽的类型

芽指植物种子或植物体刚生长出来的,可以发育成茎、叶或花的部分。按不同分类方式,芽可分为以下几种类型:

① 定芽和不定芽(按芽的位置分)

在茎上有固定生长位置的芽叫定芽,顶芽和腋芽都属于定芽。有些植物在茎、根、叶上也能产生一些芽,这些芽没有固定的生长位置,称为不定芽,如秋海棠、大岩桐的叶生芽,刺槐、泡桐的根出芽等。此外,还包括紫穗槐的叠生副芽等。(见图1-4D至F)

② 叶芽、花芽和混合芽(按芽的性质分)

叶芽:能发育成枝条的芽称为叶芽。叶芽的外形一般较花芽瘦长。

花芽:能发育成花和花序的芽,外形一般较叶芽饱满。

混合芽:发育后既生枝又有花或花序的芽称为混合芽,如丁香、苹果等的芽。

③ 鳞芽和裸芽(按有或无芽鳞来分)

鳞芽:有芽鳞包被的芽称为鳞芽。鳞芽上常具茸毛或蜡层,可阻遏水分的消耗,增强抗寒性。许多木本植物秋冬季形成的芽多为鳞芽,如毛白杨和丁香长这种芽。(见图1-4A和B)

裸芽:芽外面无芽鳞包被的芽称为裸芽。草本植物和热带植物的芽多为裸芽。(见图1-4C)

④ 活动芽和休眠芽(按生理状态分)

活动芽:当年能发育并长出新枝或到来年春天能萌发的芽称为活动芽。

休眠芽:枝条上长期保持休眠状态的芽,称为休眠芽或潜伏芽。

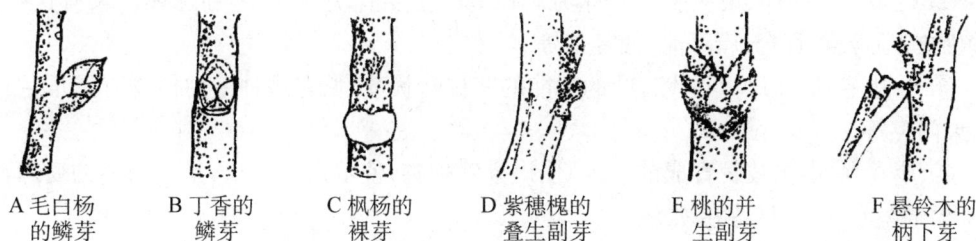

| A 毛白杨的鳞芽 | B 丁香的鳞芽 | C 枫杨的裸芽 | D 紫穗槐的叠生副芽 | E 桃的并生副芽 | F 悬铃木的柄下芽 |

图1-4 芽的类型

(3) 茎的分枝方式

植物的茎都具分枝能力,分枝一般都是由腋芽发育而成,每种植物都有一定的分枝方式,常见分枝可分为下列几种类型(见图1-5):

① 单轴分枝(总状分枝)

从幼苗开始,主茎的顶芽活动始终占优势,以至形成直立的主干,主干上有多次分枝,但主轴明显,这种分枝方式称为单轴分枝,单轴分枝的有银杏、松、杉等植物。

② 合轴分枝

主茎的顶芽生长一个时期以后,开始缓慢生长或死亡,而下方的一个侧芽生成新枝代替顶芽继续向上生长,形成一段主轴,随后又被其他腋芽所取代,如此形成的分枝称为合轴分枝。合轴分枝主干弯曲、节间较短,能够形成较多的花芽,它是果树丰产的一种分枝方式。

③ 假二叉分枝

植物体主轴顶芽停止生长,由其下方的两个对生侧芽同时长出新枝条。如此重复发生分枝所形成的分枝形式,其分枝实际上是由一对侧芽发育而成的,故称假二叉分枝,以这种方式分枝的植物有丁香、石竹、七叶树等。

禾本科等植物在地下或近地面处发生的分枝称为分蘖,这种植物有水稻、小麦等。分蘖与产量有密切关系。

(4) 茎的变态

在长期发展进化中,某些植物的茎或茎的一部分,其形态构造和生理功能发生了变化,形成了茎的变态。常见茎的变态有以下几种:

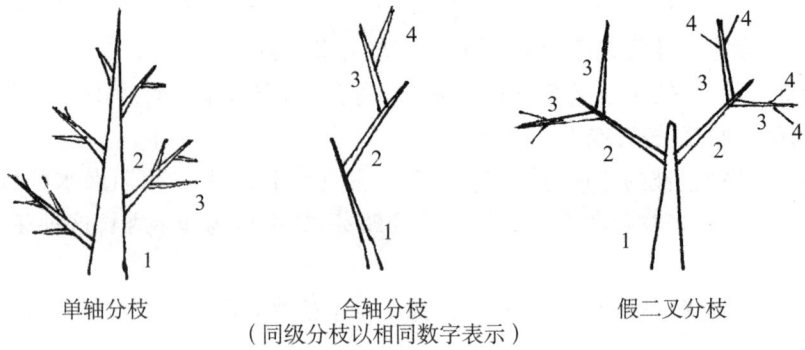

单轴分枝　　　　　　合轴分枝　　　　　　假二叉分枝
（同级分枝以相同数字表示）

图1-5　分枝方式

① 根状茎：生长在地下，形态与根相似的茎为根状茎。根状茎有节与节间，节上有退化的叶，叶腋内有腋芽，长有这种茎的植物有竹、莲等。

② 贮藏茎：具有贮藏功能的茎称为贮藏茎。主要有块茎、鳞茎和球茎。长有这种茎的植物有马铃薯、百合、唐菖蒲、仙客来等。

③ 叶状茎：呈叶片状并代替叶的功能的茎称叶状茎，长有这种茎的植物有蟹爪兰、昙花、天门冬等。

④ 茎卷须：由主枝发育成的卷须，用以攀缘他物，使茎向上生长，是一种茎的变态，它包括葡萄茎卷须、南瓜茎卷须等。

⑤ 茎刺：是枝的一种变态。它由叶芽发育而成为刺状物。有分枝或不分枝，对植物起保护作用，长茎刺的植物有山楂属植物、皂荚属植物等。

3. 叶

叶是绿色植物重要的营养器官。其主要功能是进行光合作用，叶利用绿色植物所特有的叶绿体，吸收太阳光的能量，转化成二氧化碳和水，制造有机物质并释放出氧气。通过光合作用制造的有机物，是植物生长发育的物质基础和所需能量的基本来源。植物的叶又具有蒸腾作用，植物根吸收的大量水分，在满足植物体需要之后，有80%以上是以气体状态，通过叶片的蒸腾作用散失到体外。植物叶的这种蒸腾作用，促进了水分在植物体内的循环，满足了植物对水分的需要，更重要的是通过蒸腾水分来满足植物对营养物质的需要。同时，还可以通过蒸腾作用降低叶内温度，使叶免受强烈阳光的灼伤。植物的叶还有气体交换的作用，植物体一方面通过光合作用吸入大量二氧化碳，释放氧气；另一方面又要通过呼吸作用吸收氧气释放二氧化碳。植物体内外这种交换作用都是通过叶片上的气孔进行的。有些植物的叶还具有吸收二氧化硫、一氧化碳、氧化氢及氯气等有毒气体的功能，这对于净化空气、改善环境具有重要作用。此外，植物的叶还有吸收营养物质的功能，因此可将肥料喷洒在叶面上被叶吸收，即进行根外施肥来补充土壤中肥料的不足。有的植物的叶，在一定条件下能够形成不定根和不定芽，人们可以利用叶的这一特点进行营养繁殖。有些植物的叶还变成了专门贮藏营养物质的器官，具有贮藏物质的功能。

（1）叶的组成

完全叶是由叶片、叶柄和托叶三部分组成（见图1-6）。如豆科、蔷薇科等植物的叶。而有些植物的叶具有三部分中的一部分或两部分，称为不完全叶。如泡桐、白腊的叶缺少托叶；金银花的叶缺少叶柄；而郁金香、君子兰既少叶柄又无托叶，它们都属不完全叶。

① 叶片：一般为绿色，外形扁平展开。叶中有叶脉贯穿，叶脉具有输送水分、养分和支撑作用。

② 叶柄：是叶片与茎的连接物，一般呈半圆柱形。叶柄内具维管束，是叶片与茎水分和养料的通道。此外，叶柄还具有支持叶片的作用，并能转动，使叶片变换位置与方向，充分采光。禾本科植物的叶柄成鞘，叫叶鞘，包围在节间。

③ 托叶：位于叶柄与茎的连接处，多成对而生，一般呈小叶状，也因植物种类而异。如梨的托叶为线状，刺槐的托叶呈刺状等。

（2）叶片的形态

叶片是植物叶的主体部分，由于长期受外界环境条件变化的影响，叶的形态变化也很大，每种植物的叶片都有一定的形态，所以叶片是识别植物的主要依据之一。叶片的形态包括叶形、叶缘、叶脉、叶色、叶质等。

① 叶形

根据叶片的长、宽比例和最宽处位置，叶形可分为各种类型，有卵形、披针形、三角形、扇形、菱形、心形等，见图1-7。

叶尖、叶基也因植物种类不同而呈现各种不同的类型。

图1-6　叶的组成

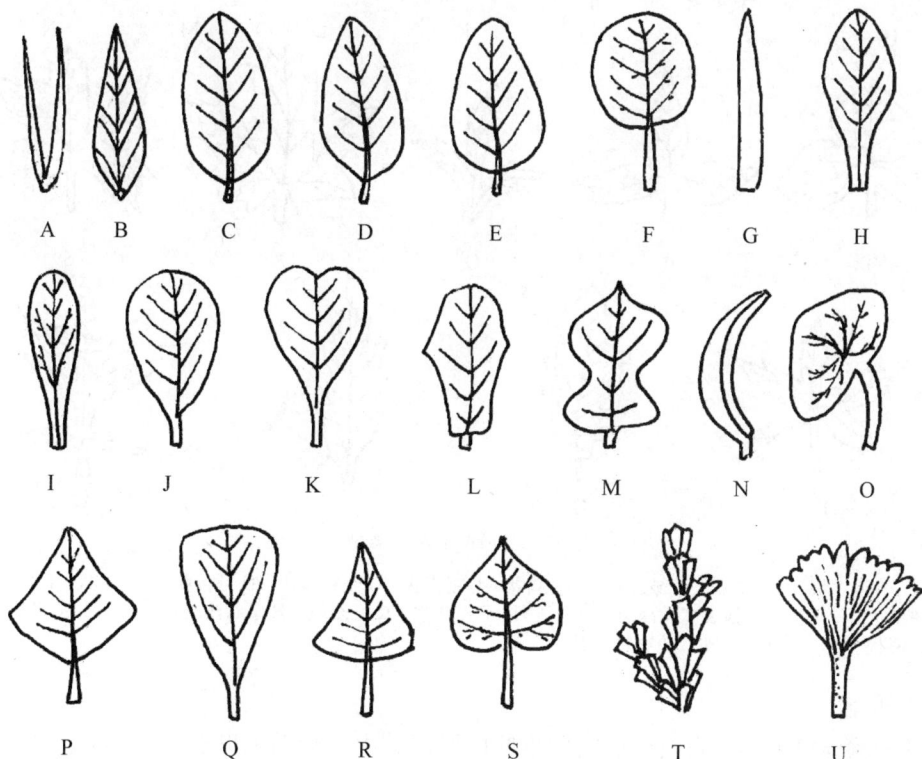

图1-7　叶形的基本类型

A针形　B披针形　C矩圆形　D椭圆形　E卵形　F圆形　G条形　H匙形　I倒披针形　J倒卵形
K倒心形　L、M提琴形　N镰形　O肾形　P菱形　Q楔形　R三角形　S心形　T鳞形　U扇形

② 叶缘

叶片的边缘叫叶缘,其形状因植物种类而异。叶缘主要类型(见图1-8)有全缘、锯齿状、重锯齿状、牙齿状、钝齿状、波状等。如果叶缘凹凸很深的则称为叶裂,可分为掌状、羽状两种,每种又可分为浅裂、深裂、全裂三种。

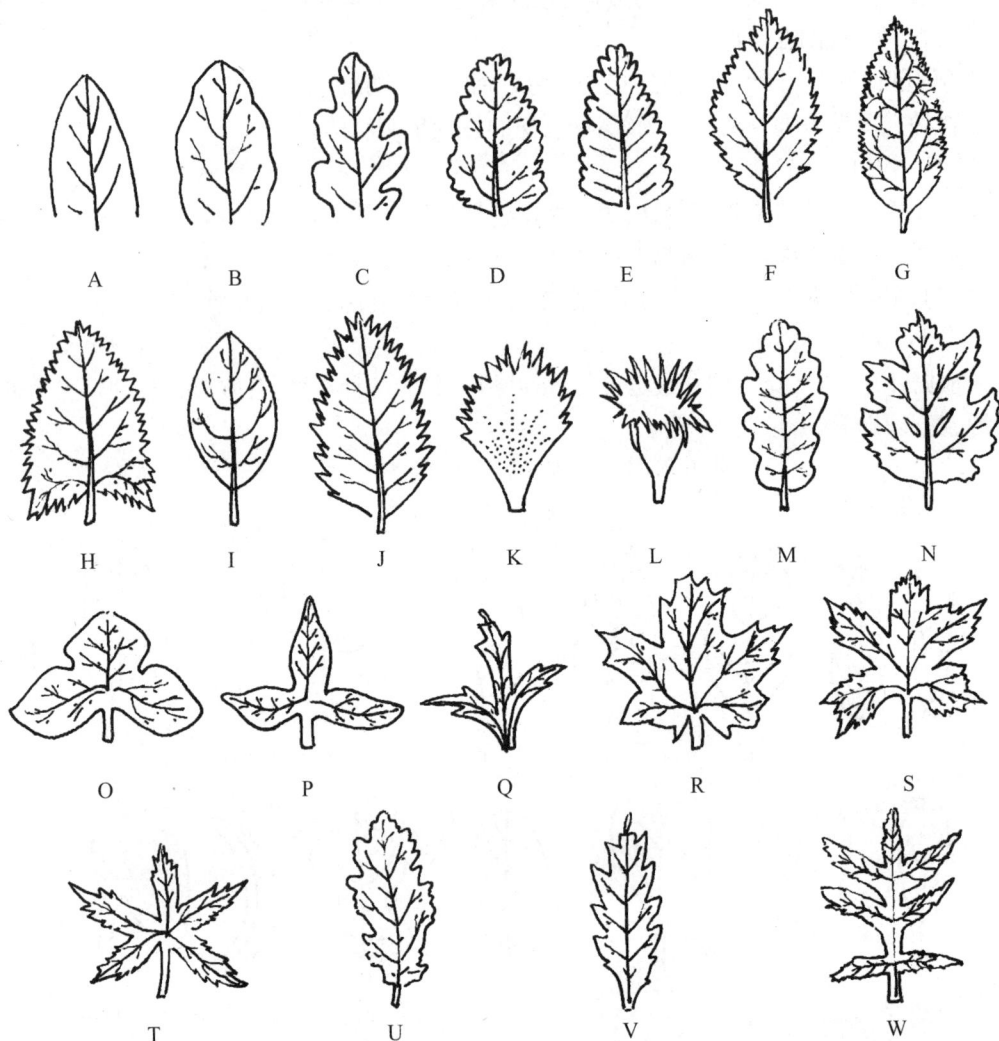

图1-8 叶缘的基本类型

A 全缘 B 浅波状 C 深波状 D 皱波状 E 钝齿状 F 锯齿状 G 细锯齿状 H 牙齿状 I 睫毛状 J 重锯齿状 K 缺刻状 L 条状 M 浅裂 N 深裂 O 三浅裂 P 三深裂 Q 三全裂 R 掌状浅裂 S 掌状深裂 T 掌状全裂 U 羽状浅裂 V 羽状深裂 W 羽状全裂

③ 叶脉

叶的输导组织在叶表面形成的网络叫叶脉。其中央较粗的叶脉叫主脉,主脉的分支称细脉。叶脉的分支方式叫脉序。根据脉序的不同,可分为以下主要类型(见图1-9):

a. 网状脉:是双子叶植物特征之一,又分为羽状网状脉和掌状网状脉。如果只有一条主脉,在主脉两侧分生出侧脉为羽状网状脉。如果从基部伸出3~5条主脉则为掌状网状脉。

b. 平行脉:是单子叶植物的特征之一。主脉与侧脉平行或接近平行。平行脉中又分为直出脉(竹)、射出脉(棕榈)、侧出脉(美人蕉)、弧行脉(玉簪)四种。

c. 二叉脉:是较为原始的叶脉,叶片中的每一条叶脉均分为同等大小的两个分叉,如银杏及蕨类植物等的叶脉。

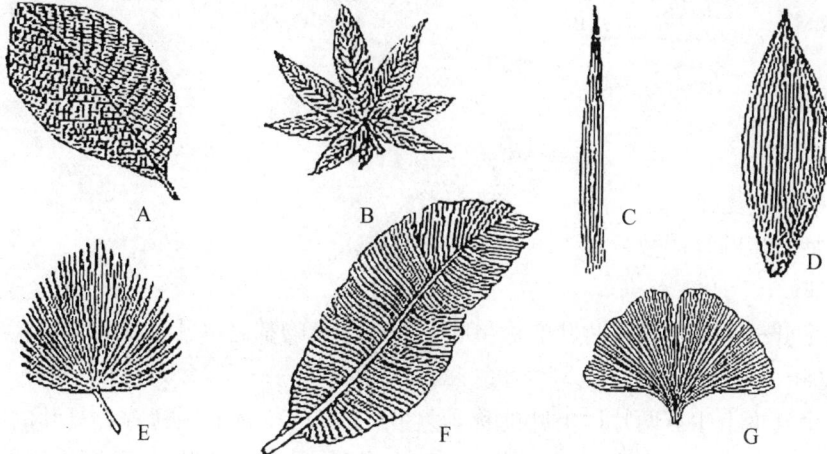

图 1-9　叶脉的类型

A 羽状网状脉　B 掌状网状脉　C 直出平行脉　D 弧形平行脉　E 射出平行脉　F 侧出平行脉　G 二叉脉

④ 叶色

叶通常为绿色,这是叶肉细胞中含有大量叶绿体(叶绿体含有叶绿素)的缘故,含有叶绿体的多少就造成叶色有深有浅。有些植物由于各种原因(如含有花青素)使叶片呈红色、紫色、黄色、黄绿相间等色彩。而有些植物的叶片上下两面叶色明显不同,这样的叶片称为异色叶。

⑤ 叶质

由于构成叶片的细胞层数不同,表层细胞角质的程度不同,叶片的质地也各有不同,大致可分为:

a. 草质叶:叶质地柔软,含水量多,叶片较薄,为大多数草本植物所具有。

b. 纸质叶:叶较草质坚实,叶的柔软性及含水量均不及草质叶,为大多数落叶树木的叶。

c. 革质叶:叶片较厚,表皮细胞的壁明显角质化,叶面光亮,为大多数常绿树木的叶。

d. 肉质叶:叶片厚实,含水量极多。

(3) 叶序

叶在茎上着生或排列的顺序称叶序。叶序主要有互生、对生和轮生等类型(见图 1-10)。若茎上每个节只生一片叶的叫互生,叶序为互生的植物有杨、柳等。若每个节上相对着生两片叶的称为对生,叶序为对生的植物有丁香、女贞等。若每个节上着生三片或三片以上的叶称为轮生,叶序为轮生的植物有夹竹桃、梓树等。若叶在节间很短的短枝上成簇生出,称为簇生。

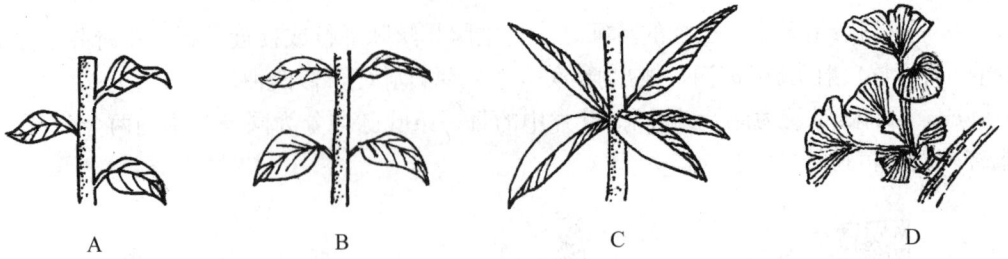

图 1-10 叶序的类型

A 互生　B 对生　C 轮生　D 簇生

(4) 单叶与复叶

按叶柄着生叶片的数目分为单叶和复叶两类。

① 单叶

在每个叶柄上只生长一片叶的称单叶。大多数植物都为单叶,如桃、李等。

② 复叶

在每个叶柄上生有两片以上叶的称为复叶,复叶的植物有国槐等。复叶的叶柄叫总叶柄。总叶柄着生的叶叫小叶。小叶的叶腋没有芽,是区别单叶与复叶的特征。根据小叶的排列方式,复叶分为以下几种类型(见图 1-11):

a. 羽状复叶:小叶排列在总叶柄的两侧呈羽毛状。若顶生小叶存在,小叶数目为单数称为奇数羽状复叶,其植物如国槐。若顶生小叶成对生长,小叶数目为双数则称为偶数羽状复叶,其植物如皂荚。根据总叶柄的分支还有二回羽状复叶(合欢)、三回羽状复叶(南天竹)和多回羽状复叶。

b. 掌状复叶:小叶都着生于总叶柄的顶端,呈掌状排列的复叶叫掌状复叶,其植物如七叶树。

c. 三出复叶:仅有三片小叶的复叶称为三出复叶,有羽状三出复叶与掌状三出复叶之分,其植物,前者如大豆,后者如酢浆草。

d. 单身复叶:总叶柄上两片侧生小叶退化仅留下顶端小叶,外形上很像单叶,但小叶基部有显著关节,是三出复叶的变形,其植物如柑橘。

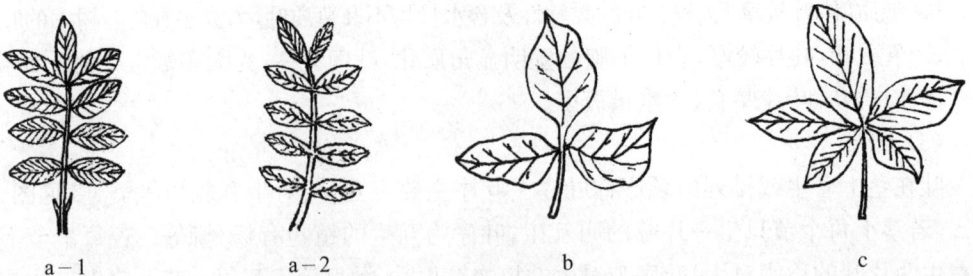

a-1　　　　　a-2　　　　　b　　　　　c

图 1-11 复叶的基本类型

a-1 奇数羽状复叶　a-2 偶数羽状复叶　b 掌状复叶　c 三出复叶

（5）叶的变态

当正常的叶发生变态，其形态和功能发生改变，就形成变态叶。常见变态叶有以下几种：

① 芽鳞：包在芽外面，鳞片状的变态叶称为芽鳞。树木的冬态大都具有芽鳞，起到保护幼芽越冬的作用。

② 叶刺：叶的全部或部分变成刺状称叶刺。如仙人掌的刺，小檗、洋槐的托叶刺等。叶刺与茎刺的区别在于茎刺在叶腋处发生。

③ 苞叶：是生在花或花序下面的变态叶，具有保护花和果实的作用。如壳斗科植物的壳斗、菊科花序的苞片、玉米雌花序外的苞片等。

④ 叶卷须：植物的叶变态成卷须，用以攀缘生长。有的叶卷须由托叶变态，有的由复叶中的小叶变态而成，如豌豆属的植物。

⑤ 捕虫叶：即某些植物特有的一种捕捉昆虫的变态叶。它们有呈盘状的（茅膏菜）、囊状的（狸藻）、瓶状的（猪笼草）等，但叶面均有与捕虫相适应的功能存在。如捕蝇草，当昆虫飞落在叶片上时，叶立刻闭合，将昆虫包住，直到昆虫死亡。而后叶片分泌消化液，将虫消化、吸收，用以补充氮素的不足。

⑥ 贮藏叶：具有贮藏功能的叶的变态。长贮藏叶的植物有百合、水仙、石蒜等，其鳞茎上变态的叶片含有丰富的营养物质，为植物进一步生长发育提供条件。

（6）叶的寿命和落叶

植物的叶是有寿命的，生长到一定时期，叶就会衰老、死亡、脱落。而不同植物的叶的寿命有很大的区别。草本植物的叶随植物死亡而枯萎。木本植物中的落叶树种一般都是春季萌发新叶，秋季落叶，叶的寿命一般只有一个生长期。而木本植物中的常绿树种的叶的寿命都是一年以上，它们的叶每年都有部分老叶脱落，而每年又有新叶不断长出，使植株冬季保持常绿。

植物的落叶（指生理性落叶）是正常的生命现象，是植物对环境的一种适应，对植物提高抗性具有积极的生理意义。落叶还有降低水分消耗、维持水分平衡、排除有害物质的作用。

4. 花

（1）花芽的分化

植物体本身条件和外界环境条件都具备时，便由营养生长开始向生殖生长转化。由叶原基转化为花芽的过程叫花芽分化。花芽形成后，一般顶端的生长锥不再存在，随花凋谢而脱落。但也有极少数种类仍保持分生能力而长成枝条，如百日菊的头状花序和杉木的雌球花。

从外形上看，花芽一般比叶芽肥大。有些植物的花芽只能形成一朵花，如玉兰、月季、扶桑等；有些植物的一个花芽可以形成多朵花，即形成一个花序，如菊花、紫藤、一串红、唐菖蒲等。

不同的植物，花芽分化的时间也不同。春天开花的种类，其花芽的分化一般在前一年的夏季进行，花的各种原基形成后，花芽就进行休眠。春夏开花的种类，花芽分化在冬季或早春。秋冬开花的种类，花芽分化在当年的夏天，无休眠期，如茶花。花芽变为花的各

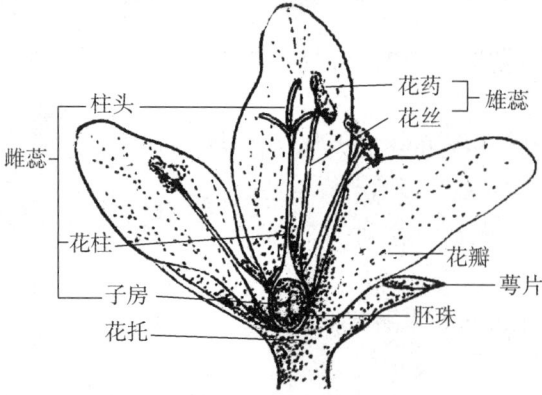

图 1－12　花的模式图

部分,以及适应生殖功能的枝条。被子植物复杂的有性生殖过程就是从花开始的。因此要了解被子植物的有性生殖过程,首先要了解花的形态和结构。

（2）花的组成部分

典型的被子植物的花(见图 1－12)是由花托、花萼、花冠、雄蕊和雌蕊五部分组成的。在一朵花中,若花萼、花冠、雄蕊和雌蕊这四部分都具备的称完全花。如缺少其中的一部分或几部分的称不完全花。从进化的角度来分析,花实际上是一种适于生殖的变态短枝,而花萼、花冠、雄蕊和雌蕊是变态的叶。

① 花梗和花托

花梗(柄)是花与茎的连接部分,主要起支持和输导作用。花梗的顶端是着生花的花托。花托是花梗顶端膨大的部分,花萼、花冠、雄蕊和雌蕊都着生在花托上。在花托的下部常着生一片或数片变态叶,称为苞片(或苞叶),它们有保护花芽的功能。有些植物的苞片大而艳丽,能招引昆虫帮助传粉,同时,在园林中观赏价值也很大,如象牙红、马蹄莲等。

② 花被

花萼和花冠合称花被。缺少花萼或花冠的称单被花。若花萼和花冠颜色相同,形态大小相似的也称单被花。若花萼和花冠均缺的称为无被花。

a. 花萼:位于花的外侧,通常由几个萼片组成。有些植物具有两轮花萼,最外轮的为副萼,这种植物有木槿、扶桑等。花萼随花脱落的称为早落萼,这种植物有桃、梅等;花萼在果实成熟时仍存留的称为宿存萼,这种植物有石榴、柿子等。各萼片完全分离的称离萼,这种植物有玉兰、毛茛等;花萼连为一体的称合萼,这种植物有石竹等。花萼颜色多为绿色,而杏花的花萼为暗红色,石榴的花萼为鲜红色,倒挂金钟的花萼有几种颜色。

b. 花冠:位于花萼内侧,由若干花瓣组成,排列为一轮或数轮,对花蕊具保护作用。由于花瓣中含有色素并能分泌芳香油与蜜汁,所以花冠颜色艳丽,具有芳香,能招引昆虫,起到传粉作用。

③ 雄蕊与雌蕊

雄蕊位于花冠之内,是花的重要组成部分之一,由花丝和花药两部分组成。花丝一般细长,一端生于花托之上,另一端连着花药,具有输导和支持花药的作用。雌蕊位于花的中央,是花的另一个重要组成部分,由柱头、花柱和子房三部分组成的。

若一朵花中仅有雄蕊或仅有雌蕊的称为单性花。在单性花中,若仅有雄蕊的称雄花,仅有雌蕊的称雌花。若雌花和雄花着生在同一植株的称为雌雄同株。若雌花和雄蕊着生在不同的植株上的称为雌雄异株。若在同一植株上既有两性花又有单性花的称为杂性同株。

（3）花序

有些植物的花单生于叶腋或枝顶称为单生花,如牡丹、茶花等。但也有植物的很多花按一定规律排列在花轴上,这种花在花轴上有规律的排列方式称为花序。

花序分为无限花序和有限花序两大类型(见图 1-13)。

① 无限花序

无限花序开花由基部开始,依次向上开放(或由边缘向中心开放),花轴顶端能继续伸长并陆续开花。无限花序主要有以下类型:

a. 总状花序:花互生于不分支的花轴上,各小花花梗等长,如刺槐、紫藤等。

b. 圆锥花序:或称复总状花序,在长花轴上分生许多小枝,每小枝自成一总状花序,如南天竺、水稻、燕麦等。

c. 穗状花序:与总状花序相似,只是花无梗,如车前、木麻黄等。如果穗状花序轴膨大则为肉穗花序,如天南星。

d. 葇荑花序:单性花排列于一细长的花轴上,通常下垂,花后脱落,如桑、杨、柳等。

e. 伞房花序:花有梗,但不等长,下部较长,上部渐短,花位于一近似平面,如麻叶绣球等。

f. 伞形花序:各小花均从花轴顶端生出,花柄等长,花的排列呈伞形,如山茱萸、君子兰等。在每两个伞梗的基础上再生长出一个伞形花序,即二回伞形花序,以此类推有三回乃至多回伞形花序。凡此都称为复伞形花序。

g. 头状花序:花轴极度缩短、膨大成扁形;花轴基部的苞叶密集成总苞,如向日葵、蒲公英等。

h. 隐头花序:小花着生于肉质中空的总花托的内壁上,并被总花托所包围,如无花果、榕树等。

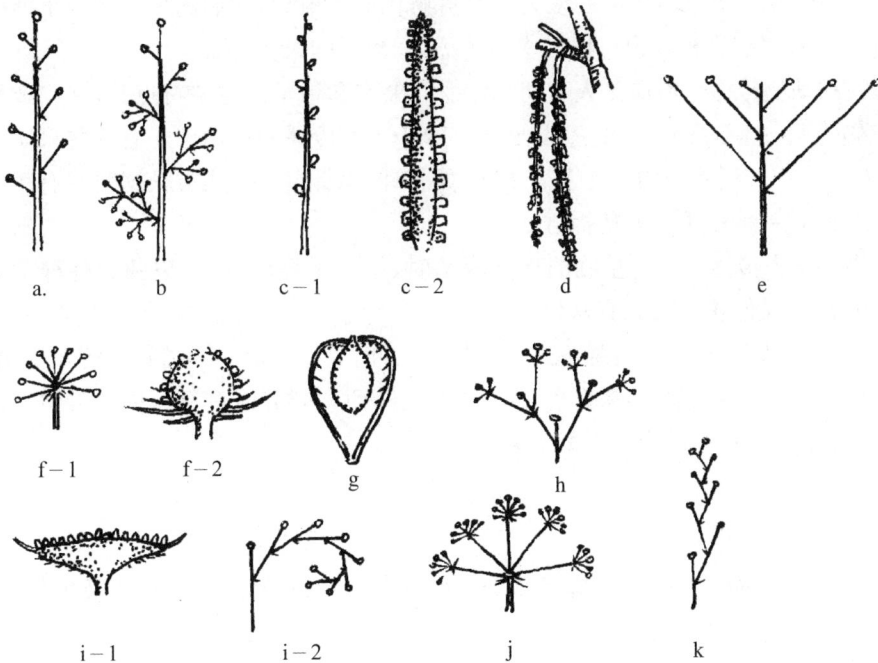

图 1-13 花序的类型

a 总状花序 b 圆锥花序 c-1 穗状花序 c-2 肉穗花序 d 葇荑花序 e 伞房花序 f-1 伞形花序
f-2 复伞形花序 g 头状花序 h 隐头花序 i-1、i-2 单歧聚伞花序 j 二歧聚伞花序 k 多歧聚伞花序

② 有限花序

有限花序的花轴呈合轴分枝或二叉分枝,花序中最顶点或最中心的花先开,渐及下边或周围的花,花柄不能继续生长,主要有以下几种类型:

i. 单歧聚伞花序:花轴的顶端先开一花,其下苞腋又发生一侧枝,侧枝顶端又开花,以同一方式继续分枝,如紫草科植物。如果侧枝在同一侧的苞腋发生,整个花序就会卷曲,特称卷伞花序。如在两侧产生,花序称蝎尾状。

j. 二歧聚伞花序:花轴的顶端先开花后,下面相对的两侧苞腋同时分枝,在分枝顶端形成花,如此反复分枝,如石竹科植物、海州常山等。

k. 多歧聚伞花序:花轴顶花下同时产生数个分枝;各枝顶生一花后,继续以同一方式分枝,如大戟、榆等。

5. 种子和果实

(1) 果实与种子的产生

植物经开花、传粉和受精后,雌蕊发生了一系列变化,胚珠发育成种子,子房则发育成果实。

(2) 果实与种子的传播

果实与种子的传播,扩大了植物的分布范围。对于植物获得有利的生长条件和种族的繁衍有着重要意义。在长期的自然选择过程中,各种植物果实和种子都具备适于各自的传播方式。

① 风力传播。借风力传播的果实和种子一般小而轻,往往带有翅或毛等附属物,如槭树、白蜡树、榆树的果实,松属、云杉属的种子,蒲公英、铁线莲的果实都有这样的特征。

② 水力传播。借水力传播的多为水生植物和沼生植物,它们的果实或种子能随水漂浮,如莲等。有些陆生植物也可以借水力传播,如椰子的果实等。

③ 人和动物传播。适应于人和动物传播的果实和种子的主要特点是,果皮或种皮坚硬,虽然被吞食,但不易消化,能随粪便排出体外达到传播的作用。还有一些果实和种子易于黏附在人的衣服或动物皮毛上而传播,如苍耳、鬼针草等。人类根据需要有意识地进行植物引种,是一种最重要的传播方式。

④ 果实弹力传播。有些植物的果实成熟时,果皮干燥而开裂,以弹力将种子弹射到较远的地方,如凤仙花等就具有这种特征。

根据不同植物和种子的传播方式,在进行采种时就要采取不同措施。例如松属、杉属植物具翅的种子可随风散失,采种就要在球果成熟而未裂开时进行。借果实弹力传播的种子必须在果实成熟而果皮未干燥前采收。

四、植物生长中的相关性

植物有机体是统一整体,在其生长发育过程中,各器官和组织的形成及生长,表现为相互促进和相互抑制的现象,称相关性。

1. 地上部分与地下部分的相关性

植物的地上部分与地下部分在生长上的相互依存十分明显。如处在肥沃土壤上的树木,根系发达、树冠高大;而生长在瘠薄土壤上的树木根系少、树冠也小。"根深而叶茂"正确地概括了地上部分、地下部分生长的相关性。植物的这种相关性,是由于它们之间有营养物质及微量生理活性物质供需上的相互依存;根供给叶片水分和无机盐,而叶片供应光合作用产物给根。此外,根所需要的维生素、生长素是靠地上部分供应,而叶片需要的细胞分裂素等物质,又是靠根供应。

地上部分和地下部分的相对生长强度,通常用全株的枝、叶和根系的干物质总重的比值来表示,叫根冠比(根重/茎、叶重)。外界条件对根冠比有显著的影响,甚至可破坏两者的协调。一般在土壤比较干旱、氮肥少、光照强的条件下,根系的生长量大于地上枝叶的生长量,根冠比大;反之,土壤湿润、氮肥多、光照弱、土温高的条件下,地上部分生长加速,则根冠比小。除环境条件外,修剪整枝、深搂断根等也都能使植物根和地上部分产生相互抑制的作用。修剪整枝有减缓根系生长而促使地上部分生长的作用,深搂断根的作用和修剪整枝的作用相反,它将抑制地上部分的生长,促使根系的发展。

栽培上可通过松土、深翻等方式破坏部分根系,或用蹲苗等措施控制植物体内含水量,以求达到限制地上部分的生长、促进根系生长的作用。也可采用修剪整枝使树冠减少的办法,控制地下部分的生长。

2. 极性与顶端优势

极性是植物体或其离体部分的两端具有不同的生理特性。根部在形态学下端长出,而新枝则在形态学上端长出。极性现象的产生,是因为植物体内生长素是向下极性传导。因而使茎的下端集中了足够的生长素,这样浓度的生长素有利于根的形成,而生长素含量少的形态学上端则长出芽来。植物的极性一经形成,是不会轻易改变的。因此,在利用植物的茎、枝切成多段扦插繁殖时,应当避免倒插,以便发生的新根能够顺利伸入土中,新梢能够迅速伸出进行光合作用,促使插条提早成活。

顶端优势是植物的顶端生长始终占优势的现象。如顶芽较侧芽生长快,主根较侧根生长快,如果除去顶芽,则靠近顶芽的侧芽就萌发,除去主根先端,则侧根就大量发生。顶端优势也就是主、侧间的相关性。目前认为,产生顶端优势的原因,是顶芽和侧芽对生长素的敏感程度不同。当生长素在顶端形成后便向下运输,从而使侧芽附近的生长素浓度加大,抑制侧芽的生长。除去茎的顶芽,就促进侧芽的生长。根系情况也是同样。

3. 营养器官与生殖器官的相关性

植物要得到良好的生殖器官(花和果),就必须有旺盛的营养器官为基础。因为生殖器官所需要的养料,绝大部分是由营养器官供应的,两者的生长一般是协调的。但在某些情况下,又会产生因养分的争夺,造成生长和生殖的矛盾。一般情况下,当植株进入生殖生长占优势时期,营养体的养分便集中供应生殖器官。一次开花植物,当开花结实后,其枝叶因养分耗尽而枯死;多次开花植物,开花结实期枝叶的生长受到抑制,当花果发育期结束,其枝叶仍然恢复生长。

在肥水供应不足的情况下,枝叶生长不良,而使开花结实量减少,或是引起树势衰退,造成早熟现象。早熟就是使植株过早进入生殖阶段,开花年龄提早。当水分和氮肥供应过多时,不仅会造成枝叶生长过于旺盛引起徒长现象,并由于枝叶生长消耗营养物质过多,使生殖器官得不到充足的养分,出现花芽分化不良、开花迟、落花落果或果实不能充分发育。这就是为什么肥水供应不当或结实不当,会引起果树大小年现象的原因。栽培上,利用控制肥水供应,合理修剪、抹芽或疏花、疏果等措施,也是为了调节营养体生长和生殖器官发育的矛盾。

第三节　园林植物的分类

植物分类学是一门历史悠久的学科,它的内容主要是对各种植物进行描述记载、鉴定、分类和命名,它是各种应用植物学部门的基础学科,亦是研究园林植物学科所应具备的基础。在植物分类学科的发展过程中,分类系统可分为两类:一类是人为的分类系统,是着眼于应用上的方便,多在应用学科中使用;另一类是自然的分类系统,它着眼于反映出植物界的亲缘关系和由低级到高级的系统演化关系,所以又称为植物系统分类法,多在理论学科中使用,植物分类学家均致力于探索自然分类系统。

一、自然分类的系统

自然分类系统既是以客观地反映出植物界的亲缘关系和演化关系为目的,其最基本的原则就是对物种应有较明确的概念及判断进化的特征标准,以及分类系统上的等级。

1. 物种的概念

物种又简称为“种”,它是分类的根据,是在自然界中客观存在的一种类群,在这个类群中的所有个体都有着相似的形态特征和生理、生态特性,个体间可以自然交配产生正常的后代而使种族延续。

“种”是植物最基本的分类单位。同种植物个体具有相似的形态特征,能够自然繁殖,产生正常的后代。“种”与“种”之间是有明显界限的,除了形态特征的差别外,还存在着“生殖隔离”现象,即异种之间不能交配产生后代,即使产生后代也不具有正常的生殖能力。“种”还具有相对稳定性,但它又不是绝对固定一成不变的,在长期的繁育后会不断地产生变化,形成一定数量、稳定不变、可遗传后代的群体,把这些群体按照差异的大小,又在“种”下分为亚种、变种和变型。

“亚种”是种内的变异类型,与“种”在形态构造上有显著的变化,同时在地理分布上也有较大的差异。“变种”也是种内的变异类型,与“种”在形态构造上存在着显著变化,但是在地带性分布区域上没有明显的区别。“变型”指在形态特征上变异比较小的类型。

此外,在园林、农业、园艺等应用科学及生产实践中,存在着大量的由人工培育而成的植物。这类植物,植物分类学家们不以之作为自然分类系统的对象,但这类植物对人类的生活非常重要,是园林、农业、园艺等应用科学的研究对象,这类由人工培育而成的植物,当达到一定数量成为生产资料时即可称为该种植物的“品种”。

2. 自然分类系统的等级

在自然分类系统中,根据植物类群等级,使用了界、门、纲、目、科、属、种的基本分类级别,在各级分类单位间还可根据具体的需要增设更细的亚级单位,即在级次单位前“亚”来表示。

现以桃树为例说明如下：

界……植物界　*Regnum Plantae*

门……种子植物门　*Spermatophyta*

亚门……被子植物亚门　*Angiospermae*

纲……双子叶植物纲　*Dicotyledoneae*

亚纲……离瓣花亚纲　*Archiehlamydeae*

目……蔷薇目　*Rosales*

亚目……蔷薇亚目　*Rosaceae*

科……蔷薇科　*Rosaceae*

亚科……李亚科　*Prunoideae*

属……梅属　*Prunus*

亚属……桃亚属　*Amygdalus*

种……桃　*Prunus Peasica*

二、人为分类的系统

1. 依生长习性及形态特征分类

（1）一、二年生草本植物

指个体发育在一年内完成或跨年度才能完成的一类草本观赏植物。通常它又分为两类。

① 春播秋花类（又称一年生植物）：指植物的寿命在一年之内结束，即生活周期是不跨年度的。通常在春天播种，当年夏秋季节开花、结果。如凤仙花、鸡冠花、孔雀草等。典型的一年生植物多数原产于热带或亚热带，特点是喜高温，不耐寒，遇霜后即死亡。

② 秋播春花类（又称二年生植物）：指植物寿命需跨年度才能结束，即生活周期是在两个年度中进行的。通常在秋季播种，于第二年春季开花、结果。如金鱼草、金盏菊、三色堇等。二年生植物多数原产于温带。特点是要求凉爽，能耐一定的低温，忌炎热，遇高温死亡。

（2）多年生草本植物

指个体生命在三年或三年以上的草本观赏植物。栽培的主要类型有：

① 宿根植物：指开花、结果后，冬季整个植株或仅地下部分能安全越冬的一类草本观赏植物。它又包括：落叶宿根植物和常绿宿根植物两类。

落叶宿根植物指春季荫芽，生长发育开花后，遇霜，地上部分枯死，而根部不死，以宿根越冬，待明春继续萌发生长开花的一类草本观赏植物。如秋季开花的菊花，春末夏初开花的芍药。它们主要原产于温带地区的寒冷处，特点是抗寒性较好。

常绿宿根植物指春季萌发，生长发育至冬季，地上部分不枯死，以休眠或半休眠状态越冬，至翌年春继续生长发育的一类草本观赏植物。如中国兰花、君子兰等。它们主要原产于温带地区的温暖处，特点是耐寒性较弱。

宿根植物的常绿性及落叶性随着环境条件因子发生变化,则二者会发生互为转化。如麦冬类在上海地区栽培时表现为常绿性,而它在北京地区栽培时则表现为落叶性,这是植物种类对环境适应性的一种表现。

② 球根植物:指地下部分具有膨大的变态根或变态茎,以其储藏养分度过休眠期的一类多年生草本观赏植物。球根植物按其形态的不同可分为五类:

a. 鳞茎类:指地下部分茎极度短缩,呈扁平的鳞茎盘,在鳞茎盘上着生多数肉质鳞片的植物。它又可分为:有皮鳞茎,鳞叶在鳞茎盘上呈层状排列,在肉质鳞叶的最外层有一膜质鳞片包被着,如水仙、风信子、郁金香等。这一类植物储藏时可置于通风阴凉处干藏。无皮鳞茎,鳞叶在鳞茎盘上呈复瓦状排列,在肉质鳞叶的最外层没有膜质鳞片包被,如百合等。这一植物在储藏时需埋于湿润的沙中进行沙藏。

b. 球茎类:指地下茎膨大呈球形,它内部全为实质,表面环状节痕明显,上有数层膜质外皮,在其(球茎)顶端有较肥大的顶芽,侧芽不发达。如唐菖蒲、香雪兰等。

c. 块茎类:指地上茎膨大呈块状,它的外形不规则,表面无环状节痕,块茎顶端通常有几个发芽点。如大岩桐、马蹄莲等。

d. 根茎类:指地下茎膨大呈粗长的根茎,它为肉质,具有分枝,上面明显的节与节间,在每一节上通常可发生侧芽,尤以根茎顶端处发生较多,生长时平卧。如美人蕉、鸢尾等。

e. 块根类:指地下根膨大呈块状,芽着生在根茎分野界处,块根上无芽,富含氧分。如大丽花、花毛茛等。

③ 多肉多浆植物:指茎、叶肥厚多汁,具有发达储水组织的一类多年生草本植物。这一类植物的种类繁多,如仙人掌、昙花、令箭荷花、宝石花,常见的种类主要涉及八个科:仙人掌科、大戟科、番杏科、萝摩科、景天科、龙舌兰科、百合科、菊科。

④ 水生植物:指终年生长在水中或沼泽地中的多年生草本观赏植物。

按其生态习性及与水分的关系,可分为挺水植物、浮水植物、沉水植物、漂浮植物四类。挺水植物指根生于泥水中,茎叶挺出水面,如荷花、千屈菜等;浮水植物指根生于泥水中,叶片浮于水面或略高于水面,如睡莲、王莲;沉水植物指根生于泥水中,茎叶全部沉于水中,仅在水浅时偶有露出水面,如莼菜、里藻;漂浮植物指根伸展于水中,叶浮于水面,随水漂浮流动,在水浅处可生根于泥中,如浮萍、凤眼莲。

(3) 木本植物

指茎木质化的一类多年生植物。按照植物生长的类型,其一般可分为以下几类。

① 乔木类:具有明显的主干,分枝点较高,植物体一般较高大。如香樟、广玉兰、合欢等。

② 灌木类:没有明显的主干,分枝点较低或枝干自地面直接生出,植物体一般较矮小。如垂丝海棠、石榴、牡丹、含笑、蜡梅等。

③ 藤本类:指茎干不能直立生长,常缠绕他物、攀缘他物或匍匐地面生长的木本植物。如凌霄、爬山虎、霹雳、紫藤、葡萄等。

2. 依观赏部位分类

植物依观赏部位来分类主要是按观赏植物的花、叶、果、茎等器官来进行分类的。它指某一器官具有较高的观赏价值,为主要的观赏部位。

（1）观根类

观赏价值较高的为气生根。如榕树。

（2）观茎（干）类

这一类植物的茎（树干）较奇特，具有一定的观赏价值，或者叶褪化，造成植物体的茎呈叶状，具有较高的观赏价值。如白皮松、红瑞木、榔榆、绿玉树、竹节蓼、文竹等。

（3）观叶类

这一类植物叶子的叶形和叶色较奇特，具有较高的观赏价值。由于它观赏期长，故目前是国际上比较风行的一类，很受人们的欢迎，发展前途广泛。如银杏、红枫、龟背竹、花叶万年青、苏铁、变叶木等。

（4）观花类

这一类植物的主要观赏部分为花朵，是植物中的主要类别，多为花色鲜艳的木本和草本植物。如樱花、白玉兰、梅花、茶花、月季、菊花等。

（5）观果类

这一类植物的果实形状和色彩较鲜艳，并具有较长的挂果期，观赏价值较高。如冬珊瑚、观赏辣椒、佛手、金橘、四季橘等。

（6）观株形姿态类

指株形奇特，并有观赏价值的一类植物。如雪松、龙爪槐、水杉、垂柳等。

（7）观赏其他类

有些植物的芽有特殊的观赏价值，如银柳。有些植物的花托膨大，构成了主要的观赏部位，如球头鸡冠。还有些植物看上去"花朵"很美，但并非花瓣，而是其他部分的瓣化。如象牙红、马蹄莲、三角花观赏的是苞片，紫茉莉、铁线莲观赏的是瓣化的花萼片，美人蕉、红千层观赏的是瓣化的雄蕊。

3. 依栽培方式分类

（1）露地植物

指在露地育苗或虽经保护地育苗的阶段，但主要的生长开花阶段仍在露地栽培的，及在栽培地能自然安全越冬或适当保护就能安全越冬的一类植物。如鸢尾、悬铃木、雪松、罗汉松、香樟等。

（2）温室植物

指在栽培地不能安全越冬，需要借助温室栽培越冬的一类观赏植物。它们主要原产于热带及亚热带地区。

4. 依园林用途分类

（1）盆栽植物：指植株分枝丰满，株形圆整，花朵大，花形奇或多花密集，观赏期长的植物。如大岩桐、兰花、瓜叶菊等。

（2）花坛植物：指用于绿地、庭院花坛内的植物。一般是具有植株低、丛生性强，花色、花期整齐一致的植物。多数是一、二年生植物。如雏菊、一串红、金鱼草等。

（3）花境植物：指用于绿地、庭院花境内的植物。一般是条形、直线形的植株，花色、花期变化较丰富的植物。多数是宿根植物。如鸢尾、萱草等。

（4）庭院植物：指用于绿地、庭院绿化中的一类木本观赏植物，是园林绿化造景中的主要植物类别。如广玉兰、棕榈、桂花、雪松等。

（5）行道树：指为了美化、遮阴、防护等目的，在道路两旁成排成行栽植的一类植物。如悬铃木、香樟、青桐、银杏等。

（6）棚架植物：指种植于棚架花架上的植物。一般是具有攀缘能力或藤本形状的植物。如牵牛、茑萝、凌霄、紫藤等。

（7）阳台、窗台植物：指用于花槽内种植的植物，常布置在阳台或窗台上，具有直立和半蔓性相结合，开花和观叶相陪衬的组合类植物。如月季、橡皮树、仙人球、彩叶草、绿萝等。

（8）切花：指用于植物装饰，花期长、花色艳丽、花朵整齐、耐水养、花枝长的一类植物。包括切取花枝或枝叶。如唐菖蒲、香石竹、菊花、郁金香等。

（9）地被植物：指绿地中大面积覆盖地面种植的植物。一般是植株低矮、丛生性强、具有较高观赏价值的植物，这一类一般包括草坪植物，以多年生植物为主。如大花酢浆草、葱兰、韭兰、禾本科草坪植物等。

（10）岩生植物：指种植于特殊的假山石或岩石园内的植物。一般是花色艳丽、花期变化丰富的植物。如石竹、白头翁等。

5. 依植物原产地分类

（1）中国气候型

中国气候型亦称大陆东岸气候型。这一气候型的特点是夏热冬寒，年内温差较大，夏季降水量较多。属此气候型的地区有：中国的大部分地区、日本、北美东部、巴西南部、大洋洲东部、非洲东南部等地。依冬季气温的高低可分为温暖型及冷凉型。

① 温暖型：包括中国长江以南、日本南部、北美东南部等地。原产的植物有：中国石竹、福禄考、天人菊、美女樱、矮牵牛、半支莲、凤仙花、麦秆菊、一串红、报春花、非洲菊、百合、石蒜、马蹄莲、唐菖蒲等。

② 冷凉型：包括中国北部、日本东北部、北美东北部等地。原产的植物有：翠菊、黑心菊、荷包牡丹、芍药、菊花、荷兰菊、金光菊等。

（2）欧洲气候型

欧洲气候型亦称大陆西岸气候型。其特点是冬季温暖、夏季凉爽，一般气温不超过15～17℃，降水量较少，但四季较均匀。属此气候型的地域有：欧洲大部分、北美西海岸中部、南美西南部、新西兰南部等地。原产的植物有：雏菊、矢车菊、剪秋罗、紫罗兰、羽衣甘蓝、三色堇、宿根亚麻、喇叭水仙等。

（3）地中海气候型

地中海气候型以地中海沿岸气候为代表。其特点是自秋季至次年春末降雨较多；冬季无严寒，最低温度为 6～7℃；夏季干燥、凉爽，极少降雨，为干燥期，气温为 20～25℃。多年生植物常呈球根状态。属于该气候型的地区有南非好望角附近、大洋洲和北美的西南部、南美智利中部、北美洲加利福尼亚等地。原产这些地区的植物有：风信子、郁金香、水仙、香雪兰、蒲包花、天竺葵、君子兰、鹤望兰等。

（4）墨西哥气候型

墨西哥气候型又称热带高原气候型。特点是周年温度约 14～17℃，温差小，降雨量因地区不同,有的雨量充沛均匀,也有集中在夏季的。属该气候型的地区除墨西哥高原之外,尚有南美洲的安第斯山脉、非洲中部高山地区、中国云南省等地。主要植物有:大丽花、晚香玉、百日草、一品红、球根秋海棠、金莲花等。

(5) 热带气候型

该气候型的特点是常年气温较高,约30℃左右,温差小;空气湿度较大,有雨季与旱季之分。此气候型又可区分为两个地区:

① 亚洲、非洲、大洋洲的热带地区。原产该地的植物有:鸡冠花、凤仙花、蟆叶秋海棠、彩叶草、虎尾兰、万带兰、非洲紫罗兰、猪笼草等。

② 中美洲和南美洲热带地区。原产该地的植物有:紫茉莉、大岩桐、椒草、美人蕉、竹芋、水塔花、卡特兰、朱顶红等。

(6) 沙漠气候型

该气候型的特点是,周年气候变化极大,昼夜温差也大,降雨少,干旱期长;土壤质地多为沙质或以沙砾为主,多为不毛之地。属该气候型的地区有非洲、大洋洲中部、墨西哥西北部及我国海南岛西南部。原产植物有:仙人掌类、芦荟、龙舌兰、龙须海棠、伽蓝菜等多肉多浆植物。

(7) 寒带气候型

气候特点是气温偏低,尤其冬季漫长寒冷,而夏季短暂凉爽。植物生长期只有2~3个月。我国西北、西南及东北山地一些城市,地处海拔1000m以上也属高寒地带,栽培植物时要考虑到气候型的因素。属该气候型的地区有阿拉斯加、西伯利亚、斯堪的纳维亚等寒带地区及高山地区。主要的植物有雪莲、细叶百合、镜面草、龙胆等。

第四节　植物生长与环境因子的关系

植物生长与环境之间有着极其密切的相互关系。所谓园林植物的环境条件,主要指气候因子(温度、水分、光照、空气)、土壤因子、肥料因子、地形地势等。在物业绿化中必须充分了解环境因子与植物之间的关系,才能运用这些规律来控制、改造植物,以便更好地为物业绿化事业服务。

一、温度与植物生长发育的关系

温度在植物的生长发育及地理分布等方面起着重要的作用。它是影响植物的重要因素之一,离开温度条件就不能正常生存。

1. 植物对温度的需要

根据植物对温度的不同要求,一般可分为三类:

(1) 耐寒性植物。这类植物能够忍受0℃以下的低温,能露地越冬(即指冬季不需要保护就能安全越冬)。它们往往原产于寒带和温带以北。如雪松、悬铃木等。

(2) 半耐寒性植物。这类植物耐寒能力一般,而耐0℃左右的低温,需稍加保护才能安全越冬。它们主要原产于温带的较暖处。如美女樱、福禄考、芭蕉等。

（3）不耐寒性植物。这一类植物耐寒性较差，一般不能露地越冬，遇霜后便会枯死，不能耐 5℃左右的低温。它们一般原产于热带及亚热带地区。如橡皮树、榕树等。

根的生长，最适点比地上部分要低 3～5℃，因此在春天，大多数植物根的活动要早于地上器官。掌握一些木本植物根已开始活动、树液已流动、而芽尚未萌动的时机进行嫁接，对提高成活率很有利。

植物的光合作用最适点比呼吸作用要低一些。一般植物的光合作用在高于 30℃时，酶的活性受阻，而呼吸作用在 10～30℃ 之间每递增 10℃，强度加倍。因此在高温条件下不利于植物营养积累。酷暑盛夏，除喜热植物之外应采取降温措施。各种植物从种子萌发到种子成熟，对于最适温度的要求常随着发育阶段而改变。如一年生植物的种子发芽要求较高温度，幼苗期要求温度较低，以后成长到开花结实对温度要求又逐渐增高。二年生植物种子发芽在较低温度下进行，幼苗期要求温度更低，而开花结实则要求温度稍高。

2. 植物对温度周期变化的适应

温度的周期现象包括年周期和日周期变化两种。

温度的年周期变化，对于原产低纬度热带植物的生长发育影响不明显。原产温带和高纬度地区的植物，一般均表现为春季发芽，夏季生长旺盛，秋季生长缓慢，冬季进入休眠。但也有在盛夏季节转入休眠的，它们无明显休眠期，但高温季节也常常进入半休眠状态。这样的休眠是植物生理功能在不利环境条件下代谢平衡，经过休眠后的植物，在下一阶段常生长发育得更好。

由于温度年周期节律变化，有些植物在一年中有多次生长的现象，如代代、佛手、桂花、海棠等。在秋季生长的秋梢，常由于面临严冬，枝条不充实，不利于着花，应予以控制。

温度因子在植物的生长发育及地理分布等方面起着重要的作用。常见许多南方植物北移后，受到冻害或冻死的现象；北方植物南移后，则常发生因冬季不够寒冷而引起叶芽很晚才萌发和开花不正常等现象；或因不能适应南方长期的高温而受到灼伤，过湿而生长不良及不能结实，严重者可致死亡。这些现象的发生，是因为各种植物的遗传性不同，其生命活动的范围及所能忍受的最高、最低温度极限不同，以及温度变化与植物本身生长发育的状况、时期等不相适应而引起。一般言之，植物生命活动的最高极限温度，大抵不超过 50～60℃，其中原产于热带干燥地区者较耐高温，原产于温带的植物常在 35℃ 左右的气温下，其生命活动就减退或发生不正常的现象，而在 50℃ 左右就常受到伤害了。生命活动的最低温度，大抵在 1℃ 左右，但有的在 0℃ 以上较低温度下即可受冻害。

昼夜温差现象是普遍存在的，白天适当的高温，有利于光合作用，夜间适当的低温可抑制呼吸作用，降低对光合产物的消耗，有利于营养生长和生殖生长。适当的温差还能延长开花时间，使果实着色鲜艳等。各种植物对昼夜温差的需要与原产地日变幅有关。属于大陆气候、高原气候的植物，昼夜温差 10～15℃ 较好；属于海洋性气候的植物，昼夜温差 5～10℃ 较好；原产低纬度的植物，在昼夜温差很小的情况，仍可生长发育良好。

植物生长适应于一年中温度周期性变化，形成相适应的发育节律，称物候。绝大多数植物从发芽、生长、现蕾、开花、结实、果实成熟、落叶、休眠等生长发育阶段，均与当时的温度值密切相关。了解地区气温变化的规律，掌握植物的物候期，对有计划地安排花事活动非常有用。

二、光照与植物生长发育的关系

光是植物生长发育的必要条件,是绿色植物生存的不可缺少的条件,它是光合作用的能源,没有光也就没有绿色植物。一般讲光对植物的影响主要有三方面,即光度、光质、光周期。

1. 光度

光度即光照强度,是平面上单位面积所受到的光量,通常以肉眼所感受到照明为准。光照强度的单位为 lux,即米烛光。一般认为日光度为 100 000 lux,阴天的光度在 100～1000 lux 左右,白天室内的光度在 1000 lux 左右。根据植物对光度的不同要求可分为:

(1)强阴性植物:这类植物不能适应强烈光照,一般要求荫蔽度保持 80%,指在 1000～5000 lux 光照强度的条件下能正常生长的植物。如蕨类植物、天南星科的一些植物。

(2)阴性植物:这类植物稍耐阴,一般要求蔽阴度为 50%,一般指在 5000～12 000 lux 光强度的条件下能正常生长的植物。如秋海棠科植物、八仙花、罗汉松、蚊母等。

(3)中性植物:这类植物在光线较充足的环境中生长良好,但夏季阳光强烈时需稍加遮荫,一般指在 12 000～30 000 lux 光照强度的条件下能正常生长,或对光照强度要求不严格的植物。如扶桑、樱花、枫杨等。

(4)阳性植物:这类植物主要指一些喜阳的,在光线十分充足的情况下生长良好,如受光不足,则植物生长受到影响。如月季、荷花、银杏、悬铃木等。

2. 光质

一般地说,植物生长发育是在日光的全光谱下进行的,但是其中不同的光谱成分对光合作用、叶绿素等色素的形成、向光性、光的形态建成等光反应有不同的效果。

在光合作用中,绿色植物只吸收可见光区(380～760 mu)的大部分,通常把这一部分光波称为生理有效辐射。其中红、橙、黄光是被叶绿素吸收得多的光谱,有利于促进植物的生长;青、蓝、紫光能抑制植物的伸长而使植株矮小,它有利于促进花青素等植物色素的形成,在可见光中绿色光波很少被绿色植物吸收利用,有人称之为生理无效光。在不可见光谱中紫外线也能抑制茎的伸长和促进花青素的形成,它还具有杀菌和抑制植物病虫害传播的作用。红外线是转化为热能的光谱,使地面增温并增加植物体的温度。

植物在生活环境中受光质的影响很大。在高原、高山地区,太阳辐射所含的蓝、紫及紫外线的成分多,因此高原、高山植物常具有植株矮小、节间较短、花色艳丽等特点。花青素是各种植物的主要色素,它来源于色原素,产生于阳光强烈时,而在散射光下不适于生成,因此在室外花色艳丽的盆花,移置室内较久后,便会发生叶色和花色变淡,影响观赏。

3. 光周期

光周期就指每日每天的光照时数与黑夜无光照时数的昼夜交替。根据各植物对开花所需的每日光照时数的不同把植物分为:

(1)短日照植物:指在花芽分化时,每日光照时数在 12 小时或以下才能完成的植物。如菊花、象牙红、一串红等。

（2）长日照植物：指在花芽分化时，每日光照时数在 12 小时以上才能完成的植物。如紫茉莉、唐菖蒲、飞燕草、荷花等。

（3）中日照植物：指在花芽分化时，无论光照时数在 12 小时以上，还是在 12 小时以下，都能使植物完成花芽分化而开花的植物。如仙客来、香石竹、月季等。

了解了植物开花过程对日照长短的反应，对改变植物的花期具有重要的作用。利用植物的这一特性可以促使植物提早或延迟花期。如使短日照植物长期处于长日照的条件下，它只能进行营养生长，不能进行花芽分化，形成花蕾开花。而如果采用遮光的光法，可以促使短日照植物提早开花，反之，用人工加光的方法可以促使长日照植物提早开花。

三、水分与植物生长发育的关系

植物的一切生命活动都需要有水分参加，因此水分是园林植物生存和繁衍的必要条件。但是植物种类不同，对水分要求有明显的差异。植物栽培就是要按照各类植物的需水习性结合它们的生长发育状况予以适宜的水分管理。

1. 植物对水分适应的类型

（1）水生植物

长期生长在水中或水分饱满的土壤中，体内具有发达的通气组织。水下器官可以直接吸收水分和溶解于水中的养分。它们的根大都短而缺少分枝，因而它们适宜于水中生活而不能忍受缺水的干旱条件。

（2）陆生植物

陆地植物又可分为旱生植物、湿生植物和中生植物。

① 旱生植物：大多原产于常年干旱地区，它们耐旱能力强，生长时不宜水分过多。

② 中生植物：绝大多数植物都属于此类，喜欢生长于晴雨有节、干湿交替的环境中，但其中亦分别有略耐旱的和较耐低湿环境的种类。

③ 湿生植物：要求土壤湿度或空气湿度很大，需生长在潮湿的环境中，在干燥或中生的环境常会导致死亡或生长不良。

2. 植物栽培对水分的要求

各类植物对环境中的水分有不同的要求，同一植物在不同的生长发育时期，对水分的要求也有差异。水分过多过少均能引起生长发育不良，它不仅关系到植物的观赏价值，甚至影响植物的存亡，因此要看对象不同分别对待。种子发芽时要有足够的水分。种子萌发后，在苗期需水不多，但应保持土壤湿润。蹲苗期可适当控水，有利于根系的延伸。处于营养生长旺盛期的植物，需水量最多。进入花芽分化阶段，是由营养生长转入生殖生长的转折时期，需水量较少，因此在植物栽培上常采用减水、断水等措施以抑止枝叶生长，促使花芽分化。进入孕蕾和开花阶段，水分不能短缺。花后土壤不可过湿。果实与种子成熟阶段宜偏干一些。植物在休眠阶段应减少或停止供水，保持土壤不过分干燥即可。

环境中的水分形式表现于空气中湿度和土壤含水量。空气中的相对湿度过大，往往使一些植物的枝叶徒长，成为落蕾、落花、落果的主要原因。同时由于植物生长柔弱，降低了对病虫害的抵抗力。此外在成熟期也会妨碍植物的开花和开药，造成授粉不良或花而不实的现象。但许多喜阴的观叶植物，则需要较大的空气相对湿度，否则色泽暗淡，降低了观赏价值。土壤湿度不仅直接影响根部对水分、养分的吸收，也会使土中空气的容量发生较大的变化，直接影响根的吸收和土壤中微生物的活动，因而影响到地上部的生育。水分过多，特别是排水不良的土壤，常会引起根系窒息。一般认为大多数植物在生长期间最适的土壤水分大致为田间持水量的 50%～80%，有利于维持植物体内水分平衡。

在植物栽培上常采用减水、断水（扣水）等措施以促进花芽分化。而花色与水分关系较密切，要有适当的湿度才能显现出各品种所固有的色彩。一般水分缺乏时花色变浓，这是由于缺水时色素形成过多所造成的。

四、空气与植物生长发育的关系

空气的成分，含氧 21%、氮 78%、二氧化碳 0.03%，另外还有其他气体和水蒸气。随着工业生产的发展，空气常受到不同程度的污染，含有对植物生长有害的物质。

1. 空气与植物的生长发育

空气中氧气和二氧化碳与植物的关系最为密切。氧气是呼吸作用所必需的，二氧化碳是光合作用的主要原料。

空气中的氧气含量对植物生活的需要是足够的，但土壤中氧气含量比大气要低得多，通常只有 10%～12%，特别是质地黏、板结、无结构、含水量高的土壤，常因空气不足，植物根系不发达，生长不良。各种植物的根，大都有向氧性，植物盆栽选用透气性较好的瓦盆最好，陶盆次之，釉瓷盆一般只作套盆不宜直接栽花。瓦盆中植物的根系在盆壁相接的土壤中最丰富，陆生植物根系中的大部分都集中分布于浅土层，都与根的相氧性有关，通常要求土壤疏松，排水良好，实际是要求土壤有良好的透气环境。在植物栽培中的排水、松土、翻盆、扦盆以及清除花盆外的泥土、青苔等工作，都有改善土壤通气条件的意义。

不同植物的种子发芽对氧气的反应常不一样。如矮牵牛能在含量很低的水中正常发芽；大波斯菊、翠菊、羽扇豆的种子如浸泡于水中，就会因缺氧而不能发芽，而含羞草、石竹只有部分能发芽。大多数植物的种子都需要空气含氧量在 10% 以上的潮湿土壤中发芽，土壤中空气含氧量在 5% 以下时，很多种子不能发芽，因此储藏种子，在密闭缺氧和低温条件下能较长期地保持发芽率。

空气中二氧化碳的浓度对光合强度有直接影响。一般二氧化碳浓度增加，光合强度也随之加大，如浓度过大，超过常量的 10～20 倍，会迫使气孔关闭，光合强度下降。白天阳光充足，植物的光合作用十分旺盛，若此时空气流通不畅，环境闭塞，叶幕层附近二氧化碳的浓度急剧下降。二氧化碳的浓度低于正常空气浓度 80% 时，常影响光合作用顺利进行，使植物的营养状况恶化。因此田间栽植或盆花布置不可太密，应留有一定的株行距或风道，温室栽培更注意通风换气，以调节空气中二氧化碳的浓度，农业上应用二氧化碳作根外追肥，增产效果显著。据试验利用燃烧液化石油，每公斤可生产三公斤的二氧化碳气体，很适合冬季温室使用。

风是空气的流动，轻微的 3～4 级以下的风，对气体交换、植物生理活动、开花授粉等都有益。但过强的风，特别是 8 级以上的风，往往有害，形成落花落果，蒸腾过速，新植花木的枝干摇曳而伤根现象。

空气中适当地增加某些气体，能对植物产生特殊的作用。如正在休眠的杜鹃，在每100公斤体积空气中加入 10 毫升的 40％浓度的 2-氯乙醇，经过 24 小时就可以打破休眠，提早发芽开花。郁金香、小苍兰等在每 100 公斤空气中加入 20～40 克的乙醚，经 1～2 昼夜也能催醒休眠提前开花。

2. 空气中的有害物质与植物的抗性

空气中的各种气体对植物的生长发育有不同的作用，有的气体为植物生长所必需，有的气体又相当有害。随着工业的发展，空气污染日趋严重，致使大气中除了植物生长所必需的气体之外，还含有一些对植物生长不利甚至有害的气体。有些植物具有适应和抵抗有害气体的能力，成为重要环保植物；有些植物经受不住有害气体的侵袭，以致受害死亡。了解植物与各种气体的关系，对于正确选择绿化用植物、科学管理植物的栽培环境，以及对植物生产基地的选择等均有重要意义。目前在工业集中的城市区域大气中的有害物质可能有数百种，其中影响较大的污染物质有粉尘、二氧化硫、氟化氢、氯、氯化氢、硫化氢、一氧化碳、沥青、光化学烟雾、氮的氧化物、甲醛、氨、乙烯以及汞、铅等重金属及其氧化物粉末等。在这些物质中以二氧化硫、氟化氢、氯、光化学烟雾以及氮的氧化物等对植物危害最为严重。但是不同的污染物质对不同的植物危害程度不一，有的抗性很强。

五、土壤、肥料与植物生长发育的关系

1. 土壤与植物生长发育的关系

土壤是植物生长的基础，不同的土壤在一定程度上会影响到植物的分布及其生长发育。土壤质地、物理性能和酸碱度都不同程度地影响着植物的生长发育。一般要求栽培土壤能够达到养分充足，富含腐殖质，物理性状好，保肥性能好，蓄水能力和排水性能也好的要求。

(1) 土壤的酸碱性

天然土壤的酸度反应是受气候、母岩及土壤的无机和有机成分、地形地势、地上水和植物等因子影响的。在干燥而炎热的气候下，中性和碱性土壤较多；而在潮湿寒冷或暖热多雨的地方，则以酸性土为多。母岩如为花岗岩一类则为酸性土，为石灰则为碱性土。施用某些无机肥料，亦可逐渐改变土壤酸性，例如年年施用过磷酸石灰可使土壤酸化，地形如为低湿冷凉而积水之处则常为酸性土。地下水中如富含石灰质成分，则为碱性土。同一处的土壤依其深度的不同以及季节的不同，都会发生酸度变化。

依植物对土壤酸度的不同要求，可以将植物分为三类。

① 酸性土植物：在轻或重的酸性土壤上生长的植物种类。酸性土壤 pH 值小于 6.8。例如马尾松、云南松、红松、杉木、油茶、山茶、印度橡皮树、棕榈科树种、杜鹃、栀子花、柑橘类、茉莉花、白兰花、含笑、苏铁等都是酸性土植物。

② 中性土植物：在中性土壤上生长的植物种类。中性土壤 pH 值为 6.8～7.2。大多数树木属于此类。

③ 碱性土植物：在呈或轻或重的碱性土壤上生长的植物种类。碱性土壤 pH 值大于

7.2。如柽柳、紫穗槐、杠柳、沙棘、沙枣等树木属之。

在各类植物中，其对酸性土或碱性土的适应能力又常是各有不同的。

在盐碱地，除土壤均呈碱性反应外，还会有一定浓度的盐类如氯化钠、硫酸钠、碳酸钠等。这样既有盐又常低湿而排水不良，对于植物的生长，是个很大的威胁。据对吉林省通榆县、河北及苏北盐碱地以及华南海滩和新疆等地的了解，柽柳、白榆、加杨、小叶杨、桑树、杞柳、旱柳、枸杞、臭椿、乌桕、刺槐、紫穗槐、白刺花、黑松、皂荚、槐树、侧柏、美国白蜡、白蜡树、杜梨、桂香柳、合欢、枣、复叶槭、杏、桃、葡萄、钻天杨、君迁子等均有一定耐碱力，可根据地形等因素选用。在东北干碱地，则可选用柽柳、新疆杨等。

（2）培养土的配置

对于露地栽培的植物来说，由于根系能够自由伸展，所以对土壤的要求一般不太严格，只要求土层深厚，通气和排水良好，并具有一定的肥力。然而，在植物栽培中，有很多作为盆栽的，特别是温室植物，由于花盆的容积有限，植物生长往往受到很大的限制。为此在栽培中就必须人工配制培养土，以满足植物生长发育的需要。

配制培养土的材料通常由腐殖质土、园土、厩肥、河砂、泥炭、砻糠灰、木屑等。培养土的类型很多，它们是根据各种类、习性的不同，将所需的材料按一定的比例配制而成。而常用的培养土主要有以下几种：

① 黏重培养土：园土 6 份、腐叶土 2 份、河砂 2 份，适合栽培大多数的木本植物。

② 中培养土：园土 4 份、腐叶土 4 份、河砂 2 份，适合栽培大多数的一、二年生植物。

③ 轻松培养土：园土 2 份、腐叶土 6 份、河砂 2 份，适合栽培大多数的宿根和球根植物。

2. 肥料与植物生长发育的关系

在植物栽培中肥料是非常重要的，但是恰当地使用肥料则尤为重要。植物对土壤肥力的要求各不相同，绝大多数树种均要求深厚肥沃而适当湿润的土壤。但有些树种特别能耐瘠薄的土壤，称其为"瘠土树种"，例如油松、马尾松、樟子松、云南松、荆条、酸枣等。要比较严格地栽在肥沃土壤上才能长好的树种，称为"肥土树种"，例如核桃、梧桐、椴、杉木、麻栎、樟等。

一般而言，应当使各种树种均生长在最适合它们需要的土壤上。但在自然界中常可见到不完全符合这一规律的情况，这是由于其他环境因子的影响，而树种本身也有一定适应性的缘故。而肥料的性质与植物的生长、发育有着极重要的关系，如果使用不当将有害无益。

（1）主要肥料元素对植物生长发育的作用

① 氮肥：对植物的生长极为重要，因为它是合成蛋白质的主要元素，蛋白质则又是植物细胞中原生质的主要成分，所以氮肥对植物生长来讲是重要肥料。施足氮肥能使植物植株生长良好而健壮，如果氮肥过多会阻碍花芽的形成，枝叶徒长，对病虫害缺乏抵抗能力；过少则会使花株生长不良，枝弱叶小，开花不良。

② 磷肥：是构成原生质不可缺少的元素。细胞质、细胞核中均含有磷，它对植物的呼吸作用、光合作用、糖分分解等方面均有重要作用。它能促进植物成熟，有助于花芽分化及开花良好，还能强化根系，增强植物的抗寒能力。故在寒冷地区可稍多施肥，促其成熟，

提高植株的抗寒能力。如果缺乏磷肥会影响开花,即使能开花也会出现花朵小、花色淡等现象。

③ 钾肥:是构成植物灰分的主要成分,可以使植物枝干强韧,并能使植物体内蓄积碳水化合物,也能增强植物的抗寒、抗病能力。如果钾肥过多会导致植物体内缺乏钙、镁,对生长发育有阻碍作用。

④ 微量元素:因为所需的量极微,所以一般植物生长中很少出现缺微量元素的现象,但偶尔也会产生,如山茶、栀子、茉莉等常因缺乏铁、锰、镁等元素,而产生失绿现象。其他如硼能提高植物的抗寒能力,铜、钙、锌、钼等能促进植物的生长发育,增强植物对病虫害及过干、过旱等不良环境的抵抗能力。

(2) 主要的植物用肥

① 厩肥及堆肥:在植物栽培中除作培养土的配制材料外,还经常作为基肥使用。因其是一种有机肥料,富含有机质,使用后能改良土壤的物理性状,使土壤松软、透气性好,它是沙质土及温室植物栽培中常用的肥料。其浸出液也可作为追肥使用,但都必须经发酵腐熟后方可使用。

② 动物粪肥:它是一种完全肥料,施用适当能使植物生育充实。因其发酵时会放出高热,故必须充分腐熟后才能加以使用,以免造成根系灼伤,影响植物生长。作为液肥施用,应进行稀释。

③ 饼肥:指各种油粕如豆饼、花生饼、菜籽饼等。这是植物栽培中使用较多的肥料,含有氮肥及磷肥,故为一种良好的植物肥料,但必须经发酵腐熟后方可使用。可以作为基肥使用,也可作为追肥使用。

④ 骨粉:是一种富含磷质的肥料,也是一种迟效性肥料,如与其他肥料混合发酵则更好。作为基肥使用,可提高植物品质及加强花茎强度,效果显著,肥效长,是一种良好的植物肥料。

⑤ 草木灰:主要是一种钾肥,它的肥效较高,但易使土壤固结。可拌入培养土中使用,也可拌入苗床使用,以利于起苗。

⑥ 硫铵及尿素:这是一种无机肥料,是化肥,也是速效氮肥。所以在花芽分化形成时期必须停止使用,温室及各种盆栽植物必须配成稀薄溶液浇施,一般应稀释800～1000倍。

⑦ 过磷酸钙:是一种无机肥料,是一种速效磷肥,连续施用有使土壤呈酸性的缺点。也可作为基肥使用,但必须与土壤充分混合,不能与草木灰或石灰同施。作为追肥使用,应稀释100倍,在花前使用,有利于开花良好。

⑧ 石灰:石灰可以中和土壤酸性及促进肥料分解,但石灰对植物的生长发育上需要量不是很大。在我国南方酸性土壤中适量施用,对植物的生长发育很有利,特别对蔷薇、香石竹等植物施用后能使花色鲜艳,开花时间长。

(3) 主要的施肥方法

植物的施肥是很细致的工作,各种不同的植物,有不同的要求,所以植物的施肥必须根据植物的种类、不同的生长发育阶段、季节的不同,以及根据肥料的种类、性质不同而有不同的施肥方法。但大体而言,植物的施肥方法,主要是作为基肥及追肥两种方法施肥。

① 基肥:一些木本植物、球根植物、宿根植物都要施基肥,因其生长时间长,所以每年

冬季必须施基肥,以供来年生长发育之需。球根植物可在球根下种时施足基肥,以供抽芽开花及长新球之需。基肥一般多施用迟效性的有机肥料,施肥时间多在秋冬季节,落叶以后。

② 追肥:一般植物除施基肥以外,还必须施追肥。追肥多为速效性的液体肥料,都在其生长所需的时候施用。如开花之前追施磷肥,开花后追施氮肥,春季萌动时追施完全肥料。追肥的次数有每月 1 次、每两周 1 次、每周 1 次。浓度一般为原液的 $10\% \sim 30\%$ 左右,最高不能超过 50%。

③ 根外追肥:是在植株的叶面喷液体肥料,或是将配好的营养液喷施于叶面或植物体上,由叶面及枝干吸收后传到体内。一般在植物植株生长高峰时期在体外喷射 1% 的过磷酸钙溶液,每 7 天喷一次,这样植株能生长健壮,叶色浓而肥厚,花色鲜艳,花朵大,花期长。

实训操作

一、茎的观察

1. 观察内容

(1) 观察植物枝条的外部形态。

(2) 观察枝条的分枝方式。

(3) 观察茎的变态类型。

2. 操作准备

(1) 完整枝条一根,放大镜。

(2) 准备相关植物种类,如银杏、桃、丁香、荷花(藕)、仙客来、水仙、文竹、唐菖蒲、昙花、爬山虎、葡萄、皂荚等。

3. 操作步骤

(1) 仔细观察枝条,找出枝条中的八个部分。

(2) 现场观察相关植物,区分出所观察植物的分枝方式。

(3) 现场观察相关植物,区分出茎的变态类型。

4. 观察报告

列表归纳分枝方式、茎变态的类型与代表植物。

二、叶子形态的观察

1. 观察内容

观察叶片的形态,掌握叶的基本组成、叶片形态和类型、叶序、单叶和复叶类型。

2. 操作准备

放大镜、相关类型植物标本或活体植物材料 20 种。

3. 操作步骤

(1) 叶的组成观察:观察豆科、蔷薇科、郁金香、丁香、君子兰等植物,区分它们是完全叶还是不完全叶,指出不完全叶所缺少的部分。

(2) 叶片的形态观察:观察几种植物叶形、叶尖、叶基、叶缘、叶脉等类型,并熟记常见植物的叶形特点。

（3）单叶和复叶观察：观察桃、柳、月季、合欢、南天竹、鹅掌柴、酢浆草、柑橘等植物，区分出单叶、羽状复叶、掌状复叶、三出复叶、单身复叶的种类。

（4）叶序（叶的着生方式）观察：观察几种常见植物的叶序，区分出它们是对生、互生、轮生、簇生还是丛生。

4. 观察报告

列表归纳所观察植物叶的各种形态类型。

练习题

一、判断题

1. 须根系是主根特别发达、粗壮，垂直向下，与侧根有明显区别的根系。　　　（　　）

2. 每个节上着生三个或三个以上的叶，这种叶子的着生方式称为簇生。　　　（　　）

3. 植物根据对温度的不同要求分为：阳性植物、半阴性植物、阴性植物和强阴性植物四类。　　　（　　）

4. 采用遮光的光法，可以促使长日照植物提早开花。　　　（　　）

5. 潜伏芽是枝条上长期保持休眠状态的芽。　　　（　　）

6. 基肥一般多施用迟效有机肥，时间多在秋冬季节，落叶以后。　　　（　　）

7. 菊花常应用于11月，它是一种典型的短日照植物。　　　（　　）

8. 茎在植物生长过程中有输导、支持、繁殖等功能。　　　（　　）

9. 丁香为合轴分枝。　　　（　　）

10. 植物根据对光度的不同要求分为：长日照植物、中日照植物和短日照植物三类。

　　　（　　）

11. 完全叶是由叶肉、叶柄、叶脉三部分组成。　　　（　　）

12. 根的类型有：直根与须根两类。　　　（　　）

13. 一品红常应用于12月，它是一种典型的短日照植物。　　　（　　）

14. 球根花卉有常绿和落叶之分，都是多年生草本植物。　　　（　　）

15. 美人蕉是美人蕉科的植物，其主要观赏部位是苞片。　　　（　　）

16. 土壤质地、物理性能和酸碱度都不同程度地影响着植物生长发育。　　　（　　）

17. 变态根具有正常根的功能。　　　（　　）

18. 植物在生长过程中的落叶是不正常的现象，因及时加以防治。　　　（　　）

19. 具有明显的主干，分枝点较高的称为灌木。　　　（　　）

20. 叶质分为草质、纸质、肉质和膜质等。　　　（　　）

二、单项选择题

1. 下列花卉中为观果类植物的是_____。

　　A. 太阳花　　　　　B. 仙客来　　　　　C. 米兰　　　　　D. 观赏辣椒

2. 下列植物中观赏苞片的种类是_____。

　　A. 文竹　　　　　B. 变叶木　　　　C. 马蹄莲　　　　D. 石榴

3. 下列植物为常绿灌木的是_____。

　　A. 牡丹　　　　　B. 含笑　　　　　C. 香樟　　　　　D. 迎春

4. 下列植物的树冠为广卵型的是_____。

　　A. 合欢　　　　　B. 雪松　　　　　C. 香樟　　　　　D. 广玉兰

5. 促进植物成熟,有助于花芽分化及开花良好应施用下列_____。

　　A. 氮肥　　　　　B. 磷肥　　　　　C. 钾肥　　　　　D. 其他元素

6. 下列植物中属于不耐寒性植物的是_____。

　　A. 银杏　　　　　B. 米兰　　　　　C. 雪松　　　　　D. 桃树

7. 下列生理功能中,_____是茎不具有的功能。

　　A. 输导功能　　　B. 支持与固着功能　C. 光合作用　　　D. 繁殖功能

8. 下列不属于施基肥方式的是_____。

　　A. 穴施　　　　　B. 环施　　　　　C. 放射状沟施　　D. 根外追施

9. 下列植物中属于地中海气候的是_____。

　　A. 一串红　　　　B. 彩叶草　　　　C. 君子兰　　　　D. 大丽花

10. 下列属于植物营养器官的是_____。

　　A. 根　　　　　　B. 花　　　　　　C. 果实　　　　　D. 种子

11. 下列不属于叶的主要功能的是_____。

　　A. 光合作用　　　B. 呼吸作用　　　C. 蒸腾作用　　　D. 支持作用

12. 土壤酸碱性能直接影响花卉生长,绝大部分花卉适于_____土壤生长。

　　A. 石灰性　　　　B. 酸性　　　　　C. 中性偏碱　　　D. 中性偏微酸

13. 下列植物为常绿阔叶灌木的是_____。

　　A. 牡丹　　　　　B. 香樟　　　　　C. 栀子花　　　　D. 金钟花

14. 下列植物的树冠为圆锥形的是_____。

　　A. 玫瑰　　　　　B. 夹竹桃　　　　C. 南天竹　　　　D. 水杉

15. 观叶植物在栽培养护中应施_____为主。

　　A. 氮肥　　　　　B. 磷肥　　　　　C. 钾肥　　　　　D. 其他元素

16. 下列植物中属于阴性的是_____。

　　A. 银杏　　　　　B. 八角金盘　　　C. 雪松　　　　　D. 桃树

17. 下列植物类为高等植物的是_____。

　　A. 菌类　　　　　B. 藻类　　　　　C. 地衣　　　　　D. 蕨类

18. _____是茎不具有的功能。

　　A. 输导功能　　　　　　　　　　　B. 支持功能

　　C. 合成与分泌功能　　　　　　　　D. 贮藏与繁殖功能

19. 植物分类上的最基本单位是_____。

　　A. 界　　　　　　B. 目　　　　　　C. 科　　　　　　D. 种

20. 红花酢浆草的叶片类型是_____。

　　A. 羽状复叶　　　B. 掌状复叶　　　C. 三出复叶　　　D. 单身复叶

三、多项选择题

1. 根据根系的起源和形态的不同,根系可分为_____。
   - A. 直根系
   - B. 须根系
   - C. 定根系
   - D. 不定根系
   - E. 浅根系

2. 根常见的变态有以下_____。
   - A. 贮藏根
   - B. 缠绕根
   - C. 呼吸根
   - D. 气生根
   - E. 支柱根

3. 下列器官中属于生殖器官的是_____。
   - A. 叶
   - B. 茎
   - C. 果实
   - D. 种子
   - E. 花

4. 球根植物按其形态的不同可分为鳞茎类_____等。
   - A. 块茎类
   - B. 根茎类
   - C. 块根类
   - D. 多肉类
   - E. 球茎类

5. 根据植物对温度的不同要求一般可分为_____。
   - A. 耐阳性植物
   - B. 耐寒性植物
   - C. 不耐寒性植物
   - D. 半耐阴性植物
   - E. 半耐寒性植物

6. 下列肥料为速效肥的是_____。
   - A. 硫胺
   - B. 尿素
   - C. 过磷酸钙
   - D. 骨粉
   - E. 动物粪肥

7. 典型的被子植物的花由花托、_____等组成。
   - A. 花萼
   - B. 花冠
   - C. 雄蕊
   - D. 雌蕊
   - E. 花托

8. 下列种类属于灌木类植物的是_____。
   - A. 石榴
   - B. 香樟
   - C. 蜡梅
   - D. 牡丹
   - E. 杜鹃

9. 下列植物属于耐寒性植物的是_____。
   - A. 米兰
   - B. 雪松
   - C. 蜡梅
   - D. 榕树
   - E. 香樟

10. 下列植物能耐盐碱地的是_____。
    - A. 乌桕
    - B. 合欢
    - C. 茶花
    - D. 槐树
    - E. 月季

四、简答题

1. 简述物业绿化的作用。
2. 茎有哪些类型? 各有什么特点?
3. 简述根的生理功能。
4. 简述营养器官与生殖器官的相关性。
5. 简述地上部分与地下部分的相关性。
6. 简述主要肥料元素及对植物生长发育的作用。

第二章
物业绿化植物材料

本章导读

1. 学习目标

通过教学使学生了解物业绿化植物材料的别名、原产地和主要繁殖方法。掌握物业绿化植物材料的形态特征、生态习性和常见的应用方式。能够识别物业绿化植物材料。

2. 学习内容

从园林应用的角度出发,介绍了物业绿化常用的庭院植物和行道树、棚架植物、水景布置植物、花坛植物、花境植物、地被植物和草坪植物,以及室内绿化的观花植物和观叶植物 180 多种(包括变种、品种)。着重介绍了各类物业绿化植物的形态特点、生态习性、常见的绿化用途,以及各类绿化植物常用的别名、原产地和主要繁殖方法。

3. 重点与难点

重点:物业绿化植物材料的形态特征、生态习性和常见的应用方式。

难点:各类物业绿化植物材料的区别、各类物业绿化材料除了主要的应用方式外的其他利用形式。

第一节 物业绿化室外植物材料

一、庭院植物和行道树

1. 乔木类庭院植物和行道树

(1) 常绿乔木类庭院植物和行道树

① 雪松(*Cedrus deodara*)(见图2-1)

雪松又称喜马拉雅山雪松、喜马拉雅杉、喜马拉雅松。是松科雪松属的常绿乔木。原产于喜马拉雅山西部。

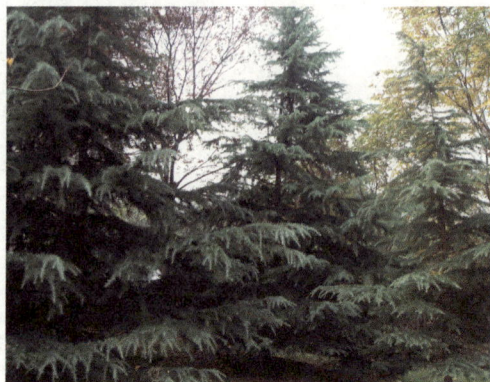

图2-1 雪松

雪松高可达50 m以上,胸径可达3 m。树冠圆锥形。树皮灰褐色,鳞片状剥裂。叶针状,灰绿色,长2.5~5 cm,宽与厚相等,各面有数条气孔线,在短枝顶端聚生20~60枚。雌雄球花异株;雄球花椭圆状卵形,雌球花卵圆形。球果椭圆状卵形,顶端圆钝,熟时红褐色。

雪松喜温凉气候,有一定耐寒能力。喜土层深厚而排水良好的土壤,能生长于微酸性土壤上,亦能生于瘠薄地和黏土地,但忌积水地。性畏烟,遇SO_2气体会使嫩叶迅速枯萎。

雪松树形优美,为世界著名的观赏树。最适宜孤植和对植。其主干挺拔,大枝自近地面处平展,能形成繁茂雄伟的树冠。此外也可列植于路的两旁,形成甬道,极为壮观。

② 日本五针松(*Pinus parviflora*)(见图2-2)

又称五针松。是松科松属的常绿乔木。原产于日本本州中部及北海道、九州、四国等地。中国长江流域部分地区及青岛等地园林中有栽培,各地也常栽为盆景。

日本五针松高10~30 m,胸径0.6~1.5 m。树冠圆锥形。树皮灰黑色,呈不规则鳞片状剥裂,内皮赤褐色。叶较细,五针一束,长3~6 cm,内侧两面有白色气孔线,钝头,边缘有细锯齿。球果卵圆形或轮状椭圆形,长4.0~7.5 cm,径3.0~4.5 cm,熟时淡褐色。

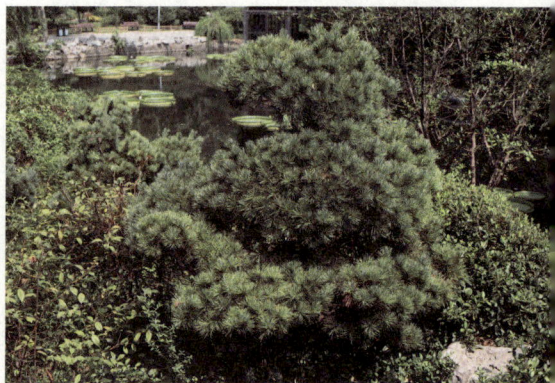

图2-2 日本五针松

日本五针松属强阳性植物,喜生于土壤深厚、排水良好的适当湿润之处,在阴湿之处生长不良。虽对海风有较强的抗性,但不适于砂地生长。生长速度缓慢。

日本五针松宜与山石配植,并进行专门的整形而形成优美的园景,也适用作盆景、桩景等。

③ 桧柏(*Sabina chinensis*)(见图2-3)

又称圆柏。是柏科刺柏属的常绿乔木。原产中国东北南部及华北、朝鲜、日本等地。

桧柏高达20 m,胸径达3.5 m。树冠尖塔形或圆锥形,老树则成广卵形、球形或钟形。树皮灰褐色,呈浅纵条状或有时呈扭转状剥离(落)。叶有两种,鳞叶交互对生,多见于老树或老枝上;刺叶常3枚轮生,叶上面略凹,有2条白色气孔带。雌雄异株,极少同株。

桧柏喜光,又耐阴。耐寒,也耐热。对土壤要求不严,能生长于酸性、中性及石灰质土壤上,对土壤的干旱及湿润均有一定的抗性。但以在中性、深厚而排水良好处生长最佳。对 Cl_2、SO_2 抗性较强。最好避免在苹果、梨、海棠、石楠等附近栽培和种植。常见病害有桧柏梨锈病、桧柏苹果锈病及桧柏石楠锈病等。

桧柏树形优美,老树则干枝扭曲,在庭园中用途极广。因其耐阴、耐修剪,故也常作绿篱。另外还适宜作桩景、盆景材料。

图2-3　桧柏　　　　　　　　图2-4　龙柏

同科同属常见变种有龙柏(*Sabina chinensis var. kaizuka*)(见图2-4)。龙柏是柏科刺柏属的常绿乔木,原产我国。树形呈圆锥状,小枝略扭曲上伸,小枝密,在枝端成几个等长的密簇状,全为鳞叶,密生,幼叶淡黄色,后呈翠绿色;球果蓝黑,略有白粉。

属阳性树种,喜高燥、肥沃、深厚、排水良好的土壤。一般在2～3月进行扦插繁殖,或在2～3月嫁接于侧柏砧木上。龙柏可列植或丛植,也可进行盆栽观赏。

④ 罗汉松(*Podocarpus macrophllus*)(见图2-5)

罗汉松又称土杉、松非松。是罗汉松科罗汉松属的常绿乔木。原产于我国。

罗汉松高可达20 m,胸径可达60 cm。树冠宽卵形。叶条状披针形,长7～12 cm,宽7～10 mm,叶先端尖,两面中脉显著而缺侧脉,叶表暗绿色,有光泽,叶背淡绿或粉绿色,

图2-5 罗汉松

叶螺旋状互生。雄球花3~5个簇生于叶腋,圆柱形;雌球花单生于叶腋。

罗汉松较耐阴,喜排水良好而湿润的沙质壤土,对多种有毒气体抗性较强。

罗汉松树形优美,宜孤植作庭荫树,或对植、散植,也可盆栽观赏,还是制作树桩盆景的极好材料。

⑤ 苏铁(*Cycas revoluta*)(见图2-6)

雄株

雌株

图2-6 苏铁

苏铁又称铁树。是苏铁科苏铁属的常绿乔木。原产于中国南部。

苏铁茎高达5 m。叶羽状,厚革质而坚硬,羽片条形,边缘显著反卷;雄球花长圆柱形,小孢子叶木质,密被黄褐色茸毛;雌球花略呈扁球形,大孢子叶宽卵形,有羽状裂,密被黄褐色绵毛。花期6~8月。

苏铁喜暖热、湿润气候,不耐寒,在温度低于0℃时即易受害。

苏铁树形优美,有反映热带风光的观赏效果,常布置于花坛的中心或盆栽布置于大型会场内供装饰用。

⑥ 荷花玉兰(*Magnolia grandiflora*)(见图2-7)

又称广玉兰。是木兰科木兰属的常绿大乔木。原产于北美东南部。

荷花玉兰树冠宽圆锥形。小枝及芽有锈色绒毛。叶较大,厚革质,全缘,叶背面有锈色茸毛。5～6月开花,花白色。

荷花玉兰喜温暖湿润的环境,有一定的抗寒能力,喜疏松、肥沃、排水良好的酸性或中性土壤。

荷花玉兰树姿雄伟,花朵硕大,叶大荫浓,无论孤植、丛植、群植都是良好的观赏植物,可作庭院植物、行道树栽植。

图2-7　荷花玉兰

图2-8　香樟

⑦ 香樟(*Cinnamomum camphora*)(见图2-8)

香樟又称樟。是樟科樟属的常绿大乔木。原产于中国长江以南地区。

香樟树冠宽卵形。树皮灰褐色,纵裂。叶互生,叶缘微呈波浪。叶脉离基三出,在三出叶脉的基部有两个腺点。4～5月在叶腋处开白色的圆锥花序,花两性、小。

香樟是一种弱阳性的树种,能耐一定程度的阴。喜温暖湿润的气候,不耐寒。喜肥沃、排水良好的酸性或中性土壤,不耐干旱。

香樟植株有芳香,树冠气势雄伟,是著名的景观树种,能够在庭院孤植、群植、片植、列植,也能作为行道树种植。

⑧ 石楠(*Photinia serrulata*)(见图2-9)

石楠又称石楠千年红、扇骨木。是蔷薇科石楠属的常绿小乔木。原产于中国中部及南部。印尼也有分布。

石楠高达12 m。叶长椭圆形至倒卵状长椭圆形,长8～20 cm,先端尖,基部圆形或宽楔形,边缘有细尖锯齿,革质有光泽。复伞房花序顶生,花白色,花期5～7月。

石楠喜光,稍耐阴。喜温暖,尚耐寒。喜排水良好的肥沃土壤。

图2-9　石楠

石楠枝叶浓密,早春嫩叶鲜红,在园林中孤植,丛植及基础栽植都甚为合适。

⑨ 女贞(*Ligustrum lucidum*)(见图2-10)

女贞又称冬青、蜡树。是木犀科女贞属的常绿乔木。原产于长江流域及以南各省区。

女贞高达10 m。树皮灰色平滑。叶革质,宽卵形至披针形,长6～12 cm,全缘,无毛。圆锥花序顶生,花白色,花期6～7月。

女贞喜光,稍耐阴。喜温暖,不耐寒。喜湿润,不耐干旱。适生于微酸性至微碱性的湿润土壤,不耐瘠薄。对有毒气体有较强的抗性。生长快,萌芽力强,耐修剪。

女贞终年常绿,常栽于庭园观赏,广泛栽植于街坊、宅院,或作园路树,或修剪作绿篱用。

图2-10 女贞

⑩ 杜英(*Elaeocarpus syluestris*)(见图2-11)

杜英又称山杜英、胆八树。是杜英科杜英属的常绿乔木。原产于中国南部地区。

杜英树冠卵球形。小枝红褐色。叶薄革质,倒卵状长椭圆形,边缘有浅锯齿,叶脉有时具腺体,在众多绿叶中常存在少量鲜红的老叶。总状花序白色、腋生,花期6～8月。核果椭球形,熟时暗紫色,10～12月成熟。

杜英稍耐阴。喜温暖、湿润的气候。耐寒性不强。适生于排水良好之酸性土壤。对SO_2有较强的抗性。

杜英霜后部分叶变红色,红绿相间。适宜于在草坪、林缘丛植,也可栽作其他花木的背景树。

图2-11 杜英

图2-12 柑橘

⑪ 柑橘(*Citrus reticulata*)(见图2-12)

柑橘又称柑桔。是芸香科柑橘属的常绿小乔木或灌木。原产于我国。广泛分布于长江以南地区。

柑橘单生复叶,椭圆形,全缘或有细钝齿,叶柄近无翼。花黄白色,单生或簇生叶腋,具香气,春季开花。果扁球形径5～7 cm,橙黄色或橙红色,果皮薄易剥离,10～12月果熟。

柑橘喜温暖、湿润的气候。耐寒性较强。

柑橘是我国著名果树之一,叶四季常青,春季香花满树,秋冬季节黄果累累。除专门作果园经营外,还适宜于庭园、绿地及风景区等地种植。

⑫ 棕榈(*Trachycarpus fortunei*)(见图2-13)

棕榈又称唐棕、拼棕、中国扇棕。是棕榈科棕榈属的常绿乔木。原产中国、日本、印度、缅甸等地。

棕榈树干圆柱形,高达10 m,干径达24 cm。叶簇生于顶,近圆形,掌状裂深达中下部;叶柄长40～100 cm,两侧细齿明显。雌雄异株,圆锥状肉穗花序腋生,花小而黄色。

棕榈是棕榈科中最耐寒的植物,可耐－8℃低温,但喜温暖湿润气候。有较强的耐阴能力,幼苗则更为耐阴,但在阳光充足处棕榈生长更好。喜排水良好、湿润肥沃之中性、石灰性或微酸性的黏质壤土,耐轻盐碱土,也能耐一定的干旱与水涝。喜肥、耐烟尘,对有毒气体抗性强。

棕榈挺拔秀丽,适应性强,具有南国风光,可列植、丛植或成片栽植,也常用盆栽或桶栽作室内或建筑前装饰及布置会场之用。

图2-13 棕榈

图2-14 华盛顿棕榈

同科常见其他种类有华盛顿棕榈(*Washingtonia filifera*)(见图2-14)。又称丝葵、老人葵。是棕榈科丝葵属的常绿乔木。原产美国加利福尼亚州、亚利桑那州以及墨西哥。华盛顿棕榈株高可达20 m。叶簇生于顶,掌状中裂,圆形或扇形折叠,边缘具有白色丝状纤维。肉穗花序白色,花小,花期6～8月。华盛顿棕榈喜温暖、湿润、向阳的环境。较耐寒、耐旱和耐瘠薄土壤。不宜在高温、高湿处栽培。华盛顿棕榈是美丽的风景树,宜栽植于庭园观赏,也可作行道树。

⑬ 蒲葵(*Livistona chinensis*)(见图 2 - 15)

蒲葵又称扇叶葵、葵树。是棕榈科蒲葵属的常绿乔木。原产于我国南部。

蒲葵叶大,扇形,质厚,有折叠,裂片约 72 枚,末端二裂,先端下垂。肉穗花序,腋生。花小,黄绿色,花期 3～4 月。

蒲葵喜高温、多湿的热带气候,也能耐 0℃左右的低温。好阳光,也能耐阴。喜湿润、肥沃、有机质丰富的黏壤土。

蒲葵四季树冠伞形,叶大扇形。为热带风光植物,也可盆栽。

图 2 - 15　蒲葵

图 2 - 16　加拿利海枣

⑭ 加拿利海枣(*Phoenix canariensis*)(见图 2 - 16)

加拿利海枣又称长叶刺葵、槟榔竹。是棕榈科刺葵属的常绿乔木。原产于加那利群岛。我国引种栽培。

加拿利海枣羽状复叶,拱形,总轴两侧有 100 多对小羽片,穗状花序,黄褐色。果长椭圆形,熟时黄色至淡红色。花期 5～7 月,果期 8～9 月。

加拿利海枣喜高温多湿的热带气候,稍能耐寒。喜充足阳光,也稍耐阴。在肥沃的土壤中生长良好。能耐干旱、瘠薄的土壤。

加拿利海枣具热带风光,宜作行道树或园林绿化树种,或盆栽作室内观赏。

(2) 落叶乔木类庭院植物和行道树

① 水杉(*Metasquoia glyptrobides*)(见图 2 - 17)

水杉又称水杪。是柏科水杉属的落叶大乔木。原产于中国。

水杉树冠圆锥形。大枝斜展,小枝对生,无芽小枝下垂。叶条形、扁平,羽状对生,绿色,入秋后变成黄褐色。冬季芽卵圆形,与枝近 90 度着生。

水杉是一种强阳性植物,不耐阴。喜温暖湿润的环境。较耐寒、耐涝。能够抵抗一定程度的干旱。对 SO_2 有一定抗性。

水杉叶色美丽,株形挺拔,非常适宜堤岸、湖滨列植、丛植、群植绿化。

② 银杏(*Ginkgo biloba*)(见图 2 - 18)

银杏又称白果树。是银杏科银杏属的落叶大乔木。原产于中国。

银杏具有长短枝。叶在长枝上螺旋状互生;在短枝上 3～5 枚簇生。叶扇形,先端两裂,叶脉二叉状。5 月开花,花单性,黄绿色,雌雄异株。种子近球形,核果状。

图 2-17 水杉

图 2-18 银杏

银杏是强阳性植物,不耐阴。不耐积水。耐干旱,对土壤适应能力强。对有毒气体有较强的抗性。

银杏树姿雄伟、古朴,入秋后满树金黄色,是著名的秋景树种。可作为行道树,也可庭院栽植布置,老根古干还是树桩盆景良好的材料。

③ 垂柳(*Salix babylonica*)(见图 2-19)

垂柳又称柳树。是杨柳科柳属的落叶乔木。主要分布于长江流域及其以南各省区平原地区,华北、东北亦有栽培。

垂柳高达 18 m。树冠倒宽卵形。小枝细长下垂。叶狭披针形,长 8～16 cm。先端渐长尖,边缘有细锯齿,表面绿色,背面蓝灰绿色;叶柄长约 1 cm;托叶阔镰形,早落。花期 3～4 月;果熟期 4～5 月。

垂柳喜光,喜温暖湿润气候及潮湿深厚之酸性及中性土壤。较耐寒,特耐水涝。萌芽力强。

垂柳枝条细长,柔软下垂,随风飘舞,以植于河岸及湖池边最为理想。也可作行道树、庭荫树、固岸护堤树。

图 2-19 垂柳

图 2-20 白榆

④ 白榆(*Ulmus pumila*)(见图2-20)

白榆是榆科榆属的落叶乔木。原产于我国。

白榆株高达25 m,胸径1 m。树冠圆球形。树皮暗灰色,纵裂,粗糙。叶卵状长椭圆形,基部稍歪,边缘有不规则的单锯齿。早春叶前开花,簇生于去年生枝上,花期3~4月。

白榆喜光,耐寒,抗旱,能适应干凉气候;喜肥沃、湿润而排水良好的土壤,不耐水涝,但能耐干旱、瘠薄和盐碱土。

白榆树干通直,树形高大,适应性强,栽作行道树、庭阴树。

⑤ 玉兰(*Magnolia denudata*)(见图2-21)

又称白玉兰、望春花。是木兰科木兰属的落叶乔木。原产于中国中部山野中。

玉兰高达15 m。树冠卵形或近球形。叶倒卵状长椭圆形,长10~15 cm,先端突尖而短钝,基部宽楔形或近圆形,幼时背面有毛。花大,径12~15 cm,纯白色,芳香,花萼、花瓣相似,共9片。花3~4月,叶前开放。

玉兰喜光,稍耐阴,颇耐寒。喜肥沃、适当湿润而排水良好的弱酸性土壤(pH5~6)。根肉质,畏水淹。

玉兰花大、洁白而芳香,适宜列植于堂前、点缀于中庭。也可丛植于草坪或针叶树丛之前。

图2-21　玉兰

图2-22　鹅掌楸

⑥ 鹅掌楸(*Liriodendron chinense*)(见图2-22)

鹅掌楸又称马褂木。是木兰科鹅掌楸属的落叶乔木。原产于中国。

鹅掌楸高达40 m,胸径1 m以上。树冠圆锥状。叶马褂形,长12~15 cm,各边1裂,向中腰部缩入;老叶背部有白色乳状突点。

鹅掌楸喜光、喜温和湿润的气候。有一定的耐寒性,可经受-15℃的低温。本树不耐移植,故移栽后应加强养护。一般不行修剪。

鹅掌楸树形端正、叶形奇特,秋叶呈美丽的黄色,是优美的庭阴树和行道树种。

⑦ 英桐(*Platanus acerifolia*)(见图 2-23)

又称二球悬铃木、法国梧桐、悬铃木。是悬铃木科悬铃木属的落叶大乔木。为杂交种。

英桐树干具有块状剥落树皮,剥落处为浅绿色。叶互生,掌状开裂,具有柄下芽。3～4 月开花,花单性,雌雄同株,头状花序球形,通常 2 个一束。小坚果聚合成球形,有毛,果熟期在 10 月。

英桐是强阳性植物,不耐阴。要求温暖气候,但有一定的抗寒能力。耐干旱,也稍耐涝。其生长非常迅速,枝条的萌发力极强。能抗多种有害气体,对土壤要求不严。

英桐以作行道树为主,是世界四大行道树之一,有"世界行道树之王"之称。另外也常用于庭院栽植。

图 2-23　英桐

图 2-24　红叶李

⑧ 红叶李(*Prunus ceraifera*)(见图 2-24)

红叶李又称紫叶李。是蔷薇科李属的落叶小乔木。原产于亚洲西南部,中国华北及其以南地区广为种植。

红叶李高达 8 m。叶紫红色,卵形至倒卵形,长 3～4.5 cm,叶缘具有尖细重锯齿,叶背中脉基部有柔毛。花淡粉色,花期 4～5 月。

红叶李喜温暖湿润气候。

红叶李整个生长季的叶为紫红色,宜于建筑物前及庭园路旁或草坪、墙隅处栽植。

⑨ 樱花(*Prunus rerrulata*)(见图 2-25)

樱花又称仙樱花、福岛樱。是蔷薇科李属的落叶乔木。原产于中国、日本、朝鲜。

樱花株高 15～25 m,直径达 1 m。树皮暗栗褐色,光滑,上有锈色横向唇形皮孔。叶卵形至卵状椭圆形。花白色或淡红色,很少为黄绿色,径 2.5～4 cm,无香味,花期 4 月,与叶同时开放。

樱花喜光。喜深厚肥沃而排水良好的土壤。

樱花以庭院布置为主。

图 2-25　樱花

图 2-26　桃

⑩ 桃(*Prunus persic*)(见图 2-26)

桃又称桃花。是蔷薇科李属的落叶小乔木。原产于中国。

桃株高达 8 m。小枝红褐色或褐绿色,无毛。叶椭圆状披针形,边缘有细锯齿。花单生,先叶开放,粉红,花期 3~4 月。

桃喜光,耐旱,喜肥沃而排水良好的土壤,不耐水涝。

桃花烂漫芳菲,妩媚可爱,可大片栽种或辟为专园种植。此外,也可盆栽、切花或作桩景等用。

⑪ 紫荆(*Cercis chinensis*)(见图 2-27)

紫荆又称满条红。是豆科紫荆属的落叶小乔木。原产于中国。

紫荆叶近圆形,叶基心形,全缘。花紫红色,4~10 朵簇生于老枝上,花期 4 月,叶前开放。

紫荆喜光,有一定耐寒性,喜肥沃、排水良好的土壤。

紫荆早春叶前开花,枝干布满紫花,艳丽可爱,宜丛植于庭院、建筑物前及草坪边缘。

图 2-27　紫荆

图 2-28　木槿

⑫ 木槿(*Hibiscus syriacua*)(见图 2-28)

木槿又称无穷花。是锦葵科木槿属的落叶灌木或小乔木。原产于东亚,中国自东北南部至华南各地均有栽培,尤以长江流域为多。

木槿高 3～4 m。叶菱状卵形,长 3～6 cm,端部常三裂,边缘有钝齿。花单生叶腋,径 5～8 cm,有淡紫、红、白等色,花期 6～9 月。

木槿喜光,耐半阴。喜温暖湿润气候,也颇耐寒。耐干旱、耐瘠薄土壤,但不耐积水。萌蘖强,耐修剪。对 SO_2、Cl_2 等抗性较强。

木槿夏秋开花,常作围篱及基础种植材料,也宜丛植于草坪、路边或林缘。

⑬ 石榴(*Punica granatum*)(见图 2-29)

石榴又称安石榴。是千屈菜科石榴属的落叶灌木或小乔木。原产于伊朗和阿富汗。

石榴株高 5～7 m。树冠常不整齐,小枝端常成刺状。叶倒卵状长椭圆形,在长枝上对生,在短枝上簇生。花朱红色,花期 5～6 月。浆果近球形,古铜色或古铜红色,果 9～10 月成熟。

石榴喜光、喜温暖,有一定耐寒、耐旱能力,喜肥沃湿润而排水良好之石灰质土壤。

石榴树姿优美,叶碧绿而有光泽,花色艳丽如火而花期极长,最宜于成丛配植,也宜于盆栽观赏,还可做成各种桩景和供瓶养插花观赏。

 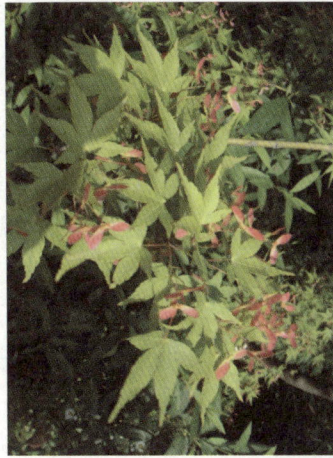

图 2-29 石榴　　　　　图 2-30 鸡爪槭

⑭ 鸡爪槭(*Acer palmatum*)(见图 2-30)

鸡爪槭又称青枫。是无患子科枫属的落叶小乔木。原产于中国、日本和朝鲜。

鸡爪槭树冠伞形。叶掌状 5～9 深裂,裂片卵状长椭圆形至披针形,边缘有重锯齿。伞房花序顶生,紫色,花期 5 月。翅果,10 月成熟。

鸡爪槭属弱阳性植物,耐半阴,夏季在阳光直射处栽植易遭日灼之害。喜温暖、湿润的气候及肥沃、湿润而排水良好之土壤。耐寒性不强。在酸性、中性及石灰质土壤中均能生长。

鸡爪槭宜植于草坪、土丘、溪边、池畔,或于墙隅、亭廊、山石间点缀。

⑮ 梅花(*Prunus mume*)(见图 2-31)

梅花又称梅。是蔷薇科李属的落叶小乔木。原产于中国。

梅花株高4～10 m。叶宽卵形至卵形,叶缘有细齿。先花后叶,花着生在一年生枝条的叶腋,单生,有单瓣和重瓣之分,一般在12～4月上旬开放。

梅花喜光及温暖而稍湿润的气候。具有一定的耐寒能力。对土壤要求不严,能够耐瘠薄。

梅花可在庭院种植,或与建筑、山石等配植。也可作为冬季的切花。另外梅与松、竹一起被称为"寒岁三友",与兰、竹、菊一起代表冬、春、夏、秋四个季节,并被称为"四君子"。

图2-31 梅花

图2-32 垂丝海棠

⑯ 垂丝海棠(*Malus halliana*)(见图2-32)

垂丝海棠是蔷薇科苹果属的落叶小乔木。原产于中国。

垂丝海棠株高5 m,树冠疏散。枝开展,幼时紫色。叶卵形至长卵形,锯齿细钝或近全缘,质较厚实,表面有光泽,叶柄及中肋常带紫红色。花4～7朵簇生于小枝端,鲜玫瑰红色,花期4月。

垂丝海棠喜温暖、湿润气候,耐寒性不强。

图2-33 桂花

垂丝海棠花繁色艳,朵朵下垂,是著名的庭园观赏花木,也可盆栽观赏。

2. 灌木类庭院植物

(1) 常绿灌木类庭院植物

① 桂花(*Omanthus fragrans*)(见图2-33)

桂花又称木犀。是木犀科木犀属的常绿灌木至小乔木。原产于我国西南部。

桂花高可达12 m。树皮灰色,不裂。芽叠生。叶长椭圆形,长5～12 cm,叶基楔形,全缘或上半部有细锯齿。花簇生叶腋或聚伞状;花小,黄白色,浓香,花期9～10月。

桂花喜光,稍耐阴。喜温暖和通风良好的环境,不耐寒。喜湿润排水良好的沙质壤土,忌涝地、碱地和黏重土壤。

桂花树干端直,树冠圆整,四季常青,花期正值中秋,香飘数里,适宜于庭前对植,或大面积栽植。

② 海桐（*Pittosporum tobira*）（见图 2-34）

海桐是海桐花科海桐花属的常绿灌木或小乔木。原产于我国江苏南部、浙江、福建、台湾、广东等地。朝鲜、日本也有分布。

海桐高 2～6 m。树冠圆球形。叶革质，倒卵状椭圆形，长 5～12 cm，先端圆钝或微凹，基部楔形，边缘全缘或反卷，叶面深绿而有光泽。伞房花序顶生，花白色或淡黄绿色，径约 1 cm，芳香，花期 5 月。

海桐喜光，略耐阴。喜温暖、湿润气候及肥沃、湿润土壤。耐寒性不强。萌芽力强，耐修剪。抗海潮风及 SO_2 等有毒气体。

图 2-34　海桐

海桐枝叶茂密，叶色浓绿而有光泽，通常用作绿篱材料，孤植、丛植于草坪边缘、林缘或对植于门旁，列植路边也很合适。

③ 杜鹃（*Rhododendron simsii*）（见图 2-35）

杜鹃又称映山红。是杜鹃花科杜鹃花属的常绿灌木或小乔木。原产于中国。

杜鹃叶互生，椭圆形或披针形，全缘，有柔毛。花单生或呈总状花序，有白、黄、红、深红、玫瑰红及复色，花期 4～6 月。

杜鹃喜温凉、通风、半阴、湿润的环境，忌高温高燥，烈日暴晒。要求 70%～90% 的相对湿度，水的 pH 为 6.8，土壤的 pH 为 4.5～6。

杜鹃可布置专类园，也可作地被布置，还可进行盆栽观赏。

图 2-35　杜鹃

图 2-36　十大功劳

④ 十大功劳（*Mahonia fortunei*）（见图 2-36）

十大功劳又称狭叶十大功劳。是小檗科十大功劳属的常绿灌木。原产于中国四川、湖北、浙江等省。

十大功劳高达 2 m。小叶 5～9 枚，无柄，狭披针形，长 8～12 cm，革质而有光泽，边缘有刺齿 6～13 对。花黄色，总状花序 4～8 条簇生。

十大功劳耐阴,喜温暖气候及肥沃、湿润、排水良好之土壤,耐寒性不强。

十大功劳常植于庭院、林缘及草地边缘,或作绿篱及基础种植。

⑤ 南天竹(*Nandina domestica*)(见图 2-37)

南天竹又称红杷子、红桐子。是小檗科南天竹属的常绿灌木。原产于中国和日本。

南天竹叶对生,2～3 回奇数羽状复叶,小叶革质,椭圆状披针形,全缘。5～7 月开白色圆锥花序。浆果球形,红色,11～12 月成熟。

南天竹不耐干旱,能够适应石灰质土壤。

南天竹在园林中可丛植、片植于林下,也可点缀在建筑、山石旁。还常作为切花和树桩盆景的材料。

图 2-37　南天竹

图 2-38　黄杨

⑥ 黄杨(*Buxus sinica*)(见图 2-38)

黄杨又称瓜子黄杨。是黄杨科黄杨属的常绿灌木或小乔木。原产于中国。

黄杨小枝四棱,微有细毛。叶对生,倒卵形至倒卵状椭圆形,全缘,叶顶端钝或微微凹陷。花期 4 月,花黄绿色,小。

黄杨属半阴性植物。喜温暖湿润的气候,耐寒能力不强,能耐碱性和石灰质土壤,能抗有害气体和烟尘。枝条萌发力强,耐修剪。

图 2-39　八角金盘

黄杨主要以绿篱、球形的形式配植,可孤植、丛植、群植。

⑦ 八角金盘(*Fasia japonica*)(见图 2-39)

八角金盘又称八金盘、八手、手树。是五加科八角金盘属的常绿灌木。原产于日本。

八角金盘茎高可达 2 m,常数干丛生。叶掌状 7～9 裂,基部心形或楔形,裂片卵状长椭圆形,边缘有齿;表面有光泽。花小,白色,夏秋间开花。

八角金盘性喜阴,喜暖热湿润气候,不耐干旱。

八角金盘叶大光亮而常绿,是良好的观叶植物,可庭园栽植,也常盆栽供室内绿化观赏。

⑧ 蓬莱竹(*Bambusa multiplex*)(见图 2-40)

又称孝顺竹。是禾本科刺竹属的常绿灌木型竹类。原产于中国、日本及东南亚地区。

蓬莱竹竿高 2～7 m,径 1～3 cm,绿色,老时变黄色。箨鞘硬脆,无毛;箨耳缺或不明显;箨舌甚不显著;箨片直立,三角形或长三角形。每小枝有叶 5～9 枚,排成 2 列状;叶鞘无毛;叶耳不明显;叶舌截平;叶片狭披针形或披针形,长 4～14 cm,表面深绿色,背面粉白色。笋期 6～9 月。

蓬莱竹喜温暖、湿润气候及排水良好、湿润的土壤。

蓬莱竹竹丛秀美,多栽培于庭园供观赏,或种植宅旁作绿篱用,也常在湖边、河岸栽植。

图 2-40 蓬莱竹

⑨ 红花檵木(*Lorpetalum chindensevar. rubrum*)(见图 2-41)

红花檵木又称红桎木、红檵花。是金缕梅科檵木属的常绿灌木或小乔木。原产于长江中下游及其以南、北回归线以北地区;印度北部亦有分布。

红花檵木高 4～9 m。嫩枝被暗红色星状毛。叶互生,革质,卵形,全缘,嫩枝淡红色,越冬老叶暗红色。花 4～8 朵簇生于总状花梗上,呈顶生头状或短穗状花序,花瓣 4 枚,淡紫红色,花期 4～5 月。

红花檵木耐半阴。喜温暖气候及酸性土壤。适应性较强。

红花檵木枝繁叶茂,树态多姿,叶暗紫,花亦红色,宜植于庭院观赏。

图 2-41 红花檵木

图 2-42 山茶

⑩ 山茶(*Camellia japonica*)(见图 2-42)

山茶又称曼陀罗树、川茶花。是山茶科山茶属的常绿灌木或小乔木。原产于中国。

山茶株高 1～5 m。叶互生,革质,卵圆形至椭圆形,边缘有锯齿。花近无梗,有红、白等色,花期 11～4 月。

山茶喜半阴。喜温暖、湿润的气候,畏酷暑。要求土壤 pH5～6.5。

山茶可在庭院进行孤植或群植,也可盆栽观赏。

⑪ 胡颓子(*Elaeagnus pungens*)(见图 2-43)

胡颓子又称蒲颓子、半含春。是胡颓子科胡颓子属的常绿灌木。分布于长江以南各省。日本也有。

胡颓子叶革质,椭圆形或长圆形,边缘微波状,叶背银白色。花白色,下垂,芳香,花期 11 月。蒴果椭圆形,次年 5 月成熟,熟时红色。

胡颓子喜光,耐半阴。喜温暖气候,不耐寒。对土壤适应性强。耐干旱又耐水涝。

胡颓子可植于庭园观赏或修作绿篱球用。

图 2-43　胡颓子

图 2-44　青木

⑫ 青木(*Aucuba japonica*)(见图 2-44)

又称桃叶珊瑚、东瀛珊瑚。是桃叶珊瑚科桃叶珊瑚属的常绿灌木。原产于日本与台湾。

青木株高达 5 m。小枝绿色。叶革质,椭圆状卵形至椭圆状披针形,叶缘疏生粗齿。

图 2-45　日本卫矛

青木喜温暖、湿润气候,能耐半荫。

青木宜作林下配植用,也可盆栽供室内布置厅堂、会场用。

⑬ 日本卫矛(*Euonymus japonica*)(见图 2-45)

又称大叶黄杨。是卫矛科卫矛属的常绿灌木。原产于中国和日本。

日本卫矛小枝绿色。单叶对生,叶倒卵形,边缘具有钝锯齿。花 5 月开放,聚伞花序,淡绿色。

日本卫矛为阳性树能够耐阴。喜温暖湿润的气候,耐寒力不强。能耐干旱、耐瘠薄、耐涝。对有害气体具有一定的抗性。枝条萌发力强,耐修剪。

对土壤要求不严。

日本卫矛主要以绿篱、球形的形式配植为主,可孤植、丛植、群植。其有十分美丽的金心、金边、银边等变种。

(2) 落叶灌木类庭院植物

① 紫薇(*Lagerstroemia indica*)(见图 2-46)

紫薇又称痒痒树、百日红。是千屈菜科紫薇属的落叶灌木或小乔木。原产于亚洲南部及澳洲北部。中国华北、华中、华南及西南均有分布。

紫薇高可达 7 m。枝干多扭曲;树皮淡褐色,薄片状剥落后特别光滑。小枝四棱。叶对生或近对生,椭圆形至倒卵状椭圆形,长 3～7 cm,全缘。圆锥花序顶生,花淡红色,径 3～4 cm,花期 6～9 月。

紫薇喜光,稍耐阴。喜温暖气候,耐寒性不强。喜肥沃、湿润而排水良好的石灰质土壤,耐旱,怕涝。阴性强。

紫薇树姿优美、树干光洁,花色艳丽,适宜种在庭院及建筑前,也宜栽在池畔、路边及草坪上。又可盆栽观赏及作桩景用。

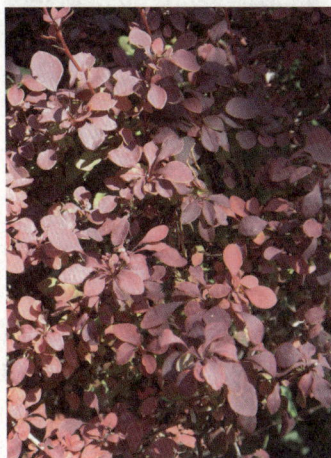

图 2-46 紫薇　　　　　　图 2-47 紫叶小檗

② 紫叶小檗(*Berberis thumbergii*)(见图 2-47)

紫叶小檗又称红叶小檗、日本小檗。是小檗科小檗属的落叶灌木。原产日本及中国。

紫叶小檗高 2～3 m。小枝通常红褐色,有沟槽;刺通常不分叉。叶深紫色或红色,倒卵形或匙形,长 0.5～2 cm,全缘。花 1～5 朵簇生成伞形花序,浅黄色,花期 5 月。浆果椭圆形,长约 1 cm,熟时亮红色,9 月成熟。

紫叶小檗喜光,稍耐阴。耐寒。对土壤要求不严,而以在肥沃且排水良好之沙质壤土上生长最好。萌芽力强,耐修剪。

紫叶小檗春开黄花,入秋叶、果红色,是叶、花、果俱美的观赏花木,适宜在园林中作花篱或在园路角隅丛植、大型花坛镶边或剪成球形对称状配植,或点缀在岩石间、池畔。也可制作盆景。

③ 蜡梅(*Chimonanthus praecox*)(见图 2-48)

蜡梅又称腊梅。是蜡梅科蜡梅属的落叶灌木。原产于我国。

蜡梅株高可达 3 m。小枝近方形。叶半革质,椭圆状卵形至卵状披针形。花单生,花被外轮蜡黄色,中轮有紫色条纹,有浓香,花期 12~3 月。

蜡梅耐阴,较耐寒,耐干旱,忌水涝,最宜选深厚肥沃排水良好的砂质壤土。

蜡梅花开于寒月早春,花黄,如配植于室前,或与梅相搭配可谓色、香、形三者俱佳。

图 2-48 蜡梅

图 2-49 棣棠花

④ 棣棠花(*Kerria japonica*)(见图 2-49)

棣棠花又称蜂棠花、黄榆梅。是蔷薇科棣棠花属的落叶灌木。原产于中国和日本。

棣棠花高 1.5~2 m。小枝绿色。叶卵形至卵状椭圆形,长 4~8 cm,边缘有尖锐重锯齿,背面略有短柔毛。花单生于侧枝顶端,金黄色,径 3~4.5 cm,花期 4 月下旬至 5 月底。

棣棠花喜温暖、半阴而略湿之地。

棣棠花花、叶、枝俱美,丛植于篱边、墙际、水畔、坡地、林缘及草坪边缘,或栽作花径、花篱,或与假山配植。

图 2-50 金丝桃

⑤ 金丝桃(*Hypericum chinense*)(见图 2-50)

金丝桃又称土连翘。是金丝桃科金丝桃属的半常绿灌木。原产于中国华北和华中地区。

金丝桃枝条丛生、披散,小枝圆柱形,红褐色、光滑。叶对生,长椭圆形,无柄,叶面有透明腺点。花单生或 3~7 朵成聚伞花序,花顶生,花鲜黄色,花期 6~7 月。

金丝桃属弱阳性植物,略耐阴。喜温暖,具有一定的耐寒能力。对土壤适应能力强。

金丝桃枝叶披散,花色鲜黄,常群植于路旁、台阶旁。也可植于大树下、花坛边。还可与山石、园林建筑小品等配植。

⑥ 木芙蓉(*Hibiscus mutabilis*)(见图 2 - 51)

木芙蓉又称芙蓉花。是锦葵科木槿属的落叶灌木或小乔木。原产于中国。

木芙蓉高 2～5 m。单叶,互生,掌状裂。茎具星状毛或短柔毛。花大,单生枝端叶腋,淡红色,花期 9～10 月。

木芙蓉喜光,稍耐阴。喜肥沃、湿润、排水良好的中性或微酸性沙质壤土。喜温暖气候,不耐寒。

木芙蓉秋季开花,花大而美丽,是一种良好的观花树种。由于性喜近水,种在池旁水畔最为适宜。

⑦ 紫玉兰(*Magnolia liliflora*)(见图 2 - 52)

紫玉兰又称木兰、辛夷。是木兰科木兰属的落叶灌木。原产于中国中部。

紫玉兰高 3～5 m。叶椭圆形或倒卵状长椭圆形。花大,花瓣外面紫色,内面近白色,花期 3～4 月,叶前开放。

紫玉兰喜光,不耐严寒。喜肥沃、湿润、排水良好之土壤。怕积水。

紫玉兰为庭院珍贵花木之一。宜配植于庭院室前,或丛植于草地边缘。

图 2 - 51　木芙蓉

图 2 - 52　紫玉兰

图 2 - 53　郁李

⑧ 郁李(*Prunus japoniuc*)(见图 2 - 53)

郁李又称爵梅、秧李。是蔷薇科李属的落叶灌木。原产于华北、华中至华南;日本、朝鲜也有分布。

郁李高达 1.5 m。叶卵形至卵状椭圆形,边缘有锐重锯齿。花粉红或近白色,花期 5 月,与叶同时开放。

郁李喜光、耐寒、耐干旱。

郁李宜丛植于草坪、山石旁、林缘、建筑物前,或点缀于庭院路边,或与棣棠、迎春等其他花木配植,也可作花篱栽植。

⑨ 月季(*Rosa chinensis*)(见图 2 - 54)

　　月季又称月月红。是蔷薇科蔷薇属的落叶灌木或半蔓性藤本。原产于中国。

　　月季茎上有皮刺。叶互生,奇数羽状复叶,小叶 3～5 枚,卵形或长圆形,叶缘有锯齿。托叶与叶柄合生。花单生或丛生为伞房花序,顶生,有单、重瓣之分,花色有白、黄、粉、红、紫、复色,外有萼片,花期 5～11 月。

　　月季喜阳光,耐肥。喜中性土壤,排水良好的沙质壤土。

　　月季常用于布置月季花坛,也可运用于花境,还可盆栽观赏或作切花。

图 2-54　月季

图 2-55　小叶女贞

　　⑩ 小叶女贞(*Ligustrum quihoui*)(见图 2-55)

　　小叶女贞又称小叶冬青。是木犀科女贞属的半常绿灌木。原产于中国中部、东部和西南部。

　　小叶女贞高 2～3 m。叶薄革质,椭圆形至倒卵状长圆形,全缘。圆锥花序,白色,芳香,花期 7～8 月。

　　小叶女贞喜光,稍耐阴。较耐寒,萌枝力强。

　　小叶女贞其枝叶紧密、圆整,庭园中常整形成绿篱或绿球。

二、棚架植物

1. 木本棚架植物

　　(1) 紫藤(*Wisteria sinensis*)(见图 2-56)

　　紫藤又称朱藤、藤萝。是豆科紫藤属的落叶藤本。原产于我国。

　　紫藤茎枝为左旋性。小叶 7～13 枚,卵状长圆形至卵状披针形。总状花序长 15～25 cm,花蓝紫色,花期 4 月。

　　紫藤喜光,略耐阴。较耐寒,喜深厚肥沃而排水良好的土壤,但亦有一定的耐干旱、瘠薄和水涝的能力。主根深、侧根少,不耐移植。

　　紫藤枝叶茂密,避阴效果强,春天先开花,穗大

图 2-56　紫藤

而美,有芳香,是优良的棚架、门廊、枯树及山面绿化材料。制成盆景或盆栽可供室内装饰。

(2) 凌霄(*Campsis grandi flora*)(见图 2 - 57)

凌霄又称女葳花。是紫葳科凌霄属的落叶藤本。原产于中国中东部和日本。

凌霄长达 10 m。奇数羽状复叶,对生,小叶 7～9 枚,卵形至卵状披针形。顶生聚伞状圆锥花序,花鲜红色或橘红色,花期 6～8 月。

凌霄喜光,稍耐阴。喜温暖、湿润的气候,耐寒性较差。耐旱,忌积水。喜微酸性、中性的土壤。花粉有毒。

凌霄为理想的垂直绿化材料。主要用于花架、棚架装饰,或攀缘墙垣,点缀于假山间隙。

图 2 - 57　凌霄

2. 草本棚架植物

(1) 牵牛(*Pharbitis nil*)(见图 2 - 58)

牵牛又称大花牵牛、喇叭花。是旋花科牵牛属的一年生缠绕性草本。原产于中国。

牵牛茎可达 3 m。全株被粗硬毛。单叶互生,近卵状心形,常呈三浅裂。花 1～2 朵腋生,花冠漏斗状,顶端 5 浅裂,花有红、粉红、白、雪青等色,花期 6～10 月。

牵牛喜光,能耐干旱及瘠薄。花一般清晨开放,9 时后凋谢。

牵牛适用于花架,或攀缘于篱墙之上作垂直绿化。

图 2 - 58　牵牛

图 2 - 59　茑萝

(2) 茑萝(*Quamoclit pennata*)(见图 2 - 59)

茑萝又称羽叶茑萝、游龙草、绕龙花。是旋花科茑萝属的一年生柔弱缠绕草本。原产于中国。

茑萝茎长可达 4 m。叶互生,羽状细裂,裂片条形。聚伞花序腋生,花冠高脚碟状,花有深红、白色。花期 7～10 月。

茑萝喜光,耐干旱。

茑萝适宜布置花篱、花墙和小棚架,也可盆栽。

三、水景植物

1. 莲(*Nelumbo nucifera*)(见图 2-60)

又称荷花、莲花、水芙蓉、藕花。是莲科莲属的球根植物。原产于中国。

莲地下部分具肥大、多节、横生的根状茎,俗称"莲藕",藕圆柱形,中间有纵向通气腔 7～9 孔。叶盾状圆形,全缘或稍呈波状,叶表面蓝绿色并被蜡质白粉,通常高出水面,一般称为"立叶"。花单生,一般高出"立叶"之上,具清香。花色有红色、粉红色、白色、乳白色和黄色,花期 6～9 月。

莲喜湿怕干,喜相对稳定的静水,在 0.3～1.2 m 的水深处均能生长。喜肥,尤喜磷钾肥。喜光,不耐阴。土壤以富含有机质的肥沃黏土为宜,适宜的 pH 值为 6.5。对 SO_2 气体有一定抗性。

莲是中国的十大传统名花之一,叶大色翠,花大色艳,清香远溢,是一种良好的水面美化植物,常用于点缀亭榭等建筑或盆栽观赏。

图 2-60 莲

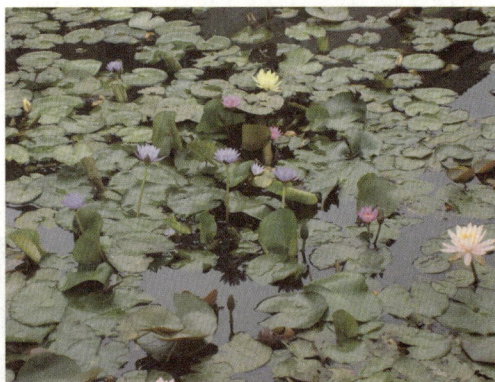

图 2-61 睡莲

2. 睡莲(*Nymphaea tetragona*)(见图 2-61)

睡莲又称子午莲。是睡莲科睡莲属的球根植物。原产于中国、日本和西伯利亚。

睡莲根状茎粗短。叶丛生,近圆形,浮于水面,全缘,叶面浓绿色,叶背暗紫色。花色有白、黄、红、蓝等色,浮于水面,花期 6～9 月。

睡莲喜阳光充足、通风良好、水质清洁、温暖的静水环境。要求腐殖质丰富的黏质土壤。在水深 10～60 cm 之间均能生长,但最适水深为 25～30 cm。

睡莲是著名的水面绿化材料,常点缀水面,也可进行盆栽观赏。

3. 黄菖蒲(*Iris pseudacorus*)(见图 2-62)

黄菖蒲又称黄花鸢尾、水生鸢尾。是鸢尾科鸢尾属的植物。原产于欧洲。

黄菖蒲根茎短粗。叶基生,绿色,长剑形,长 60～100 cm,中肋明显。花茎稍高出于叶,花黄色,花期5～6月。

黄菖蒲喜光,耐半阴。耐旱,也耐涝。沙壤土及黏土都能生长,在水边栽植生长更好。

黄菖蒲适宜于在水边点缀配植,也可布置花境。

图2-62　黄菖蒲

图2-63　香蒲

4. 香蒲(*Typha orientalis*)(见图2-63)

香蒲又称水蜡烛。是香蒲科香蒲属植物。原产于我国。

香蒲株高为1.4～2 m。根状茎白色。茎圆柱形、直立。叶扁平带状。花单性,肉穗状花序顶生,圆柱状似蜡烛。雄花序生于上部,雌花序生于下部,两者紧密相连,中间无间隔。花期6～7月。

香蒲以含丰富有机质的塘泥最好。较耐寒。

香蒲主要用于水边丛植或片植,还能布置花境或作为切花。

5. 千屈菜(*Lythrum salicaria*)(见图2-64)

千屈菜又称水枝柳、对叶莲、水柳、水枝锦。是千屈菜科千屈菜属的宿根植物。原产于欧、亚温带。

千屈菜株高1 m。地下根茎粗壮、木质。茎四棱形、直立、近基部木质化。叶对生或轮生,披针形,全缘,无柄。穗状花序顶生,小花多而密,紫红色,花期7～9月。

千屈菜喜强光和潮湿以及通风良好的环境。耐寒,能在浅水中生长,也可旱栽。

千屈菜可水池栽植,水边丛植。可用为花境也可盆栽。

四、地被和草坪植物

1. 地被植物

(1) 玉簪(*Hosta plantaginea*)(见图2-65)

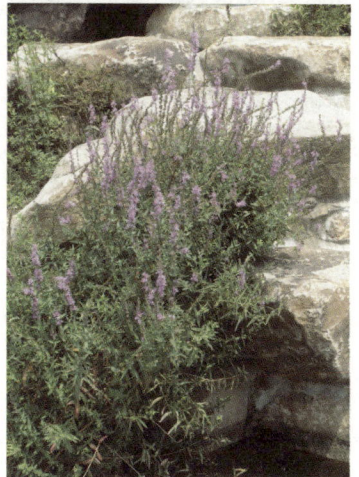
图2-64　千屈菜

　　玉簪又称白鹤花、白玉簪。是天门冬科玉簪属的宿根植物。原产于中国和日本。

　　玉簪株高 50～60 cm。叶基生,卵形或心状卵形,基部心形。总状花序顶生,着花 9～15 朵,白色,花冠管状漏斗形,花期 6～8 月。

　　玉簪耐寒、忌烈日,土壤要求含腐殖质丰富。

　　由于玉簪喜阴,宜在树林下栽植,故常作为地被植物运用。可盆栽观赏,也可作切花。

图 2-65　玉簪

图 2-66　萱草

　　(2) 萱草(*Hemerocallis fulva*)(见图 2-66)

　　萱草又称黄花菜。是百合科萱草属的宿根植物。原产于我国。

图 2-67　麦冬

　　萱草根多数肉质。叶狭披针形,长 30～60 cm,宽 2.5 cm,基出成二列。圆锥花序着花 6～12 朵,花冠漏斗形,花橘红至橘黄色,花期 6～7 月。

　　萱草耐寒,耐半阴。

　　萱草适宜用于花境,也可作为地被植物布置。

　　(3) 麦冬(*Liriope spicata*)(见图 2-67)

　　麦冬又称麦门冬。是百合科沿阶草属的宿根植物。原产于中国或日本。

　　麦冬地下具匍匐茎。叶丛生,线形,长 15～30 cm,宽 0.4～0.8 cm。总状花序,花淡紫色或近白色,小花梗短而直立,花期 8～9 月。

　　麦冬喜阴湿,忌阳光直射,耐寒。以春季 3～4 月分株繁殖为主。

　　麦冬是一种良好的地被植物,也可盆栽观赏。

　　(4) 白三叶草(*Trifolium repens*)(见图 2-68)

　　又称白花三叶草、白车轴草。是豆科三叶草属的宿根植物。原产于欧洲、北非及西亚地区。

白三叶草叶互生,三出复叶,小叶倒卵形。总状花序,由20～24朵小花组成,白色或红色,花期5～6月。

白三叶草喜湿暖、湿润气候,生长适温为19～24℃。喜酸性土壤,适宜于pH为5.6～7.0。耐潮湿,耐剪割。可用播种、分株方法进行繁殖。

白三叶草常作地被植物。

(5) 白芨(*Bletilla striata*)(见图2-69)

白芨又称连及草、甘根。是兰科白芨属的宿根植物。原产于东亚。主要分布华北和华东地区。

白芨株高30～60 cm。叶互生,宽披针形,基部下延成鞘状抱茎。总状花序顶生,着花3～7朵,花淡紫红色,花期3～5月。

白芨喜温暖及稍阴湿的环境。

白芨常作地被植物,也用于花境布置。

图2-68 白三叶草

图2-69 白芨

图2-70 扶芳藤

(6) 扶芳藤(*Euonymus fortunei*)(见图2-70)

扶芳藤又称爬行卫矛。是卫矛科卫矛属的常绿藤木。原产于我国。

扶芳藤茎匍匐或攀缘,长可达10 m。枝密生小瘤状突起,并能随处生多数细根。叶革质,长卵形至椭圆状倒卵形,边缘有钝齿,基部宽楔形。

扶芳藤耐阴。喜温暖,耐寒性不强。对土壤要求不严,能耐干旱、瘠薄。

扶芳藤叶色油绿光亮,入秋红艳可爱,又有较强之攀缘能力,在园林中用以掩覆墙面、坛缘、山石或攀缘于老树、花格之上,均极优美。也可盆栽观赏。

(7) 欧活血丹(*Glechoma hederacea*)(见图2-71)

又称活血丹、金钱草。是唇形科活血丹属的宿根植物。分布于欧亚地区。

欧活血丹茎四棱,匍匐,节上生根。叶对生,肾形或心形,边缘有圆齿,叶缘具白色斑块。轮伞花序有2～6朵淡紫色小花,花期3～4月。

欧活血丹喜阴湿,耐寒。忌积水或干旱。对土壤要求不严,但以疏松、肥沃、排水良好的沙质壤土为佳。

欧活血丹适用于林缘、路边、林间草地、溪边河畔布置,是优良的地被植物。也可应用于花境。

图 2-71 欧活血丹

图 2-72 红酢浆草

(8) 红酢浆草(*Oxalis rubra*)(见图 2-72)

又称红花酢浆草、三叶酢浆草。是酢浆草科酢浆草属的宿根植物。原产于南非。

红酢浆草株高约 10～20 cm。叶基生,三出复叶,小叶倒心形,全缘。伞形花序,玫红色,花期夏季。

红酢浆草喜阴湿环境,不耐寒,其花、叶对光有敏感性,白天和晴天开放,晚上及阴雨天闭合。

红酢浆草适宜于作地被植物运用,也可布置花境,或进行盆栽观赏。

(9) 石蒜(*Lycoris radiata*)(见图 2-73)

石蒜又称蟑螂花。是石蒜科石蒜属的球根植物。原产于我国。

石蒜高约 30 cm。鳞茎椭圆形至近球形。叶丛生,二列状,条形,深绿色,上有白粉。伞形花序,花色嫣红,花期 8 月。

石蒜喜半阴,耐寒,要求腐殖质丰富、排水良好的土壤,耐干旱。栽培简单、管理粗放。

石蒜常作开花地被,也可进行盆栽观赏,还可布置花境、假山,或作切花使用。

(10) 葱莲(*Zephyranthes candida*)(见图 2-74)

又称葱兰、白花韭兰。是石蒜科葱莲属的球根植物。原产于温带及热带。

葱莲株高 15～20 cm。具颈部细长的鳞茎。叶基生,线形,稍肉质。花葶中空,高 10～25 cm,自叶丛一侧抽生;花单生,白色,花期 7～11 月。

葱莲耐半阴、低湿环境,耐寒。

葱莲常作地被植物运用。

图 2-73　石蒜

图 2-74　葱莲

(11) 蔓长春花(*Vinca major*)(见图 2-75)

蔓长春花又称攀缠长春花。是夹竹桃科蔓长春花属的蔓生植物。原产于欧洲地中海沿岸、印度和美洲热带地区。

蔓长春花枝条蔓性、匍匐生长,长达 2 m 以上。叶对生,椭圆形或卵形。花单生,紫罗兰色,高脚蝶状花冠,花期 4～5 月。

蔓长春花喜温暖气候,适应性强,在半阴条件下生长良好。喜疏松、排水良好的土壤。

蔓长春花蔓性强,耐半阴,是理想的地被植物,可植于林缘、林下或用作坡地及基础种植。

图 2-75　蔓长春花

图 2-76　大吴风草

(12) 大吴风草(*Ligularia tussilaginea*)(见图 2-76)

大吴风草又称橐吾。是菊科大吴风草属的宿根植物。原产于中国东部、日本和朝鲜。

大吴风草株高30～40 cm。叶基生,有长柄,肾形。头状花序在顶端排成疏伞房状,舌状花黄色,花期7～8月。

大吴风草喜阴湿,黏重土壤。

大吴风草常作地被植物,也常用于布置花境。

(13) 常春藤(*Heder nepalensis*)(见图2-77)

常春藤又称洋常春藤。是五加科常春藤属的常绿藤木。原产于中国。

常春藤以气生根攀缘。叶互生,叶二型,在营养枝上的叶呈三角状卵形,全缘或三裂;在生殖枝上的叶呈长椭圆状卵形或卵状披针形,全缘。

常春藤属于半阴性植物,但也能在阳光下生长。耐寒力较弱,喜疏松、湿润、肥沃的土壤。对土壤要求不严。

常春藤较耐阴,适宜攀缘在各类建筑物、围墙、树干、岩石等处的垂直绿化和地面绿化,另外也可盆栽作为吊盆观赏。

图2-77　常春藤

图2-78　络石

(14) 络石(*Trachelospermum jasminoides*)(见图2-78)

络石又称石龙藤。是夹竹桃科络石属的常绿藤木。原产于我国长江流域。

络石茎长达10 m,茎赤褐色,幼枝有黄色柔毛,常有气根。叶椭圆形或卵状披针形,全缘,叶背有柔毛。聚伞花序,花白色,芳香,花期4～5月。

络石喜光,耐阴。喜温暖湿润气候,耐寒性不强。

络石叶色浓绿,四季常青,花白繁茂,且具芳香,多植于枯树、假山、墙垣之旁,令其攀缘而上。耐阴性较强,故宜作林下或常绿孤立树下的常青地被。也可在室内盆栽观赏。

2. 草坪植物

(1) 冷地型草坪植物

① 多年生黑麦草(*Lolium perenne*)(见图2-79)

多年生黑麦草又称黑麦草。是禾本科黑麦草属的植物。原产于南欧、北非及西亚地区。

多年生黑麦草茎高70～100 cm。叶片窄而长,呈深绿色。穗状花序,夏季开花结籽。抗寒,抗霜而不耐热。

多年生黑麦草喜温暖、湿润气候,在肥沃,排水良好之黏壤土中生长良好。耐涝而不耐干旱。秋季生长较快,冬季生长缓慢,盛夏呈休眠状。生长最适温度为27℃,土壤温度为20℃。

多年生黑麦草主要用于混合草坪。

图2-79　多年生黑麦草

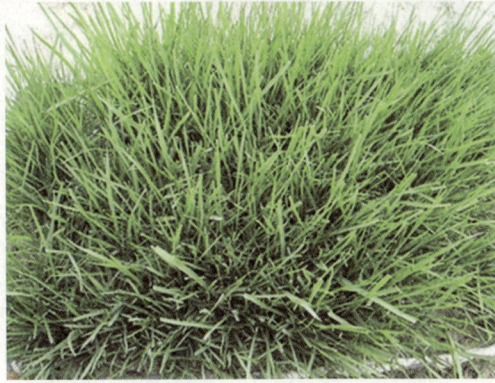

图2-80　苇状羊茅

② 苇状羊茅(*Festuca arundinacea*)(见图2-80)

苇状羊茅又称高羊茅。是禾本科羊茅属的植物。原产于西欧。

苇状羊茅株高80～180 cm。茎秆成疏丛状,直立光滑。叶片线形,先端长渐尖,背面光滑,上面及边缘粗糙,大多扁平。圆锥花序开展,绿而带淡紫色。

苇状羊茅耐干旱、耐寒冷、耐踩踏、耐霜,适应性强。不耐水涝,尤其是在夏季高温休眠期间,如果土壤水分过多,极易烂根死亡。

苇状羊茅一般多用于游憩草坪和固土护坡草坪。

(2)暖地型草坪植物

① 矮生狗牙根(*Cynodon dactylon*)(见图2-81)

矮生狗牙根又称天堂草、矮天堂、百慕大。是禾本科狗牙根属的植物。为杂交种。

矮生狗牙根植株低矮,叶丛密集,嫩绿色,线形,长1～6 cm,宽1～3 mm。总状花序,花期4～9月。

矮生狗牙根耐寒、耐旱,病虫害少,生长缓慢,耐频繁的刈割、踩踏后易于复苏,绿色观赏期为280天。

矮生狗牙根主要用于高尔夫球场、足球场和公共绿地中。常作单纯草坪或与黑麦草混合栽培。

图2-81　矮生狗牙根

图 2-82　结缕草

② 结缕草(*Zoysia japonica*)(见图 2-82)

结缕草又称老虎皮草、锥子草、延地青、崂山青。是禾本科结缕草属的植物。分布于亚洲东部。

结缕草株高约 15 cm。叶线状披针形,表面有毛,宽达 5 mm。总状花序常带紫褐色,花期 5 月。

结缕草喜阳光,不耐阴。耐旱、耐寒、耐踏。4 月初返青,初夏抽花,12 月枯黄,草绿期约 260 天左右。

结缕草适合作庭院草坪、运动场草坪。

同科同属其他种类有:a. 细叶结缕草(*Zoysia tenuifolia*)(见图 2-83)。细叶结缕草又名天鹅绒、高丽芝草。株高 10～15 cm。叶线状,长 2～6 cm,宽 0.5 mm。绿草观赏期 270 天。喜光,不耐阴;耐涝,不耐寒。b. 沟叶结缕草(*Zoysia matrella*)(见图 2-84)。沟叶结缕草又称马尼拉草,具横走根茎和匍匐茎,秆细弱,直立,秆高 12～20 cm。叶片质硬,扁平或内卷,上面具有纵沟,长 3～4 cm,宽 1～2 mm。

图 2-83　细叶结缕草

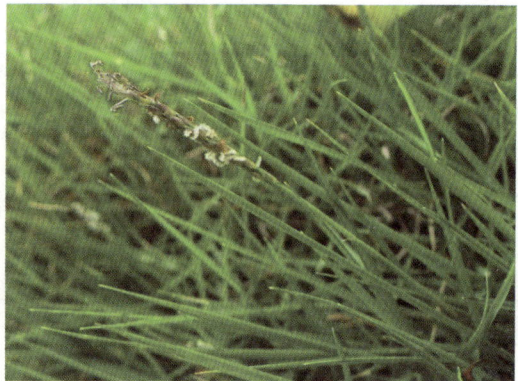

图 2-84　沟叶结缕草

五、花坛和花境植物

1. 花坛植物

(1) 一串红(*Salvia splendens*)(见图 2-85)

一串红原产在南美地区,是唇形科鼠尾草属的多年生草本植物,常作一年生栽培。

一串红株高在 30～80 cm 之间。茎四棱,基部常木质化。叶对生、卵形,叶边缘具锯齿。总状花序顶生,花冠唇形,一般花冠和花萼同色,花色最常见的为红色,也有粉红、洋红、白、紫、蓝等色,开花时间一般在 7～11 月。

一串红喜阴,但也能耐半阴;特别是在半阴的环境条件下开花最佳。另外,一串红怕霜,忌水涝。繁殖有播种和扦插两种方法。

一串红花期较长,花色鲜艳,常布置花坛、花境,特别是国庆节花坛的主要材料。也可盆栽、作切花。

图 2-85 一串红

图 2-86 锦紫苏

(2) 锦紫苏(*Coleus blumei*)(见图 2-86)

又称彩叶草、洋紫苏。原产于亚洲、澳洲热带和亚热带地区,是唇形科鞘蕊花属的多年生草本植物,常作一年生栽培。

锦紫苏株高在 20～60 cm 之间。茎四棱形。单叶对生,卵圆形,叶边缘具有锯齿;叶的颜色变化丰富,有黄色、绿色、红色、紫色等,以及多种颜色镶嵌成美丽图案的复色。总状花序顶生,花淡蓝白色,小而不显著,不是主要的观赏部位。

锦紫苏喜阳光充足和温暖的生长环境,不耐寒冷,最适宜生长的温度为 20～25℃,当温度低于 15℃就会生长不良,若温度低于 5℃则会产生冻害死亡。锦紫苏不耐干旱,如果土壤干燥会导致叶面色泽暗淡。

锦紫苏叶色美丽适宜于盆栽,组合盆栽,也常布置花坛,另外还可作切花。

(3) 百日菊(*Zinnia elagans*)(见图 2-87)

又称百日草、对叶梅、步步高。原产南美墨西哥。是菊科百日菊属的一年生草本植物。

百日菊株高 50～90 cm。整个植株全部具有粗毛。单叶对生,叶形通常为卵形至长椭圆形,叶全缘无锯齿;无叶柄,叶基部稍有抱茎。头状花序顶生,花色有红色、白色、橙色、黄色等多种,开花时间在 6～10 月。

百日菊喜光,耐干旱,耐半阴。对土壤要求不严。

百日菊一般用于春季花坛和花境的布置,也可作切花。

图 2-87 百日菊

图 2-88　法国万寿菊

（4）法国万寿菊（*Tagetes patula*）（见图 2-88）

又称孔雀草、红黄草。原产南美墨西哥,是菊科万寿菊属的一年生草本植物。

法国万寿菊株高 25～40 cm。茎秆较细、略带倾斜、稍带紫红色。单叶对生,叶羽状深裂,裂片为披针形,裂片的边缘有锯齿。头状花序顶生,舌状花黄色,基部或者边缘红褐色,也有全红褐色而边缘为黄色的种类,7～11 月开花。

法国万寿菊能耐早霜,在酷暑时生长不良,生长后期植株比较容易倒伏。

法国万寿菊适应性强,植株紧密,叶翠花艳,是使用非常普遍的花卉之一,它可布置夏季、秋季花坛和花境,也可盆栽或作切花。

（5）鸡冠花（*Celosia cristata var. cristata*）（见图 2-89）

鸡冠花又称红鸡冠、球头鸡冠花。原产亚洲热带地区,是苋科青葙属的一年生草本植物。

鸡冠花株高 30～90 cm。茎通常单秆直立,一般很少具有分枝;茎秆有棱或沟。单叶互生,叶形为卵形至线状披针形,叶全缘,无锯齿。穗状花序顶生,开花时花托肉质化成鸡冠状,俗称为花,为观赏的主要部位;在穗状花序的中下部集生真正的小花,而上部小花则退化;花色常有白、黄、橙、红、紫等色,开花期一般在 7～10 月之间。

鸡冠花喜阳光充足炎热、干燥的环境。忌涝,喜肥。

鸡冠花的花色艳丽,花期长久,是重要的花坛花卉,一般大量用于夏秋季节花坛、花境布置观赏,也可盆栽。其高大型品种还可以作为切花使用。

图 2-89　鸡冠花

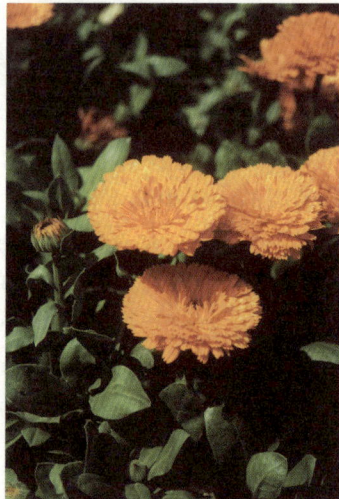

图 2-90　金盏花

（6）金盏花（*Calendula officinalis*）（见图 2 - 90）

又叫金盏菊、黄金盏。原产欧洲，是菊科金盏花属的二年生草本植物。

金盏花株高在 40～60 cm 之间。全株具毛。叶互生，长圆形至长圆状倒卵形或长匙形，叶全缘或有不明显的锯齿，叶基部稍抱茎。头状花序顶生；黄色至深橙红色，栽培品种也有乳白、浅黄；花期 3～7 月。

金盏花能耐干旱、瘠薄，稍耐阴。在疏松肥沃土壤和阳光充足的地方生长良好。

金盏花花色金黄、醒目，主要用于布置春季花坛和花境，也常盆栽观赏或作切花。

（7）长春花（*Catharanthus roseus*）（见图 2 - 91）

长春花原产于中国。是夹竹桃科长春花属的多年生草本，常作为一年生草本花卉栽培。

长春花株高达 60 cm。幼枝绿色或红褐色。单叶对生，长圆形或倒卵形，全缘，光滑。花 1～2 朵腋生；花冠高脚碟状，粉红色或紫红色，花期 7～10 月。

长春花喜温暖、稍干燥和阳光充足环境。忌湿怕涝，宜肥沃和排水良好的土壤。

长春花适用于盆栽，或布置春秋季花坛观赏，特别适合大型花槽观赏。在热带地区长春花作为林下的地被植物，成片栽植。

图 2 - 91　长春花

图 2 - 92　矮牵牛

（8）矮牵牛（*Peturnia hybrida*）（见图 2 - 92）

矮牵牛又叫碧冬茄。是原产于南美洲的茄科碧冬茄属的多年生草本花卉，作为一、二年生栽培。

矮牵牛株高在 40～50 cm 之间，全株被有腺毛。茎一般有侧卧现象。叶卵形，全缘，互生，上部叶片对生。花冠漏斗状，花有单、重瓣之别，花色丰富，白、粉、红、蓝、紫等单色、复色均有，自然开花时间在 5～10 月。

矮牵牛喜温暖、阳光充足，耐干旱、不耐寒冷，适宜疏松、肥沃、排水良好的微酸性土壤。

矮牵牛花大，色彩丰富，花期长，是主要的和优良的花坛、花境布置材料。另外也可以盆栽摆设于厅堂、居室。大花瓣种可作切花。一些蔓生性品种可以用作悬挂盆栽。

（9）苏丹凤仙花（*Impatiens walleriana*）（见图 2 - 93）

又称玻璃翠。是凤仙花科凤仙花属的多年生草本植物，常作一、二年生栽培。原产非

图2-93 苏丹凤仙花

洲东部。

苏丹凤仙花株高为20～30 cm。茎半透明肉质、粗壮、多分枝。单叶互生,上部近对生,叶披针状卵形,叶边缘锯齿明显。花单生枝条顶端或上部叶腋,花瓣5枚。花色自白经桃红、玫瑰红至深红,另有雪青、淡紫、橙红及复色;在春秋均能开花。

苏丹凤仙花半阴性,苗期宜散射光下生长。不耐寒。

苏丹凤仙花可用于布置花坛、花境,也可盆栽。在应用时宜布置在疏阴的场所,有利于延长观赏期。

(10) 大花马齿苋(*Portulaca oleracea var. gigantes*)(见图2-94)

又名太阳花。原产于南美地区。是马齿苋科马齿苋属的一年生肉质草本植物。

大花马齿苋株高在15～20 cm之间。其茎具有匍匐性或斜向生长,茎的颜色有绿色或浅棕红色两种,主要与今后花朵的颜色有关联,花色越红茎色也就越红;而绿色茎的大花马齿苋一般开白色花朵。单叶互生,叶倒卵形至倒披针形,叶全缘。花一般1～4朵簇生在枝条的顶端,花色丰富,有白、黄、红、紫等多种颜色,开花时间一般在6～10月。

大花马齿苋性喜阳光,不耐阴。能耐干旱,对土壤要求不严。花对光有敏感性,花多在中午

图2-94 大花马齿苋

前后或光线较强时开放,如果下雨或光线过弱,花朵不能充分开放;在夜间花朵则呈闭合状态。

大花马齿苋花色艳丽,花期较长,花向阳开放,可布置春秋季花坛、花境及作花坛边饰,也可盆栽或作吊盆观赏。

(11) 四季海棠(*Begonia semperflorens*)(见图2-95)

四季海棠又称四季秋海棠。是秋海棠科秋海棠属的多年生草本植物,作一、二年生栽培。原产于南美洲。

四季海棠属于须根类植物。株高在30～60 cm之间。茎直立,多分枝,半透明略肉质。叶互生,卵圆形至宽椭圆形,边缘具锯齿;叶色有绿色和紫红色两类。聚伞花序,单瓣或重瓣,花色有白、粉红、深红等,一年四季可开花,但夏季着花较少。

四季海棠喜温暖、湿润的环境,不耐寒,不喜强光暴晒。夏季多为半休眠季节,宜保持冷凉与通风。

四季海棠是布置花坛的极好材料,也可盆栽观赏。

图 2 - 95 四季海棠

图 2 - 96 三色堇

（12）三色堇（*Viola tricolor var. hortensis*）（见图 2 - 96）

三色堇又称蝴蝶花、猫儿脸。是堇菜科堇菜属的二年生草本植物。原产于欧洲。

三色堇株高在 15～30 cm 之间。单叶互生，基生叶近心形，茎生叶较狭长，叶边缘波浪状；托叶大，宿存，基部呈羽状深裂。花单生叶腋，下垂，花色丰富，有白、黄、橙、粉、红、紫等单色和复色，花期 3～6 月。

三色堇喜阳光充足，略耐半荫；较耐寒，忌炎热干燥，生长适温为 7～15℃，如温度高于 20℃时生长不适应。

三色堇花色丰富，主要用作冬季及春季花坛。大花品种可盆栽或作组合盆栽，小花品种可用于岩石园及作悬挂花篮。

（13）雏菊（*Bellis perennis*）（见图 2 - 97）

雏菊又称春菊、马兰头花、延命菊。是菊科雏菊属的二年生草本植物。原产于南欧及西亚。

雏菊株高仅在 15～20 cm 之间。叶基生，匙形，叶柄明显，叶缘有圆锯齿。头状花序，花色有白、粉、红等色，花期 3～5 月。

雏菊喜阳光充足，能够耐寒。

雏菊为良好的早春观花的花坛植物，也可作为花坛边饰材料，还可在草坪上丛植点缀。

图 2 - 97 雏菊

图 2 - 98 羽衣甘蓝

(14) 羽衣甘蓝(*Brassica oleracea*)(见图 2 – 98)

羽衣甘蓝又称叶牡丹、花菜。是十字花科芸苔属的二年生草本植物。原产于南欧。

羽衣甘蓝株高为 30～40 cm(不包括花茎)。茎极短,直立无分枝,基部木质化。叶矩圆状倒卵形,边缘细波状折叠;叶柄粗而有翼,重叠者生于短茎上;叶色丰富,心部叶色较深,叶色基本上分为紫红色和黄绿色两大类;观叶期为 12～2 月。在春季开黄色小花。

羽衣甘蓝喜阳光,在肥沃湿润的土壤上生长良好。

羽衣甘蓝主要用于冬季花坛布置,也可盆栽和组合盆栽。

(15) 紫罗兰(*Lobularia maritima*)(见图 2 – 99)

紫罗兰又称草桂花。是十字花科紫罗兰属的多年生草本植物,作二年生栽培。原产于地中海沿岸。

紫罗兰株高 30～50 cm。全株有毛。茎基部木质化。叶互生,长圆形至倒披针形,全缘。总状花序顶生或腋生,花瓣有单、重瓣之分,花色紫红,花期 4～5 月。

紫罗兰喜冬季温和,夏季凉爽气候,能耐零下 5℃的低温。喜肥沃、湿润及深厚土壤。

紫罗兰主要用于布置花坛、花境,也可盆栽观赏、作切花。

图 2 – 99　紫罗兰

图 2 – 100　藿香蓟

(16) 藿香蓟(*Ageratum conyzoides*)(见图 2 – 100)

藿香蓟又称胜红蓟。是菊科藿香蓟属的一年生草本植物。原产于墨西哥。

藿香蓟株高 50～100 cm。全株被白色短柔毛。叶对生,有时上部互生,卵形、椭圆形或长圆形。头状花序 4～18 个在茎顶排成伞房状花序,小花筒状,蓝色或白色,花期 6～10 月。

藿香蓟喜温暖、阳光充足的环境。对土壤要求不严。不耐寒,在酷热下生长不良。分枝力强,耐修剪。

藿香蓟适宜布置花坛、花境,也可盆栽观赏。还是优良的地被材料。

(17) 金鱼草(*Antirrhinum majus*)(见图 2 – 101)

金鱼草又称龙头花、龙口花。是玄参科金鱼草属的多年生草本

图 2 – 101　金鱼草

植物,作二年生栽培。原产于欧洲。

金鱼草株高 30～90 cm。单叶对生,上部叶互生,披针形或长椭圆形,全缘。总状花序顶生,花冠筒状唇形,花色有白、黄、粉、红、紫等,花期 5～6 月。

金鱼草喜阳光充足,稍耐半阴。要求排水良好、含腐殖质丰富的黏重土壤。较耐寒。

金鱼草是优良的花坛、花境材料,也可盆栽观赏,高株型种可作切花,用于瓶插或花篮。

(18) 勋章菊(*Gazania rigens*)(见图 2 - 102)

勋章菊又称勋章花、非洲太阳花。是菊科勋章菊属的宿根植物。原产于南非和莫桑比克。

勋章菊株高 25 cm 左右。叶丛生,披针形、倒卵状披针形,全缘或有浅羽裂,叶背密被白绵毛。舌状花白、黄、橙、红色,花期 4～5 月。

勋章菊喜温暖,好凉爽,不耐冻。喜排水良好、疏松肥沃的土壤。忌高温高湿与水涝。

勋章菊主要布置花坛和盆栽观赏,也可布置花境。

图 2 - 102　勋章菊

2. 花境植物

(1) 松果菊(*Echinacea purpurea*)(见图 2 - 103)

松果菊又称紫松果菊。是菊科松果菊属的宿根植物。原产于北美。

松果菊株高 80～120 cm。基生叶卵形或三角状卵形,边缘具浅疏齿;茎生叶卵状披针形。头状花序单生枝顶,舌状花紫红色,花期 6～7 月。

松果菊性强健,能自播。喜肥沃深厚富含腐殖质土壤,耐寒。

松果菊可作花境材料或在树丛边缘栽植。

图 2 - 103　松果菊

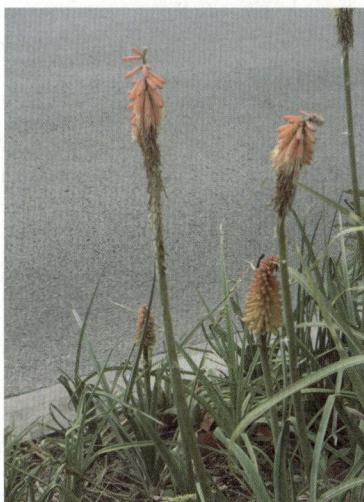

图 2 - 104　火炬花

(2) 火炬花(*Kniphofia uvaria*)(见图 2 - 104)

火炬花又称凤凰百合、火把花。是百合科火把莲属的宿根植物。原产于南非。

火炬花为根出叶,丛生,宽线形。花茎高出叶丛,顶生密生穗状总状花序,下部的花黄色,上部深红色,花期6～10月。

火炬花喜充足阳光,也耐半荫。宜排水良好、疏松肥沃、土层深厚的砂壤土。

火炬花主要用于布置花境。也可作切花、盆栽或丛植于草坪之中或植于假山石旁,用作配景。

(3) 细叶美女樱(*Verbena tenera*)(见图2-105)

细叶美女樱是马鞭草科马鞭草属的宿根植物。原产于南美巴西。

细叶美女樱株高20～30 cm。叶对生,叶二回羽状深裂或全裂,裂片线形。伞房花序顶生,花玫瑰紫、白色,顶生,花期4～10月。

细叶美女樱喜温暖,忌高温多雨,有一定耐寒性,喜阳光充足,对土壤要求不严,在湿润疏松肥沃土中开花好。

细叶美女樱主要用于花境和地被布置。

图2-105　细叶美女樱

图2-106　黄金菊

(4) 黄金菊(*Perennial chamomile*)(见图2-106)

黄金菊又称罗马春黄菊。是菊科菊属的亚灌木。分布全国各地。

黄金菊羽状叶有细裂,花黄色,花心黄色,花期从春到夏秋。

黄金菊喜光,耐高温、耐寒。要求排水良好、中性或略碱性的沙质土壤。

黄金菊适宜于花境、花坛、岩石园应用。

(5) 紫娇花(*Tulbaghia violacea*)(见图2-107)

紫娇花又称野蒜、非洲小百合。是石蒜科紫娇花属的球根植物。原产于南非。

紫娇花地下具鳞茎。株高30～50 cm。叶多为半圆柱形,中央稍空。聚伞花序顶生,花紫粉红色,花期5～7月。

图2-107　紫娇花

紫娇花喜高温,生长适温 24～30℃。可用播种、分球等方法繁殖。

紫娇花主要用于花境布置或庭院栽植,也可盆栽观赏或作切花。

(6) 蛇鞭菊(*Liatris spicata*)(见图 2 - 108)

蛇鞭菊是菊科蛇鞭菊属的球根植物。原产于北美。

蛇鞭菊地下具黑色块根。株高 60～150 cm。叶互生,条形,全缘。穗状花序紫红色,花期 7～9 月。

蛇鞭菊较耐寒,对土壤选择性不强。要求日照充足。

蛇鞭菊常作花境配置或作为切花。矮株型变种可用于花坛。

(7) 百子莲(*Agapanthus africanus*)(见图 2 - 109)

百子莲又称蓝花君子兰。是百子莲科百子莲属的球根植物。原产于秘鲁和巴西。

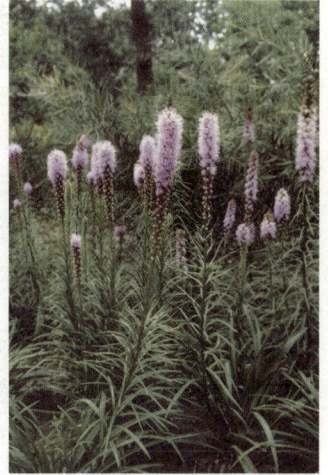

图 2 - 108 蛇鞭菊

百子莲有根状茎。叶线状披针形,近革质。花茎直立,高达 60 cm;伞形花序,有花 10～50 朵,花漏斗状,花色深蓝色或白色,花期 7～8 月。

百子莲喜温暖、湿润、阳光充足的环境。土壤要求疏松、肥沃、微酸性的沙质壤土。

百子莲适宜盆栽,也可以布置花境,或作岩石园和花径的点缀植物。

图 2 - 109 百子莲

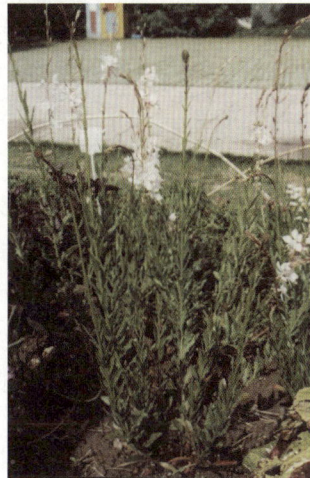

图 2 - 110 山桃草

(8) 山桃草(*Gaura lindheimeri*)(见图 2 - 110)

山桃草又称千鸟花、白桃花。是柳叶菜科山桃草属的亚灌木。

山桃草高 1 m 左右。全株被长软毛。茎直立。叶互生,叶片卵状披针形,边缘有细齿或呈波状。花紫红色或白色,成密生的穗状花序,花期晚春至初秋。

山桃草喜凉爽、湿润的气候,耐干旱。要求阳光充足,也能耐半阴。喜肥沃、疏松及排水良好的沙质壤土。

山桃草主要用作花坛、花境布置,也常作地被,还可盆栽观赏或作为切花运用。

(9) 柳叶马鞭草(*Verbena bonariensis*)(见图 2-111)

柳叶马鞭草又称南美马鞭草、长茎马鞭草。是马鞭草科马鞭草属的宿根植物。原产于南美洲。

柳叶马鞭草株高 100~150 cm。茎直立,正方形。叶为柳叶形,十字对生,边缘略有缺刻。花序顶生,蓝紫色,夏秋开放。

柳叶马鞭草喜温暖的气候。对土壤选择不苛,排水良好即可,耐旱能力强。

柳叶马鞭草在庭院中常被用于疏林下,也可以沿路带状栽植。

图 2-111　柳叶马鞭草

图 2-112　香鸢尾花

(10) 香鸢尾花(*Crocosmia crocosmiflora*)(见图 2-112)

又称火星花雄黄兰。是鸢尾科香鸢尾属的球根植物。原产于非洲南部。

香鸢尾花球茎扁圆形。地上茎高约 50 cm。叶为线状剑形,基部有叶鞘抱茎而生。复圆锥花序,橙红色,花期 6~8 月。

香鸢尾花喜光,耐寒。适宜生长于排水良好、疏松肥沃的沙壤土。

香鸢尾花是布置花境、花坛和作切花的好材料。

(11) 针叶天蓝绣球(*Phlo subulata*)(见图 2-113)

图 2-113　针叶天蓝绣球

又称丛生福禄考。是花葱科天蓝绣球属的宿根植物。原产于北美洲。

针叶天蓝绣球株高 8~10 cm。枝叶密集,匍地生长。叶针状,簇生,革质,叶与花同时开放。花高脚杯形,花小,直径约为 2 cm 左右,花期 5~12 月。

针叶天蓝绣球喜阳光,稍耐阴。耐干旱,忌水涝,耐寒。对土壤要求不严,但在肥沃、湿润、排水良好的土壤上生长良好。在炎热多雨的夏季生长不良。

针叶天蓝绣球是优良的观花地被,也常用于花坛和花境的镶边。

（12）三角紫叶酢浆草（*Oxalis triangularis*）（见图2-114）

三角紫叶酢浆草又称三叶酢浆草。是酢浆草科酢浆草属的球根植物。原产于南非。

三角紫叶酢浆草地下块状根茎粗大呈纺锤形。株高15～20 cm。叶丛生，具长柄，掌状复叶，小叶3枚，无柄，倒三角形，上端中央微凹，叶大而紫红色。花葶高出叶面约5～10 cm，伞形花序，淡红色或淡紫色，花期4～11月。

三角紫叶酢浆草喜阴湿环境。不耐寒。其花、叶对光有敏感性，白天和晴天开放，晚上及阴雨天闭合。

图2-114 三角紫叶酢浆草

三角紫叶酢浆草适宜于作地被植物运用，也可进行盆栽观赏。

（13）绵毛水苏（*Stachys lanata*）（见图2-115）

绵毛水苏是唇形科水苏属的宿根植物。原产于高加索地区至伊朗的石山区。

绵毛水苏株高35～40 cm。全株被白色绵毛。叶片柔软，对生，圆状匙形。轮伞花序，花小，红色。

绵毛水苏喜高温和阳光充足的环境。耐干旱，耐寒冷。要求排水良好的土壤。

绵毛水苏是优良的花境材料，也可用于岩石园、庭院观赏。

图2-115 绵毛水苏

图2-116 细叶萼距花

（14）细叶萼距花（*Cuphea hyssopifolia*）（见图2-116）

细叶萼距花又称孔雀梅。是千屈菜科萼距花属的常绿小灌木。原产于中南美洲。

细叶萼距花植株矮小，分枝多而细密。叶对生，小，线状披针形，翠绿。花单生叶腋，花小而多，高脚碟状花冠，花有紫色、淡紫色、白色等色，夏秋季开花。

细叶萼距花耐热，喜高温，不耐寒。喜光，也能耐半阴。喜排水良好的沙质土壤。

细叶萼距花是花坛、低矮绿篱的优良材料。也作盆花观赏。

（15）鬼罂粟（*Papaver orientale*）（见图2-117）

又称东方丽春花。是罂粟科罂粟属的宿根植物。原产于地中海沿岸至伊朗。

鬼罂粟株高10～140 cm。全株密生粗毛。叶基生,三角状卵形,羽状深裂,裂片长圆状披针形。花梗上有一层白色茸毛,花通常单朵,直径10～12 cm,花色有白、粉红、红和紫等,花瓣基部有黑色斑块,花期6～7月。

鬼罂粟较耐寒、耐旱、喜光,忌炎热湿涝。喜充足的阳光、肥沃和排水良好的沙质壤土。在8月播种。

鬼罂粟花色鲜艳,花朵硕大,适宜布置花坛,也可在篱旁、路边进行条植或片植,亦可配置于林缘、草坪边缘。

图2－117 鬼罂粟

图2－118 蓝花鼠尾草

(16) 蓝花鼠尾草(*Salvia farinacea*)(见图2－118)

蓝花鼠尾草又称一串蓝、蓝丝线。是唇形科鼠尾草属的宿根植物。原产北美南部。

蓝花鼠尾草株高30～60 cm。植株呈丛生状,被柔毛。茎为四角柱状,且有毛,下部略木质化,呈亚低木状。叶对生,长椭圆形。穗状花序,花小,紫色,花期5～10月。

蓝花鼠尾草喜温暖、湿润和阳光充足环境。耐寒性较强,怕炎热、干燥,宜疏松、肥沃和排水良好的沙质壤土或腐叶土。

图2－119 管蜂香草

蓝花鼠尾草盆栽适用于花坛、花境和园林景点的布置。也可点缀岩石旁、林缘空隙地。

(17) 管蜂香草(*Monarda didyma*)(见图2－119)

又称美国薄荷。是唇形科美国薄荷属的宿根植物。原产于美洲,我国各地均有栽培。

管蜂香草茎四棱形。叶对生,卵状披针形,边缘具不等大的锯齿,纸质,具有芳香。轮伞花序多花,在茎顶密集成径达6 cm的头状花序,花紫红色,花期7～8月。

　　管蜂香草喜凉爽、湿润、向阳的环境,亦耐半阴。适应性强,对土壤要求不严。耐寒,忌过于干燥。在湿润、半阴的灌丛及林地中生长最为旺盛。

　　管蜂香草株丛繁茂,花色艳丽,枝叶芳香,适宜栽植在天然花园中,也可丛植或行植在林下、水边。同时,管蜂香草也可盆栽观赏和用作切花。

　　(18) 蓍(*Achillea millefolium*)(见图 2 - 120)

　　又称千叶蓍、西洋蓍草。是菊科蓍属的宿根植物。原产于北半球温带地区。

　　蓍株高 30～90 cm。叶互生,矩圆状呈披针形,二～三回羽状深裂至全裂,似许多细小叶片,故有"千叶"之说。头状花序,舌状花白色,筒状花黄色、粉红色或紫红色,花期 6～8 月。

　　蓍喜阳,耐半阴,耐寒,宜排水好的土壤。

图 2 - 120 蓍

　　蓍适宜于布置花境,也可作切花。

　　(19) 亚菊(*Ajania pacifica*)(见图 2 - 121)

　　亚菊又称黄花亚菊。是菊科亚菊属的常绿亚灌木。原产于我国,在苏联及朝鲜也有分布。

　　亚菊株高 50～60 cm。叶卵圆形,叶面绿色,叶背密被白毛,叶缘具粗锯齿、银白色。花金黄色,花期 10～12 月。

　　亚菊耐寒、耐高温、耐修剪。

　　亚菊是优良的花境布置材料,也可盆栽观赏。

图 2 - 121 亚菊

图 2 - 122 紫露草

　　(20) 紫露草(*Tradescantia rdflexa*)(见图 2 - 122)

　　又称美洲鸭跖草、无毛紫露草。是鸭跖草科紫露草属的宿根植物。原产于墨西哥。

　　紫露草茎簇生,粗壮,直立。叶互生,稍被白粉,线形或线状披针形。叶顶端稍有弯曲,叶面内折,基部鞘状。花蓝紫色,花期 5～7 月。

紫露草喜日照充足,但也能耐半阴。耐寒,最适生长温度为 18～30℃。对土壤要求不严。

紫露草主要用作地被布置,也可布置花境。

(21) 细裂银叶菊(*Senecio cineraria*)(见图 2－123)

又称雪叶菊。是菊科千里光属的多年生草本植物。原产于南欧。

细裂银叶菊全株密覆白色绒毛,有白雪皑皑之态。叶匙形或一～二回羽状分裂,正反面均被银白色柔毛,叶片质较薄,缺裂。头状花序单生枝顶,花小、黄色,花期 6～9 月。

细裂银叶菊不耐酷暑,高温高湿时易死亡。喜凉爽湿润、阳光充足的气候和疏松肥沃的沙质土壤或富含有机质的黏质土壤。

细裂银叶菊叶片银白,远看似白云,与其他色彩的花卉配置栽植效果极佳,因此是重要的花坛观叶植物。也可盆栽观赏。

图 2－123　细裂银叶菊

图 2－124　大花金鸡菊

(22) 大花金鸡菊(*Coreopsis grandiflora*)(见图 2－124)

大花金鸡菊又称剑叶波斯菊、狭叶金鸡菊、剑叶金鸡菊。是菊科金鸡菊属的宿根植物。原产于美国,今广泛栽培。

大花金鸡菊株高 30～60 cm。基生叶和部分茎下部叶披针形或匙形;茎生叶全部或有时 3～5 裂,裂片披针形或条形,先端钝形。花黄色,花期 6～8 月。

大花金鸡菊对土壤要求不严,喜肥沃、湿润、排水良好的沙质壤土,耐旱,耐寒,也耐热。

大花金鸡菊可用于布置花境,也可作切花,还可用作地被。

(23) 鸢尾(*Iris tectorum*)(见图 2－125)

鸢尾又称铁扁担。是鸢尾科鸢尾属的宿根植物。原产于中国。

鸢尾株高 30～60 cm。叶剑形,扇状排列,全缘,中肋明显。花茎与叶等高,每枝着花

1～3 朵,花蓝紫色,5～6 月开花。

鸢尾耐寒、耐干旱,忌水涝,要求石灰质的碱性土壤。

鸢尾宜在树林下作为地被植物栽植,也可盆栽观赏,也可作切花。

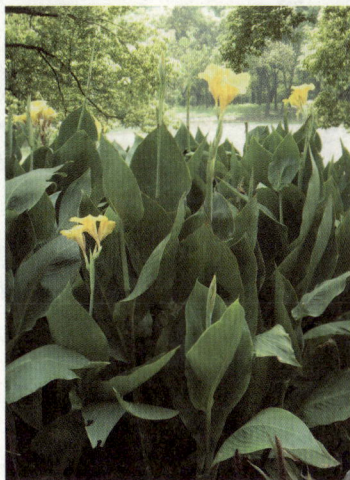

图 2-125　鸢尾　　　　图 2-126　大花美人蕉

(24) 大花美人蕉(Canna generalis)(见图 2-126)

大花美人蕉又称红艳蕉。是美人蕉科美人蕉属的球根植物。原产于美洲热带和亚热带。

大花美人蕉地下具根状茎。株高约 1.5 m,茎、叶一般均被白粉。叶大,椭圆形,长约 40 cm,宽约 20 cm,互生,叶色有绿、紫、黄绿相间三类。聚伞花序呈总状或穗状;花径在 10 cm 左右;花色丰富,有深红、橙红、黄、乳白等;雄蕊瓣化,是主要观赏部位;花期 7～10 月。

大花美人蕉喜高温炎热,好阳光充足。对土壤要求不高,但在肥沃而富含有机质的深厚土壤中生长健壮。怕强风,不耐寒。

大花美人蕉花大、色艳、花期长,且茎叶繁茂,宜作花坛中心栽植或花境背景,也可丛植、片植、列植于草坪、庭园中,对于矮生的大花美人蕉种类还宜盆栽观赏。

第二节　物业绿化室内植物材料

一、物业绿化室内观花植物材料

1. 物业绿化室内观花植物材料——一、二年生草本植物

(1) 四季报春(*Primula obconica*)(见图 2-127)

四季报春又称四季樱草、球头樱草、鄂报春、仙鹤莲。是报春花科报春花属的二年生草本植物。原产于我国西南部。

图 2-127 四季报春

四季报春株高约 30 cm。全株被白色绒毛。叶长圆形至卵圆形,叶缘有浅波状齿。伞形花序,花冠漏斗状,花径 2.5 cm,花色有白、洋红、紫红、蓝、淡紫、淡红色,花期以冬春为盛。

四季报春喜温暖、湿润、水分充足,夏季要求凉爽通风环境,不耐炎热。藏报春则可稍为干燥些。生长适温为 13～18℃。宜用通气、排水良好而腐殖质丰富的培养土,适宜 pH 值 6.0～7.0。

四季报春在新春尚未完全到来之时,以艳丽热情的姿态,预报春天的到来。适宜盆栽,用于客厅、居室和书房点缀。也可在春季露地栽植于花坛、假山园、岩石园中。

(2) 蒲包花(*Calceolaria herbeohybrida*)(见图 2-128)

蒲包花又称荷包花。是玄参科蒲包花属的二年生草本植物。原产于墨西哥、秘鲁、智利等地。

蒲包花株高 20～40 cm。茎叶被细茸毛。叶对生,卵形至卵状椭圆形,叶常呈黄绿色。不规则聚伞花序,花冠具 2 唇,上唇小、前伸,下唇膨胀呈荷包状、向下弯曲;花径 3～4 cm;花色有乳白、乳黄、黄、淡红、红、橙红等色,在花朵上常散生许多紫红色、深褐色或橙红色的小斑点;花期 3～5 月。

蒲包花喜凉爽、湿润、光照充足、通风良好的环境。不耐严寒,又畏高温。属长日照植物,延长光照时间有利于生殖生长。喜肥沃、排水良好的沙质土壤,土壤以微酸性为宜,pH 5.5～6.5。

蒲包花花形奇特,色彩艳丽,是冬春季节优良的盆栽花卉。

图 2-128 蒲包花

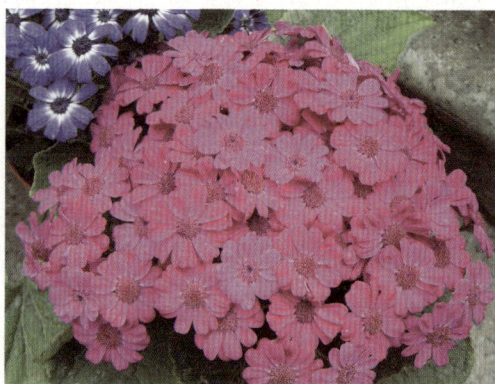

图 2-129 瓜叶菊

(3) 瓜叶菊(*Senecio cruentus*)(见图 2-129)

瓜叶菊又称千日莲、生荷留兰、千夜莲、瓜叶莲。是菊科瓜叶菊属的二年生草本植物。原产于非洲北部大西洋上的加那利群岛。

瓜叶菊株高 25～60 cm。全株密被柔毛。叶大,互生,心状卵形,叶缘具波状或多角状齿,形似黄瓜叶,故名瓜叶菊。头状花序簇生成伞房状;花色多样,有粉红、紫红、墨红、玫瑰红、蓝、白、紫、红等单色及复色,花期 12～5 月。

瓜叶菊喜凉爽气候,忌炎热,生长适温 15～20℃。不耐寒。喜光,但怕夏日强光。长日照能促进花芽发育提前开花。喜湿润的环境,适宜土壤 pH 值 6.5～7.5。怕旱、忌涝。氮肥过多幼苗易徒长。

瓜叶菊叶片大,开花前叶色青翠悦人眼目,开花后簇生的花朵五彩缤纷,在寒冷的冬季和早春,给人以美的享受。花期长,是元旦、春节、"五·一"及冬春其他庆典活动的主要花种之一。瓜叶菊既可盆栽,也是布置公园绿地早春花坛的主要花卉。

2. 物业绿化室内观花植物材料——多年生草本植物

(1) 天竺葵(*Pelargonium hortorum*)(见图 2-130)

天竺葵又称石腊红、入腊红、日烂红。是牻牛儿苗科天竺葵属的亚灌木。原产于南非。

天竺葵茎下部木质,上部草质。全株被柔毛。茎粗壮,多汁,基部稍木质化。叶互生,圆形至肾形,基部心形,叶边缘有波形钝锯齿,叶绿色,叶面常具有暗红色的环纹。伞形花序顶生,花有单瓣与重瓣的区别;花色以各种红色为主,也有白色;全年开花,但以 4～6 月开花最好。

天竺葵喜凉爽,怕高温,也不耐寒。在夏季高温期进入休眠状态。喜排水良好的疏松土壤。能耐干燥,忌水涝。喜阳光充足,光照不足时不开花,但在苗期要避免阳光直射。

天竺葵主要作为盆栽观赏,也可布置花坛或作切花应用。

图 2-130　天竺葵

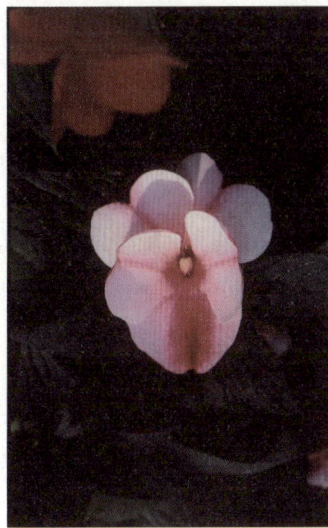

图 2-131　新几内亚凤仙

(2) 新几内亚凤仙(*Impariens hawkeri*)(见图 2-131)

新几内亚凤仙又称五彩凤仙花、四季凤仙。是凤仙花科凤仙花属的宿根植物。原产于新几内亚。

新几内亚凤仙株高在 20～60 cm 之间。茎肉质。叶互生,卵状长圆形或卵状披针形,边缘具锯齿。花单生或呈伞房花序生于叶腋；花萼 3 枚，其中有 1 枚向后延生成矩；花有白、红、粉红、橙红、紫红、蓝等色；冬春季开花。

新几内亚凤仙喜温暖、湿润、遮阴的环境条件。要求疏松、肥沃、排水良好的微酸性土壤。生长最适温度为 21～26℃。

新几内亚凤仙株丛紧密，开花繁茂，花期长，适宜于盆栽观赏，在温暖地区或温暖季节也可布置花坛或庭院栽植。

（3）仙客来（*Cyclamen persicum*）（见图 2 - 132）

仙客来又称兔子花、兔耳花。是报春花科仙客来属的球根植物。原产于地中海东部沿岸。

图 2 - 132　仙客来

仙客来株高在 20～30 cm 之间。地下具扁圆形块茎。叶基生，心状卵圆形，边缘具锯齿，叶表面深绿色，并在叶脉处具白色花纹，叶背面暗红色；叶柄肉质、红褐色。花单生、下垂，花梗肉质、红褐色；花萼与花瓣各有 5 枚，开花时花瓣向上反卷并且扭曲，形状如同兔子的耳朵，因此被称为兔子花、兔耳花。花有白、粉、绯红、玫瑰红、紫红、大红等色，花期 12～5 月。

仙客来喜冬季温暖、夏季凉爽的气候。秋、冬、春为生长、开花季节，夏季则为休眠季节。生长最适温度为 15～25℃，冬季适宜温度为 10℃左右，花期温度不宜超过 18℃；如果温度在 30℃以上停止生长，进入休眠；温度超过 35℃块茎容易腐烂；而冬季温度低于 5℃生长缓慢、叶卷曲。要求微酸性土壤，pH 值为 5.5～6.5。

仙客来花形奇异、花色艳丽，花期长达数月，开花时又适逢中国传统节日元旦和春节。是著名的盆花，常装饰于室内，点缀案头、餐厅等处。

（4）火鹤花（*Anthurium scherzerianum*）（见图 2 - 133）

又称红掌、花烛、安祖花。是天南星科花烛属的宿根植物。原产于南美哥伦比亚。

火鹤花株高在 40～50 cm 之间。无地上茎。叶从根茎长出，叶绿色，革质；卵心形至箭形，长 20～30 cm，宽 10～20 cm；叶基部心形，全缘。肉穗花序黄色、直立。佛焰苞平出，卵心形，长 7～13 cm，宽 5～8 cm，是主要的观赏部位；佛焰苞光滑，具有蜡质；颜色有白、粉、红、绿等色。

火鹤花喜温暖的环境，生长最适日温为 20～28℃。喜湿润的环境，空气相对湿度宜在 80%～85%，栽培时要保持介质湿润。喜半阴的环境，特

图 2 - 133　火鹤花

别是在夏季必须进行遮阴。绝大多数的火鹤花品种只能在 16 000～27 000 lx 的光照强度下生长。如果光照超过 27 000 lx,花和叶均会褪色。

火鹤花也是一种著名的盆花,多在室内茶几、案头作装饰花卉。也是重要的切花。

(5) 马蹄莲(*Zantedeschia aethiopica*)(见图 2 - 134)

马蹄莲又称慈姑花、水芋。是天南星科马蹄莲属的球根植物。原产于非洲。

马蹄莲株高在 60～70 cm 之间。地下具有褐色的块茎。叶基生,箭形或戟形,叶全缘,叶鲜绿色有光泽;叶柄基部成鞘状,叶柄的长度为叶片长度的 2 倍以上。肉穗花序黄色,圆柱形包藏于白色的马蹄形佛焰苞内,佛焰苞是主要的观赏部位;开花时间在 12～5月,盛花期在 3～5 月。

马蹄莲喜温暖、湿润及稍有遮阴的环境。不耐寒冷和干旱,在夏季高温、炎热、干旱时休眠,生长最适温度在 13～20℃之间。

马蹄莲花朵形状奇特、叶翠绿、苞片洁白,是重要的盆花和著名的切花,常用于插花、制作花篮、花束等。

图 2 - 134 马蹄莲

图 2 - 135 美叶光萼荷

(6) 美叶光萼荷(*Aechmea fsciata*)(见图 2 - 135)

美叶光萼荷又称蜻蜓凤梨、斑粉菠萝。是凤梨科光萼荷属的宿根植物。原产于南美巴西。

美叶光萼荷其叶莲座丛卷呈筒状,叶革质、较宽,长可达 60 cm,绿色,上有虎纹状银白色横纹,叶缘有黑色小刺。复穗状花序圆锥状排列,春末夏初开花。苞片革质,先端尖,淡玫瑰红色,小花紫色。

美叶光萼荷喜高温高湿和半荫的环境。不耐寒,生长适宜温度为 15～25℃,冬季必须保持在 10℃以上。

美叶光萼荷叶具有白粉,花粉红色,是一种叶、花俱佳的盆栽观赏花卉。可以装饰居室、美化环境。

(7) 火红凤梨(*Guzmania lingulata*)(见图 2 - 136)

火红凤梨又称火轮凤梨、火冠凤梨、果子蔓。是凤梨科果子曼属的宿根植物。原产于南美洲热带地区。

火红凤梨叶绿色,长线形,外弯,长 20～30 cm。穗状花序,苞片艳红色、披针形,小花白色。

火红凤梨叶绿花红,开花时点点红色在绿叶的衬托下格外鲜艳,常用于装点会场、办公室、居家环境。

图 2-136 火红凤梨

图 2-137 斑叶红剑

(8) 斑叶红剑(*Vriesea carinata var. iegata*)(见图 2-137)

斑叶红剑又称大红剑、大莺歌、丽穗兰。是凤梨科丽穗凤梨属的宿根植物。原产于巴西。

斑叶红剑株高 50～60 cm。叶基生呈莲座状,深绿色,向外弯曲,叶面上具有纵向白色条纹,同属有的种类叶面上具有暗绿至浅褐色横纹。花葶直立,一般不分枝,花序呈烛状或剑形,苞片鲜红色互相叠生,春末夏初开花。

斑叶红剑喜高温高湿和遮荫的环境,不耐寒,生长适宜温度为 20～25℃,冬季需要保持在 10℃以上。空气湿度需要在 60%以上。

斑叶红剑既可以观叶,也可观花。

图 2-138 大花君子兰

(9) 大花君子兰(*Clivia miniata*)(见图 2-138)

大花君子兰又称剑叶石蒜、君子兰。是石蒜科君子兰属的宿根植物。原产于南非的纳塔尔山地森林中,后传入欧洲、日本。中国的君子兰是在 20 世纪初从德国、日本引进。

大花君子兰根肉质、粗壮。茎基部具叶基形成的假鳞茎。株高在 40 cm 左右。叶宽带状或剑状,二列状交互迭生,全缘,叶长在 30～80 cm 之间,宽在 3～10 cm 之间,叶表面深绿色有光泽。伞形花序顶生,有 7～30 朵小花,小花为漏斗状花冠,花色为黄色或橙红色,全年开花,但以春夏季为主。浆果球形,初为绿色,成熟后呈红色。

大花君子兰喜温暖的环境。要求冬季温暖、夏季凉爽,生长适温 15～25℃,由于受到温度的影响,一般 10～4 月为君子兰的生长季节,5～9 月则为君子兰休眠期。喜半荫、湿润的环境,在生长过程中不宜强光照射,空气相对湿度 70%～80%,土壤含水量 20%～40%,切忌积水。水的 pH 值在 6.5 左右。较耐肥。幼苗需肥较多,随着叶片增加不仅需要使用一般肥料,还需使用油脂肥料,以使君子兰的叶片光亮。介质要求疏松、肥沃、排水透气性良好的中性至微带酸性(pH6.5～7)的土壤。

大花君子兰花、叶、果兼美,观赏期长,可周年布置观赏。傲寒报春、端庄肃雅,深受人们喜爱。是布置会场、楼堂馆所和美化家庭环境的名贵花卉。

(10) 鹤望兰(*Strelitzia reginae*)(见图 2－139)

鹤望兰又称极乐鸟之花。是旅人蕉科鹤望兰属的宿根植物。原产于南非。

鹤望兰具有不明显的半木质化的短茎。根肉质。单叶对生,两侧排列。叶片为阔披针形,或长椭圆形,或椭圆状卵形,全缘。叶柄是叶片长度的 2～3 倍。叶脉为羽状平行脉。花大,两性,两侧对称;萼片 3 枚,披针形,橙黄色;花瓣 3 枚,侧生 2 枚靠合成舌状,中央 1 枚小,舟状,暗蓝色;雄蕊 5 枚,与花瓣等长,花粉乳白色,粘着成团;柱头伸出花舌外。整个花序花形奇特,色彩夺目,宛如仙鹤翘首远望。

鹤望兰性喜温暖、湿润气候。要求空气湿度高。夏季怕阳光暴晒,冬季则需充足阳光。需土层深厚,具丰富有机质、疏松、肥沃而排水良好的黏壤土。

图 2－139　鹤望兰

鹤望兰花、叶并美,其叶大色绿,给人以挺拔向上的感觉;其花姿态优雅、端庄、大方,花色红蓝相间、艳丽多彩,是一种高档的盆花和切花。

图 2－140　大花蕙兰

(11) 大花蕙兰(*Cymbidium grandiflorum*)(见图 2－140)

大花蕙兰又称东亚兰、虎头兰。是兰科蕙兰属的宿根植物。原产于我国广西、四川、贵州、云南、西藏等地,以及不丹、尼泊尔、印度。

大花蕙兰假鳞茎狭卵球形至狭椭圆形,叶 5～8 枚,带状,长 70～90 cm,宽 2～3 cm,基部二列。花葶长达 60～70 cm,外弯或近平展,有 6～12 朵花;花苞片很小,长 3～4 mm;花较大,直径 13～14 cm,有香气,花期冬、春季。

大花蕙兰喜白天温度高、夜晚温度低的环境,生长适温白天为 25～28℃。对光照适应性较强,遮光率 30%～40%,光照充足,叶色呈黄绿而宽厚;光照不足叶色转浓绿、修长软弱。喜湿润环境,特别是较高的空气湿度(70%～80%)。

大花蕙兰植株挺拔,花大色艳,和蝴蝶兰、火鹤花、凤梨一起被称为四大年宵盆花,主要用作盆栽观赏,也可作切花。

图2-141　蝴蝶兰

（12）蝴蝶兰(*Phalaenopsis amabilis*)(见图2-141)

蝴蝶兰又称蝶兰。是兰科蝴蝶兰属的宿根植物。原产于亚洲至澳大利亚热带。

蝴蝶兰叶近二列,肉质,扁平,较宽,叶基收狭。花葶从植株基部发出,直立或下垂;总状花序;花通常较大,艳丽;花期较长。

蝴蝶兰喜弱光,切忌强光照射,否则会灼伤叶。喜温暖,最适宜的温度是18～30℃。喜湿润的环境,空气湿度宜在50%以上。

蝴蝶兰花姿壮丽优雅,被誉为"兰花之后",是一种高档的盆花和切花。

3. 物业绿化室内观花植物材料——木本植物

（1）一品红(*Euphprbia pulchorrima*)(见图2-142)

一品红又称象牙红、老来娇、猩猩木、圣诞花。是大戟科大戟属的常绿灌木。原产于南美墨西哥。

一品红茎含乳汁。叶互生,卵状椭圆形至阔披针形,叶全缘或有浅裂。花单生,小,着生于杯状花序内,并成聚伞花序排列,花的一侧有大型黄色蜜腺。叶状苞片瓣化,其形似叶,呈披针形,全缘。着色鲜艳,颜色主要有红、白、粉红、黄等色,是主要的观赏部分;花有单瓣与重瓣之分;观赏期在12～2月。

一品红喜高温多湿,抗寒能力较弱,遇低温叶片易变黄脱落。喜欢阳光,不耐阴,但夏季高温强光时防止直射光;具有短日照习性。不耐旱,较耐涝,增加空气湿度可减少叶片卷曲发黄,避免植株基部"脱脚"。对基质要求不严,但以肥沃、湿润的基质为好。

图2-142　一品红

一品红花色艳丽,花朵硕大,开花季节正值圣诞、元旦、春节,是优良的盆花,也是一种高档的切花。

（2）金苞花(*Pachystachys lutea*)(见图2-143)

金苞花又称黄花厚穗爵床。是爵床科金苞花属的常绿灌木。原产于南美秘鲁、墨西哥。

金苞花株高30～50 cm。茎直立,多分枝。单叶对生,叶长椭圆形,叶脉7～8对、向下凹陷。穗状花序顶生,小花排成四列;花冠筒状,顶端唇形,白色,伸出苞片外;苞片金黄色;花期4～12月。

金苞花性喜温暖、湿润、半荫的环境。冬季要求阳光充足。基质要求肥沃、排水良好。

图2-143　金苞花

金苞花花色金黄,花朵挺立,是良好的盆栽观赏花卉。也能布置花坛。

(3) 朱槿(*Hibiscu rosasinensis*)(见图 2-144)

又称扶桑。是锦葵科木槿属的常绿灌木。原产于我国的南部。

朱槿叶互生,卵形或宽卵形,具三主脉,基部 1/3 全缘,其他呈不等的锯齿或缺刻。花单生于新枝叶腋,单瓣者花冠漏斗形,雌雄蕊超出花冠,花有紫、红、粉、白、黄等色,花期全年开放。

朱槿枝条萌发力强,耐修剪。对基质要求不严。长日照花卉,需阳光充足,夏季也应放置于阳光下。

朱槿主要作为盆栽观赏。

图 2-144 朱槿

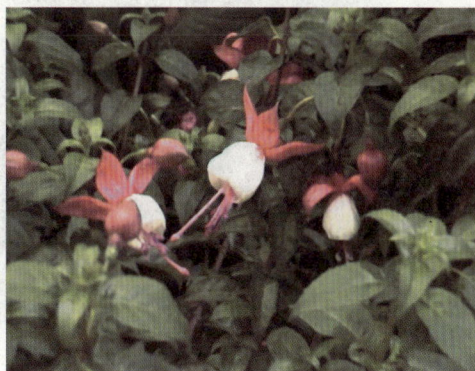

图 2-145 倒挂金钟

(4) 倒挂金钟(*Fuchsia magellanice*)(见图 2-145)

倒挂金钟又称灯笼海棠、吊钟花。是柳叶菜科倒挂金钟属的常绿灌木。本种由墨西哥的长筒倒挂金钟和原产于智利南部和阿根廷的短筒倒挂金钟杂交而育成。

倒挂金钟株高为 1 m 左右,茎光滑,小枝纤细而稍下垂,常带紫红色。叶对生或三叶轮生,卵状披针形,叶面绿色具紫红色条纹,叶边缘具锯齿。花单生叶腋,花柄细长、下垂;萼筒长圆形,萼片 4 裂,裂片长圆状披针形,一般反卷,颜色有红、深红、紫、白等色;花瓣 4枚,阔倒卵形,稍翻卷,有紫、白、红、蓝等色;花期春季,而在夏季凉爽的地区,花期在夏秋季节。

倒挂金钟性喜温暖湿润,要求冬季阳光充足,夏季凉爽,半阴的环境,不耐高温炎热,夏季为其半休眠季节。要求含腐殖质丰富、疏松、肥沃、排水良好的沙质壤土。

倒挂金钟花形奇特,开花时下垂的花朵宛如悬挂的彩色灯笼,是一种良好的盆栽观赏植物。

二、物业绿化室内观叶植物材料

1. 蕨类植物

(1) 圆盖阴石蕨(*Humata tyermanni*)(2-146)

圆盖阴石蕨又称狼尾山草。是骨碎补科阴石蕨属的蕨类植物。原产于我国。

圆盖阴石蕨根状茎粗壮,长而横走,上密被淡棕色鳞片。叶片阔卵状三角形,三～四回羽状深裂。孢子囊群圆形,着生在叶脉顶端。

圆盖阴石蕨喜温暖、半阴和较干燥的环境。适应性强,对盆土要求不严,但以富含腐殖质的培养土最好。生长期须保持充足的水分。

圆盖阴石蕨常作为吊盆栽培,用于悬挂于窗前、门旁、楼梯口、花架、橱柜等处。

图2-146 圆盖阴石蕨

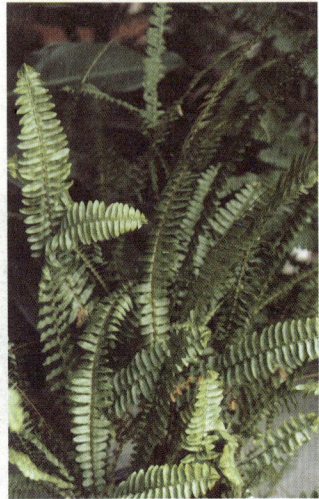

图2-147 肾蕨

(2) 肾蕨(*Nephrolepis cordifolia*)(见图2-147)

肾蕨又称野鸡毛山草。是骨碎补科肾蕨属的蕨类植物。原产于我国。

肾蕨具有地下根茎,直立,下部向四面生出粗铁丝状的长匍匐茎,末端着生圆形的块根。叶丛生,狭长披针形,长30～60 cm,宽3～5 cm,一回羽状复叶,羽片多数,长椭圆形。孢子囊群着生于叶背叶脉分歧点的上部。

肾蕨对环境的适应颇强,自阴生至全阳,自潮湿地至干热地都有其种类,可室内盆栽或户外露地栽植。喜温暖、半阴的环境,忌阳光直射。生长适宜温度为20～30℃,耐寒性强,能耐0℃以上的低温。宜选用疏松通气、既排水又保水、微酸性培养土。

肾蕨叶色翠绿,四季常青,是优良的观叶植物,可盆栽点缀茶几、书案、窗台、阳台。也可在庭院中露地栽植作为阴性地被植物或布置在墙角、假山或水池边。另外还可作为切叶,用于插花的陪衬材料。

(3) 铁线蕨(*Adiantum capillarus-veneris*)(见图2-148)

铁线蕨又称铁丝草、美人枫、美人粉。是铁线蕨科铁线蕨属的蕨类植物。原产于热带和亚热带地区。

铁线蕨株高在15～40 cm之间。具有横走的根状茎,在根状茎上密生棕色鳞片。叶柄细

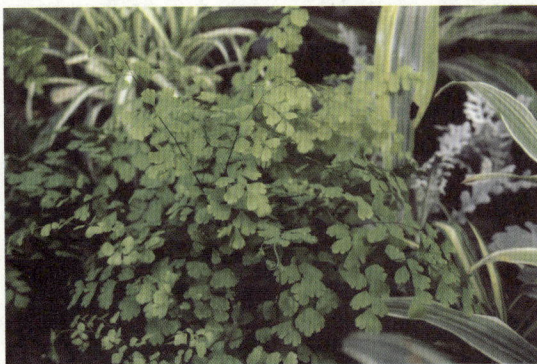

图2-148 铁线蕨

长,栗黑色,二～三回羽状复叶,小叶互生、扇形,叶顶端半圆形,有钝圆的粗缺刻。孢子囊群着生在小叶背面前缘分裂处。

铁线蕨喜温暖、湿润、半阴的环境,生长适宜温度为13～18℃,冬季能耐10℃的低温。

铁线蕨叶片扇形,叶柄纤细乌黑,植株多姿秀丽,是优良的室内盆栽观叶植物,可置于案头、茶几、窗台等处。也可作为切叶材料。

(4) 巢蕨(*Neottopteris nidus*)(见图2-149)

巢蕨又称鸟巢蕨、山苏花。是铁角蕨科巢蕨属的蕨类植物。原产于亚洲热带。

巢蕨株高在60～100 cm之间。根状茎粗短直立。叶辐射状丛生于根状茎顶端的边缘,叶柄粗壮,长约2～3 cm;叶片带状阔披针形,浅绿色,长50～95 cm,中部宽5～8 cm,先端渐尖,下部逐渐变窄而下延。孢子囊群线形,生于侧脉上侧。

巢蕨喜温暖、阴湿的环境。生长适宜温度为20～22℃,冬季温度不能低于5℃。

巢蕨株型丰满,别具热带情调,常用于宽敞客厅的装饰。小型植株也用于布置会议室、卧室。

2. 草本植物

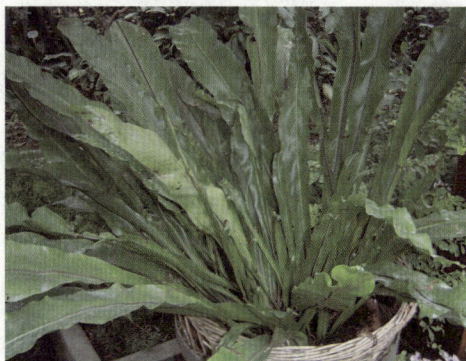

图2-149　巢蕨

(1) 花叶冷水花(*Pilea cadierei*)(见图2-150)

花叶冷水花又称花叶冷水团。是荨麻科冷水花属多年生常绿草本或亚灌木。原产于越南。

花叶冷水花株高在30～40 cm之间。茎光滑、多分枝。叶交互对生,卵状椭圆形,绿色,叶脉间具有银白色的斑块,叶边缘具锯齿,叶顶端较尖。

花叶冷水花喜温暖、湿润的环境,生长适宜温度为18～25℃,冬季最低温度不能低于10℃。要求疏松、肥沃、排水良好、富含有机质的培养土作为介质。宜放置在遮荫处。

花叶冷水花叶色绿中有白,植株矮小,是良好的盆栽观赏植物,可放置在茶几、窗台、案头等处进行装饰。

图2-150　花叶冷水花

图2-151　龟背竹

(2) 龟背竹(*Monstera deliciosa*)(见图2-151)

　　龟背竹又称蓬莱蕉、电线兰、穿孔喜林芋。是天南星科龟背竹属的多生年草本植物。原产于南美墨西哥。

　　龟背竹茎绿色,粗壮,长达 7～8 m,生有深褐色气生根。叶厚革质,互生,暗绿色,较大,长有 40～100 cm;幼叶心形,无孔,长大后成矩圆形,具不规则的羽状深裂,叶脉间有椭圆形穿孔,极像龟背。叶柄长 50～70 cm,深绿色。

　　龟背竹喜温暖、湿润、遮荫的环境。生长适温为 20～25℃,15℃ 以下停止生长,冬季最低温度为 5℃。空气湿度为 60%～70%。要求肥沃、疏松、排水良好的微酸性土壤。

　　龟背竹株型优美,叶形奇特,具有较佳的整株观赏效果,常用于大堂、客厅、会议室的布置。

　　(3) 海芋(*Alocasia macrorrhiza*)(见图 2 - 152)

　　海芋又称滴水观音。是天南星科海芋属的球根植物。原产于我国南部及西南部。

　　株高达 1.5 m。地下具有肉质块茎,地上茎粗壮。叶大,绿色,阔箭形,长 30～60 cm。

　　喜高温和多湿的生长环境,夏天忌直射光。生长适温为 20～30℃,需要保持 70%～85% 的相对湿度。

　　海芋株型独特,叶形美观,是观赏价值较高的大中型盆栽植物,常用于客厅的装饰布置。

图 2 - 152　海芋　　　　　图 2 - 153　绿柄蔓绿绒

　　(4) 绿柄蔓绿绒(*Philodendron erubescens* cv. "Green Emerald")(见图 2 - 153)

　　绿柄蔓绿绒又称绿宝石喜林芋。是天南星科喜林芋属的蔓生植物。原产于南美。

　　绿柄蔓绿绒茎绿色,肉质,节处生有气生根。叶长心形,长 25～35 cm,宽 12～18 cm,先端突尖,基部深心形,绿色有光泽,全缘。嫩梢和叶鞘均为绿色。

　　绿柄蔓绿绒喜温暖、湿润、遮阴的环境,生长适温为 16～26℃,冬季温度不可低于 6～7℃。要求湿度较高,土壤以富含腐殖质而排水良好的壤土为佳。

　　绿柄蔓绿绒属于大型的观叶植物,适宜于在门厅、大堂、客厅等处布置,也常用于走廊拐角、电梯门前等处装饰。

　　同科同属其他种类:

① 红柄蔓绿绒(*Philodendron imbe*)(见图 2-154)。红柄蔓绿绒又称红宝石喜林芋。蔓生。茎圆柱形,绿色,肉质,节处生有气生根。新芽红褐色,老茎灰白色。叶心形长椭圆形,长约 20 cm,宽约 10 cm。薄革质,叶缘波状,叶浓绿色有光泽。叶柄长 20～30 cm,红褐色。

图 2-154 红柄蔓绿绒

图 2-155 心叶蔓绿绒

② 心叶蔓绿绒(*Philodendron scandens*)(见图 2-155)。又称心叶喜林芋。蔓生。茎绿色,肉质,节处生有气生根。叶心形,长约 10 cm,宽 6～8 cm,肉质。

③ 羽叶蔓绿绒(*Philodendron pittieri*)(见图 2-156)。羽叶蔓绿绒又称绿蓉蔓绿绒、小天使。叶三角状心形,羽状深裂,裂片 5～6 对,叶先端渐尖,基部心形,长 18～22 cm,宽 12～14 cm,绿色,每一侧脉直伸至羽裂裂尖。

图 2-156 羽叶蔓绿绒

图 2-157 羽裂蔓绿绒

④ 羽裂蔓绿绒(*Philodendron selloum*)(见图 2-157)。羽裂蔓绿绒又称春羽、春芋。簇生。叶宽心形,羽状深裂,叶长 60 cm,宽 40 cm,革质,绿色有光泽,叶柄长 30～100 cm,最后一对裂片再次深裂。

(5) 绿萝(*Sciudapsus aurea*)(见图 2 - 158)

绿萝又称黄金葛。是天南星科绿萝属的蔓生植物。原产于亚洲热带。

绿萝肉质,节有气生根。叶肉质,卵心形或宽椭圆形;幼叶较小,成熟叶逐渐变大;叶面亮绿色,有光泽,叶面上有不规则的金黄色斑点或条纹。

绿萝喜光照,能耐阴。喜温暖,生长适温为 15～25℃,冬季不低于 10℃。要求潮湿的环境,但较耐干,空气湿度在 40%～50%时仍能正常良好生长。

绿萝攀缘性较强,大型的以图腾柱式盆栽方式布置在客厅、门厅、大堂;小型的可在茶几、书案等处布置;也可做成吊盆,悬挂于窗前。

图 2 - 158　绿萝

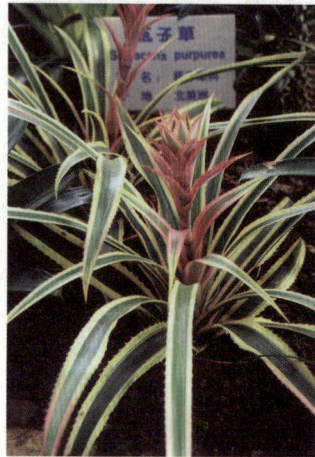

图 2 - 159　艳凤梨

(6) 艳凤梨(*Ananas comosus*)(见图 2 - 159)

艳凤梨是凤梨科凤梨属的多年生常绿草本植物。原产于南美。

艳凤梨叶丛生呈莲座状,线形、质硬,叶片中央亮绿色,叶边缘金黄微带粉红色,并具有锐刺。穗状花序密集成卵圆形,着生于离出叶丛的花葶上,花序顶端有一丛 20～30 枚叶形苞片,苞片橙红色,小花紫色或近红色。

艳凤梨较喜温暖、通风、半阴的环境。生长适宜温度为 20～30℃,冬季必须保持在 10℃以上。喜中性或微酸性的砂质壤土。

艳凤梨叶红、黄、绿相间,美丽而鲜艳,是优良的盆栽观叶植物。

(7) 吊竹梅(*Zebrina pendula*)(见图 2 - 160)

吊竹梅又称吊竹草。是鸭跖草科紫露草属多年生常绿蔓生植物。原产于南美洲。

吊竹梅茎枝肉质。叶互生,长卵形,先端尖,叶长为 5～7 cm,宽 3～4 cm,叶面绿色,具有纵向的紫红色及银白色条纹,叶边缘有紫红色斑边,叶背也为紫红色。

吊竹梅喜温暖、湿润、半阴的环境。生长适宜温度为 15～18℃,越冬温度为 10℃。以疏松、肥沃、排水良好的土壤为佳。

吊竹梅枝叶匍匐悬垂,叶色紫、绿、银色相间,一般作为小型盆栽或吊盆栽植,布置在窗台上方、高几等处。在较温暖的地区也可室外地栽作地被植物使用。

图 2 - 160　吊竹梅

图 2 - 161　吊兰

（8）吊兰（*Chlorophytum comosum*）（见图 2 - 161）

吊兰是百合科吊兰属的多年生常绿草本。原产于南非。

吊兰地下具短根状茎。叶基生，绿色，条形至条状披针形，基部抱茎。小花葶从叶腋抽出，弯垂，花后变成匍匐枝，顶部萌发出带气生根的小植株。总状花序，小花白色。

品种：①金心吊兰（*Chlorophytum comosum* cv. "Vittatum"）（见图 2 - 162）。金心吊兰又称中斑吊兰。其叶面中央具黄白色纵条纹，叶缘绿色，较细长。②金边吊兰（*Chlorophytum comosum* cv. "Variegatum"）（见图 2 - 163）。金边吊兰又称镶边吊兰。其叶面边缘具有黄白色的纵向条纹。

吊兰喜温暖、湿润、半阴的环境。生长适宜温度为 15～25℃，冬季不低于 5℃即可越冬。对土壤要求不严。

图 2 - 162　金心吊兰

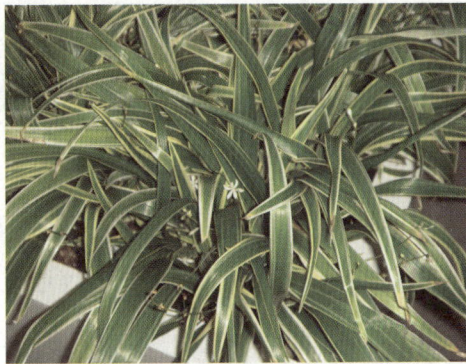

图 2 - 163　金边吊兰

吊兰株型优雅，匍匐枝拱垂，给人以飘逸的感觉。是优良的小型室内盆栽观叶植物，常垂挂于窗台上方观赏。

（9）一叶兰（*Aspidistra elatior*）（见图 2 - 164）

又称蜘蛛抱蛋、一叶青。是百合科蜘蛛抱蛋属的多年生常绿草本。原产于我国南方。

一叶兰地下具有匍匐的根状茎。叶基生、直立，矩圆状披针形，长约 70 cm，宽约 10 cm，全缘,深绿色,其中有些品种叶面具白色或淡黄色的斑点、斑块或条纹。

一叶兰喜温暖、湿润、半阴的环境,生长最适温度日温为 15～25℃,冬季必须保持最低温度为 5℃。其中斑叶种的耐寒性较差。对土壤要求不严,但以疏松肥沃壤土更为适宜。

一叶兰叶质硬而挺直,叶色浓而光亮,是中型盆栽观叶植物,也可作为切叶。

图 2-164　一叶兰

图 2-165　文竹

(10) 文竹(*Asparagus setaceus*)(见图 2-165)

文竹又称山草、云片竹。是百合科天门冬属的多年生常绿蔓性草本植物。原产于南非。

文竹根部稍肉质。茎柔弱丛生、蔓性。叶状枝绿色、圆柱形,6～12 枝簇生,长 3～5 mm,水平开展呈羽毛状。叶退化成鳞片状,淡褐色,着生于叶状枝的基部,在主茎鳞片叶多呈刺状簇生。春季开白色的小花。果实成熟时为黑色。

文竹喜温暖、湿润和半阴环境,不耐旱,生长适宜温度为 15～25℃,越冬温度为 5℃。土壤要求排水良好、富含腐殖质。

图 2-166　武竹

文竹茎叶纤细、质感轻柔,植株亭亭玉立,以盆栽观叶为主,适宜于布置在茶几、书案、窗台等处。

同科同属其他种类:武竹(*Asparagus sprengeri*)(见图 2-166)。武竹又称天门冬、垂叶武竹。多年生常绿草本。半蔓性。地下具肉质块根。叶状枝条形、簇生。花小、白色。果实成熟时为红色。

(11) 孔雀竹芋(*Calathea makoyana*)(见图 2-167)

孔雀竹芋又称五色葛郁金。是竹芋科孔

雀竹芋属的球根植物。原产于南美巴西。

孔雀竹芋地下具块茎。株高在 30～60 cm 之间。叶卵形,长 20～30 cm,宽约 10 cm;叶灰绿色,有深绿色的孔雀羽毛状斑纹,叶背紫色并带有同样斑纹;叶柄紫红色。

孔雀竹芋喜高温、湿润、半阴的环境,切忌强光直射。不耐寒,生长最适温度为 20～28℃,冬季最低温度为 10℃。

孔雀竹芋叶色绚丽多彩,叶纹如孔雀图案,是优良的盆栽观叶植物,可在茶几、窗台、书案等处装饰布置,也是珍贵的插花材料。

图 2-167　孔雀竹芋

图 2-168　天鹅绒竹芋

同科同属其他种类:天鹅绒竹芋(*Calathea zebrina*)(见图 2-168)。又称绒叶竹芋、斑马竹芋。其植株高度在 60～100 cm 之间。叶长椭圆形,长 30～60 cm,宽 10～20 cm;叶面具有天鹅绒光泽,并有浅绿色和深绿色交织的斑马状的羽状条纹;叶背为红色。

(12) 银羽竹芋(*Ctenanthe oppenheimiana*)
(见图 2-169)

银羽竹芋又称奥贝栉花竹芋。是竹芋科锦竹芋属的植物。原产于南美。

银羽竹芋株高在 70～120 cm 之间。叶披针形,长约 45 cm,宽约 12 cm。叶面暗绿色,由中脉沿侧脉有 6～8 对羽状银灰色斑条,直达叶缘,叶背面为紫红色。

银羽竹芋喜高温、多湿和半阴的环境,生长适宜温度为 15～20℃。

图 2-169　银羽竹芋

银羽竹芋植株低矮,叶片银白色条纹清晰,是小型室内盆栽观叶植物,可四季观赏。

3. 木本植物

(1) 橡皮树(*Ficus elestica*)(见图 2-170)

橡皮树又称印度橡皮树、印度榕、橡胶树。是桑科榕属的常绿乔木。原产于印度和马来西亚。

橡皮树株高在 20～25m 之间。全株体内含有白色乳汁。叶互生,椭圆形,革质,叶全缘,绿色,也有花叶和黑叶等栽培品种。托叶大、红色,当嫩叶伸展后托叶就会自行脱落。

橡皮树喜阳光充足、高温、湿润的环境。不耐寒,生长适宜温度为 20～30℃,冬季温度要保持在 10℃以上。介质适宜选用疏松、肥沃、排水良好的沙质壤土。

橡皮树叶片肥厚绚丽,红色的顶芽和托叶开裂后如红缨倒垂,适宜于盆栽,可布置在会议室、门厅、大堂、客厅等处。

图 2-170 橡皮树

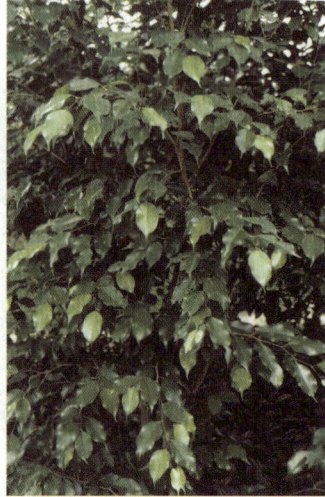

图 2-171 垂叶榕

同科同属其他种类:①垂叶榕(*Ficus benjamina*)(见图 2-171)。常绿乔木。茎有垂悬的气生根,枝条弯曲下垂。叶互生,椭圆形,绿色,叶边缘波状,叶较软、小、下垂。②厚叶榕(*Ficus microcarpa var. crassifolia*)(见图 2-172)。叶较小,质地较厚,叶椭圆形,全缘。

图 2-172 厚叶榕

图 2-173 变叶木

(2) 变叶木(*Codiaeum variegatum var. pictum*)(见图 2-173)

变叶木又称洒金榕。是大戟科变叶木属常绿灌木或小乔木。原产于亚洲和大洋洲热带地区。

变叶木株高在 50～200 cm 之间。叶互生,叶形、叶色、叶缘变化多样。叶形有条形、披针形、条状披针形、螺旋形等变化;叶有全缘和分裂的变化;叶面有黄、红、橙、绿、紫、黑、褐等不同色彩不同深浅,以及各色斑点或斑块的变化。

变叶木喜高温、湿润、阳光充足的环境。生长适宜温度为 25～35℃,冬季最低气温不能低于 10℃。介质宜选用疏松、肥沃的沙质壤土。

变叶木叶形多变、叶色丰富,是良好的中型盆栽观叶植物,在客厅、会议室、办公室等处均能布置。

(3) 马拉巴栗(*Pachira macroca*)(见图 2-174)

又称发财树、瓜栗。是木棉科马拉巴栗属的半落叶乔木。原产于墨西哥。

马拉巴栗茎干较直,绿色,基部膨大。叶互生,掌状复叶,小叶 5～7 枚,披针形。

喜温暖、湿润的环境。生长适宜温度为 20～25℃,冬季必须保持在 5℃ 以上。喜光,但也能耐遮阴。

马拉巴栗株型优美,可用于各种室内场所的装饰布置。

图 2-174　马拉巴栗

图 2-175　鹅掌柴

(4) 鹅掌柴(*Schefflera octophylla*)(见图 2-175)

鹅掌柴又称鸭脚木。是五加科鹅掌柴属的常绿乔木。原产于热带和亚热带地区。

鹅掌柴叶互生,革质,掌状复叶,小叶 5～9 枚,长椭圆形或倒卵形,叶深绿色,有时叶面具有不规则、深浅不一的黄色斑纹。

鹅掌柴喜高温、多湿的环境,能够耐干旱。生长适宜温度为16～26℃,冬季最低温度必须在 5℃ 以上。介质宜选用疏松、肥沃、排水良好的沙质壤土为佳。繁殖主要在 3～9月采用扦插的方法进行。

鹅掌柴叶片四季常青、光亮,植株形状丰满,是大中型盆栽观叶植物,适宜于在客厅、书房、卧室、会议室等处布置。

（5）红背桂花（*Excoecaria cochinensis*）（见图 2 - 176）

红背桂花又称青紫木。是大戟科海漆属的常绿灌木。原产于越南和中国。

红背桂花株高在 1 m 左右。叶近对生，矩圆形或倒披针形。叶边缘具细小锯齿，叶正面为深绿色，叶背为深紫红色。

红背桂花喜温暖、湿润的环境，生长适宜温度为 25～35℃，冬季不能低于 10℃。盆栽宜选用疏松、肥沃的介质。

红背桂花叶片正面绿背面红，是中型盆栽观赏植物，适合在客厅、走廊转角等处布置。

图 2 - 176　红背桂花

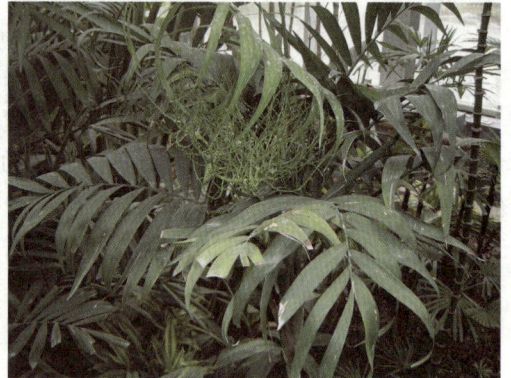

图 2 - 177　袖珍椰子

（6）袖珍椰子（*Chamaedorea elegans*）（见图 2 - 177）

袖珍椰子又称茶马椰子、矮生椰子、袖珍椰子葵。是棕榈科袖珍椰子属的常绿小灌木。原产墨西哥、危地马拉。

袖珍椰子盆栽株高在 40～70 cm 之间。茎干直立、单生、深绿色，具不规则环纹。叶一般着生在茎干顶，羽状复叶，裂片为披针形，深绿色，有光泽。

袖珍椰子喜温暖、湿润、半阴环境，在强日照下叶色容易变成枯黄。生长适宜温度为 20～30℃，当温度低于 15℃ 时，植株逐渐进入休眠，冬季不得低于 10℃。

袖珍椰子植株小巧玲珑，是优良的室内盆栽观叶植物。小植株可以在茶几、案头布置；大中型植株可供会议室、客厅、大堂、门厅等处陈列布置。

（7）散尾葵（*Chrysalidocarpus lutescens*）（见图 2 - 178）

散尾葵又称黄椰子。是棕榈科散尾葵属的丛生常绿灌木。原产于马达加斯加群岛，我国为引入栽培种。

散尾葵茎自基部起有环纹。叶为羽状全裂叶，扩展，拱形，裂片为披针形，先端较柔软。

散尾葵喜温暖、潮湿环境，喜阳而耐阴。其耐寒性不强，生长适宜温度在 22～32℃，越冬的最低温度在 10℃ 以上。苗期生长慢，以后生长迅速。适宜疏松、排水良好、肥厚的壤土。

图 2 - 178　散尾葵

散尾葵植株形态优美，极具热带风光，可布置在客厅、会议室等处。还是较好的切叶材料。

(8) 棕竹（*Rhapis excelsa*）（见图 2-179）

棕竹又称观音竹、筋头竹。是棕榈科棕竹属的常绿丛生灌木。原产于广东、广西、海南、云南、贵州等省区。

棕竹株高在 1～2 m 之间。茎圆柱形，有节，上部具褐色粗纤维质叶鞘。叶掌状 5～10 裂，深裂至距叶基部 2～5 cm 处，裂片线状披针形，长达 20～30 cm，宽 2～5 cm；裂片顶端阔，有不规则齿缺，边缘和主脉有褐色小锐齿。叶柄长 8～20 cm，稍扁平。

棕竹喜温暖、阴湿及通风良好的环境，夏季适温为 20～30℃，冬季温度不低于 4℃，亦能耐 0～-2℃ 低温。宜排水良好，富含腐殖质的沙壤土，萌蘖力强。

棕竹植株丛生挺拔，叶片清丽，可盆栽进行室内装饰布置，也可丛植、列植路旁、廊隅。

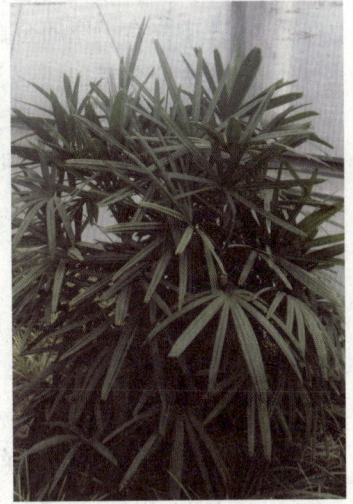

图 2-179 棕竹

(9) 朱蕉（*Cordyline terminalis*）（见图 2-180）

朱蕉又称铁树、红绿竹、红叶铁树。是龙舌兰科朱蕉属的常绿灌木。原产于大洋洲和亚洲热带。

朱蕉株高在 150～250 cm 之间。茎直立、细长。叶阔披针形至长椭圆形，长 30～60 cm，宽 7～10 cm，铜红色至铜绿色，不同的栽培品种在叶面或叶缘常有紫、黄、白、红等不同的颜色镶边。

朱蕉喜温暖、湿润、半阴和较高的空气湿度的环境。生长适宜温度为 20～25℃，冬季越冬的最低温度最好能在 10℃ 以上。

朱蕉叶色华丽高雅、叶形多变，适宜于在办公室、卧室、会场等处点缀。

图 2-180 朱蕉

图 2-181 金心香龙血树

(10) 金心香龙血树（*Dracaena fragrans* cv. "Massangeana"）（见图 2-181）

金心香龙血树又称金心巴西铁、巴西木。是龙舌兰科龙血树属的常绿乔木。原产于亚洲热带地区至非洲。

金心香龙血树茎干直立。长椭圆状披针形,绿色,全缘,长 40～70 cm,宽 5～10 cm,叶片中央有很宽的金黄色纵条纹。

金心香龙血树喜温暖、湿润的环境。生长适宜温度为 18～24℃,冬季最低温度不能低于 10℃。喜充足阳光,但忌阳光直晒。

为大中型盆栽观叶植物。茎干粗壮,植株形态优美,在较大场地进行装饰布置效果上佳,适宜于在会场、大堂、大厅等处布置。也可作为切叶,是插花的良好材料。

实训操作

常见物业绿化植物材料识别实训

1. 操作准备

(1) 识别物业绿化植物材料,要选择长有良好植物(形态特征标准)的植物园(标本园)、苗圃(或花圃)、公园(或花园)、绿地等地方。

(2) 准备好笔、纸、标牌、剪枝剪、采集袋、照相机等工具备用。

2. 操作步骤

(1) 观察

首先观察物业绿化植物材料的主要特征。如,是草本还是木本;草本还应确定是一、二年生还是宿根或球根;植株的高度,以确定植物大类。

再观察局部。如观察物业绿化植物材料的叶着生方式、叶缘情况、叶形;花色、开花时间、花朵着生情况等。

最后观察细微部位。如使用放大镜等工具观察叶、叶柄附属物,如毛、腺点或腺体等。

(2) 记录

根据观察到的物业绿化植物材料外部形态特征进行文字记录,以备核查。也可使用相机对观察的物业绿化植物材料进行照片拍摄,以备核查。

(3) 标本采集

使用剪枝剪等工具,采集标本。

(4) 鉴别核查

对一些不认识的物业绿化植物材料,可使用观察时的文字记录、拍摄的照片和标本,寻找资料进行核查鉴别,以确定植物材料的名称。

3. 注意事项

(1) 所观察的物业绿化植物材料生长必须正常,具有良好、标准的外部形态特征。

(2) 识别物业绿化植物材料时观察必须仔细,记录必须正确。

(3) 采集的标本必须完整。

(4) 在进行观赏植物识别的整个过程中要注意保护植物材料。

练习题

一、判断题

1. 雪松的叶为二针一束。　　　　　　　　　　　　　　　　　　　　　（　　）

2. 梅花为我国特产植物种类。　　　　　　　　　　　　　　　　　　　（　　）

3. 日本卫矛(大叶黄杨)和瓜子黄杨都是黄杨科的植物。　　　　　　　（　　）

4. 紫荆先花后叶。　　　　　　　　　　　　　　　　　　　　　　　　（　　）

5. 鹅掌楸的花期为 5～6 月。　　　　　　　　　　　　　　　　　　　（　　）

6. 紫薇喜阳,能耐旱,7～9 月开花。　　　　　　　　　　　　　　　　（　　）

7. 荷花玉兰(广玉兰)5～6 月开花,花白色。　　　　　　　　　　　　（　　）

8. 八角金盘、枸骨都是常绿小乔木。　　　　　　　　　　　　　　　　（　　）

9. 桂花为落叶小乔木或灌木。　　　　　　　　　　　　　　　　　　　（　　）

10. 水杉适合在庭院中孤植。　　　　　　　　　　　　　　　　　　　（　　）

11. 千屈菜可以应用于水景布置。　　　　　　　　　　　　　　　　　（　　）

12. 长春花为夹竹桃科蔓长春花属多年生草本花卉,常作一、二年生栽培。（　　）

13. 羽衣甘蓝主要用于布置夏季花坛。　　　　　　　　　　　　　　　（　　）

14. 四季报春花一年四季开放。　　　　　　　　　　　　　　　　　　（　　）

15. 幼叶心形,具不规则的羽状深裂,叶脉间有椭圆形穿孔,极像龟背。长大后成矩圆形,无孔。　　　　　　　　　　　　　　　　　　　　　　　　　　（　　）

16. 托叶大、红色,当嫩叶伸展后托叶就会自行脱落。　　　　　　　　（　　）

17. 散尾葵是乔木状棕榈科植物。　　　　　　　　　　　　　　　　　（　　）

18. 蒲葵和丝葵是同科同属的植物。　　　　　　　　　　　　　　　　（　　）

19. 三色堇又称猫脸花,主要用于布置春季花坛。　　　　　　　　　　（　　）

20. 四季海棠和矮牵牛都是多年生草本植物作一、二年生栽培,故在春秋两季均能开花。　　　　　　　　　　　　　　　　　　　　　　　　　　　　　　　（　　）

二、单项选择题

1. 银杏的叶为_____。

　A. 卵形　　　　　　B. 扇形　　　　　　C. 椭圆形　　　　　D. 心形

2. 日本五针松的叶为_____。

　A. 二针一束　　　　　　　　　　　B. 三针一束

　C. 二针或三针一束　　　　　　　　D. 五针一束

3. 在下列开花植物中,花粉有毒的是_____。

　A. 桂花　　　　　　B. 茶花　　　　　　C. 凌霄　　　　　D. 月季

4. 罗汉松是_____。

　A. 雌雄同株　　　　　　　　　　　B. 雌雄异株

　C. 嫁接繁殖　　　　　　　　　　　D. 多年生草本植物

5. 榆树的叶常为_____。

　A. 对生　　　　　B. 不对称　　　　　C. 复叶　　　　　D. 轮生

6. 水杉叶片为_____。

    A．对生   B．互生   C．掌状   D．三出状

7. 花烛为天南星科安祖花属_____花卉。

    A．多年生落叶草本   B．一年生草本

    C．多年生常绿草本   D．二年生草本

8. 下列植物中,常用于布置夏季花坛的植物是_____。

    A．虞美人   B．四季海棠   C．三色堇   D．石竹

9. 马拉巴栗又称_____。

    A．鸭脚木   B．荷兰铁   C．一叶兰   D．发财树

10. 文竹观赏的部位是_____。

    A．花   B．叶   C．茎   D．根

11. 大花马齿苋的茎为_____。

    A．木质   B．草质   C．肉质   D．亚灌木

12. 在下列植物中属于禾本科竹类植物的是_____。

    A．龟背竹   B．南天竹   C．孝顺竹   D．棕竹

13. 鹅掌楸又称_____。

    A．鹅掌柴   B．马褂木   C．鸭脚木   D．鹅掌木

14. 在下列植物中,不属于兰科植物的是_____。

    A．大花君子兰   B．白芨   C．大花蕙兰   D．蝴蝶兰

15. 在下列植物中,喜湿,可以在水边布置运用的是_____。

    A．雪松   B．日本五针松   C．垂柳   D．香樟

16. 在下列植物中,常作为绿篱和球形运用的是_____。

    A．瓜子黄杨   B．石榴   C．棕榈   D．孝顺竹

17. 木芙蓉的花一般在_____开放。

    A．春季   B．夏季   C．秋季   D．冬季

18. 腊梅又称蜡梅,在冬季开花,它是_____。

    A．常绿乔木   B．常绿灌木   C．落叶乔木   D．落叶灌木

19. 在下列落叶乔木中,树冠是圆锥形的是_____。

    A．银杏   B．水杉   C．二球悬铃木   D．樱花

20. 在下列植物中,能够作为行道树栽植的是_____。

    A．红花积木   B．大花金鸡菊   C．二球悬铃木   D．枸骨

三、多项选择题

1. 下列植物中,适合水景应用的有_____。

    A．千屈菜   B．一串红   C．荷花

    D．黄馨   E．仙人掌

2. 下列植物中,适宜于花境运用的有(　　　)。

    A．美人蕉   B．香樟   C．三色堇

    D．蛇鞭菊   E．巨丝兰

3. 下列中属于唇形科植物的有_____。

    A. 火星花   B. 一串红   C. 射干

    D. 美国薄荷   E. 萱草

4. 下列植物为物业绿化室内植物的有_____。

    A. 绿萝   B. 垂叶榕   C. 千屈菜

    D. 巴西铁   E. 悬铃木

5. 下列_____为荷花的别名。

    A. 莲花   B. 芙蓉   C. 藕

    D. 睡莲   E. 凌波仙子

6. 下列植物中,能够运用于棚架绿化的是_____。

    A. 紫藤   B. 凌霄   C. 香蒲

    D. 石蒜   E. 文竹

7. 下列植物中,属于兰科植物的是_____。

    A. 玉兰   B. 白芨   C. 吊兰

    D. 蝴蝶兰   E. 花君子兰

8. 下列植物中,常用作地被植物的是_____。

    A. 黄菖蒲   B. 麦冬   C. 葱兰

    D. 朱蕉   E. 石榴

9. 下列植物中,属于菊科植物的有_____。

    A. 大吴风草   B. 孔雀草   C. 百日草

    D. 藿香蓟   E. 随意草

10. 下列植物中,常用于布置花境的有_____。

    A. 荷花   B. 大吴风草   C. 细叶美女樱

    D. 美洲鸭跖草   E. 倒挂金钟

11. 下列植物中,属于观赏叶子的是_____。

    A. 羽衣甘蓝   B. 文竹   C. 雪叶菊

    D. 绿萝   E. 仙人掌

12. 在下列花卉中,可布置秋季花坛的有_____。

    A. 四季海棠   B. 孔雀草   C. 矮牵牛

    D. 三色堇   E. 金盏菊

13. 在下列花卉中,可布置春季花坛的有_____。

    A. 四季海棠   B. 孔雀草   C. 矮牵牛

    D. 三色堇   E. 鸡冠花

14. 在下列植物中,是木本植物的有_____。

    A. 银杏   B. 鸢尾   C. 紫薇

    D. 樱花   E. 四季报春

15. 在下列植物中,在春季开花的木本植物有_____。

    A. 月季   B. 垂丝海棠   C. 桂花

D. 木槿　　　　　　　　E. 桂花

16. 在下列木本植物中,花先叶开放的有_____。

A. 桃花　　　　　　　　B. 紫荆　　　　　　　C. 梅花

D. 紫玉兰　　　　　　　E. 木槿

17. 在下列植物中,夏季开花的有_____。

A. 凌霄　　　　　　　　B. 木槿　　　　　　　C. 紫薇

D. 玉兰　　　　　　　　E. 腊梅

18. 在下列植物中,属于松科植物的有_____。

A. 罗汉松　　　　　　　B. 雪松　　　　　　　C. 日本五针松

D. 苏铁　　　　　　　　E. 蓬莱松

19. 在下列植物中不属于禾本科竹类植物的是_____。

A. 龟背竹　　　　　　　B. 南天竹　　　　　　C. 孝顺竹

D. 棕竹　　　　　　　　E. 龟背竹

20. 在下列植物中,一般作为室内盆栽观花植物运用的有_____。

A. 仙客来　　　　　　　B. 倒挂金钟　　　　　C. 大花君子兰

D. 红花酢浆草　　　　　E. 朱焦

四、简答题

1. 请简要分析桃树和樱花的形态区别。

2. 请简述玉兰和紫玉兰的形态区别。

3. 请叙述天竺葵的形态特征。

4. 一品红对生长环境有什么要求?它主要采用什么方法进行繁殖?

第三章
植物的移植与养护

本章导读

1. 学习目标

通过教学使学生了解植物养护管理的重要性，了解植物养护管理所包含的养护工作和管理工作的具体内容，熟练掌握并运用植物养护管理的各项技术措施。

2. 学习内容

植物的养护管理相应的技术措施，主要包括常用的灌溉与排水、施肥、除草、防寒、修剪、防台、苗木更新(树木移植)、围护隔离、病虫害防治等措施。

3. 重点与难点

重点：居住区绿地中不同的植物养护管理的措施。

难点：熟练运用各种植物在不同的种植方式中相应的养护管理技术措施。

第一节　植物的移植技术

一、园林植物的适地适树

1. 适地适树的概念

适地适树简单地说就是选择适合当地(栽植)气候条件的园林植物进行种植,也就是要使所种植园林植物的生长习性与栽植地的生态条件相适应或基本保持一致,做到地与树的统一。因此,适地适树是植物生长健壮的前提。

选择适当的树种,首先要了解与掌握准备栽植树木地区的各种条件,如土壤的情况(土壤的酸碱度、土质等)、地下水位高低和排水及灌溉条件、地形、是否有空气污染(有毒成分及程度)、地下管线和架空线情况等。同时还要了解掌握种植地点的条件,不同种植地点的小气候条件也会不同,如建筑物南面的温度要高些,光照条件也好,建筑物北面的温度低些,光照也较差。

其次要了解与掌握树种的习性。不同的树种其习性也不同,对环境条件的适应性也不一样。如就水分要求而言,柳树、乌桕、水杉、池杉、楝树等树种耐水涝,能在地下水位较高甚至水涝的情况下正常生长;而松树、荷花玉兰(广玉兰)、银杏、泡桐、梧桐(青桐)、贴梗海棠、碧桃等生长则不耐水涝,水涝后即会生长不良甚至死亡,因而喜高燥、土层深厚与排水良好的土壤。对光照条件而言,悬铃木、白榆、松类、紫薇、石榴、泡桐、碧桃等树种要求有充分的光照;而山茶花、杜鹃、十大功劳、南天竹、八角金盘、青木(桃叶珊瑚)等树种则喜半阴半阳的条件;有些植物对光照的反应不十分敏感,既能在阳光充足的条件下生长,又能适应遮阴的条件,称中性植物,如罗汉松、黄杨、日本卫矛(大叶黄杨)、月桂、结香、金丝桃等。对土壤酸碱性而言,荷花玉兰、香樟、悬铃木、栀子、山茶花、杜鹃等树种喜酸性或微酸性土壤;而白榆、楝树、乌桕、柳、刺槐等树种有一定的抗酸碱的能力。就抗空气污染能力而言,罗汉松、龙柏、日本柳杉、夹竹桃、棕榈、女贞等树种对二氧化硫有一定的抵抗力;蚊母树、海桐、合欢树、月季、龙柏、夹竹桃等树种则能抗氟化氢。

再次选择树种应该优先选用乡土树种,同时适当选用经多年栽植并证明能完全适应本地区生长条件的外来树种。乡土树种指自然分布于某一地区的土生土长的树种。由于这些树种长期生长在这一地区,对其气候、土壤等条件已经十分适应,所以栽种不但容易成活,也容易生长良好,而且繁殖方便,养护也比较简单,如榔榆、朴树、枫杨、柳树、楝树、箬竹等树种。外来树种指本地区没有自然分布,从外地引进的树种。我国历来十分重视树种的引种工作。因为尽管乡土树种有着种种的优点,但毕竟其种类十分贫乏。从国内乃至国外各地引进树种,不但极大地充实了植物的种类,并且由于这些树种的大小、形态、叶形、叶色、花期、花色、花型等丰富多彩,变化万千,对提高绿化效果也有着极其重要的作用。

最后,只有当栽植地点的生态条件与种植树木的生长习性基本统一时,才有可能取得事半功倍的效果。除此之外,树木选择时还要考虑乔木与灌木相配合,常绿树与落叶树相配合,慢生树与速生树相配合,并考虑四季的花色、叶色等季相变化。

　　2. 做到适地适树常见的四条基本途径

　　(1) 选树适地,即为特定的立地条件选择相应的树种,这是绿地设计与树木栽植中最为常见的途径。

　　(2) 选地适树,即为特定的树种选择能满足其要求的立地,这也是在绿地设计与树木栽植中常见的途径。选树适地或选地适树,在性质上都是单纯的适应,是最简单也是最可靠的方法。其基本点是必须充分了解"地"与"树"的特性,即全面分析栽植地的立地条件,尤其是极端限制因子并且掌握栽植树种的生物学、生理学、生态学特性,使两者能相适应。

　　(3) 改地适树,即当栽植地的立地条件有某些不适合所选树种的生态学特性时,采取适当措施,改善不适合的方面,使之适应栽植树种的基本要求,达到"地"与"树"的相对统一,如整地、换土、灌溉、排水、施肥、遮阴、覆盖等都是改善立地条件使之适合于树木生长的有力措施。

　　(4) 改树适地,即所选栽植树种与栽植地的立地条件有某些不适合时可以通过抗性育种增强树种的耐寒性、耐旱性或抗污染性等,还可以通过选用适应性强的砧木进行嫁接,以扩大适合栽植的范围。上述途径不是孤立分割的,而是可以互相补充、互相配合进行的。

　　3. 适树类型

　　适树还包括不同绿化形式选择的树种也有所不同,在城区的绿化中主要有以下几种:

　　(1) 行道树,即种植于道路两侧的树木。行道树的功能主要是遮阴、调节气候、净化空气和创建优美环境。由于居住区的土质较差,还要考虑不影响交通和地下管道与架空线路,选择的树种除了树干通直、树冠开展外,还要求抗性强、根系发达和耐修剪。如悬铃木、香樟、荷花玉兰、意杨、青桐、银杏、泡桐、枫杨等。

　　(2) 绿篱,在居住区起到分隔空间、遮蔽视线、衬托景物、美化环境以及防护等作用。常用的绿篱树种有:石楠、黄杨、女贞、桧柏、海桐、珊瑚树、栀子、木槿、红花檵木、紫叶小檗、火棘、枳(枸橘)等,作为绿篱的树种必须有较强的萌芽更新能力和较强的耐阴力,以生长较缓慢、叶片较小为好。

　　(3) 庭阴树,又称绿阴树,主要以能形成绿阴供居民纳凉避免日光暴晒和装饰用。庭阴树在选择树种时以观赏效果为主结合遮阴的功能来考虑。许多具有观花、观果、观叶功能的乔木均可作为庭阴树,但不宜选用易污染衣物的树种。常用的庭阴树有合欢树、梧桐、槐树、杨树、柳树、槭类以及各种观花、观果乔木等等。

　　(4) 独赏树,又称孤植树,主要表现树木的体形美,可以独立成为景物供观赏用。适宜做独赏树的树种,一般高大雄伟、树形优美,具有特色,且寿命较长的,可以是常绿树也可以是落叶树。通常选用具有美丽的花、果、树皮或叶色的种类。种植地点一般为大草坪或广场中心、道路交叉口等。常用的树种有雪松、南洋杉、松、柏、银杏、玉兰、槐、垂柳,香樟等。

二、园林植物的栽植

　　园林植物的栽植是树木在区域上的移动,即将植物从一个地点移动到另一个地点,并且依然要保持其生命的整个过程。通常仅被狭义地理解为植物的种植而已,实际上广义地认为园林植物的栽植主要由"掘起"、"搬运"、"种植"三个基本环节组成。"掘起"俗称起苗,是植物从生长点连根(裸根或带土球并包装)掘出的操作。"搬运"是将掘出的植物用一定的交通工具(人工或机械、车辆等)运到新的种植地点。"种植"是将运来的植物按要求栽种在新的种植点上。种植主要分为定植、移植、假植三种。定植是将植物按景观设计的要求种植在相应的位置上不再移动、长久定居的方法;将植物种植在一处经过多年生长后还要再次移动,这种种植称为移植;假植指植物掘起后来不及运走,或运到新的种植地而来不及栽植,为保护植物的根系临时埋根于土中的措施。

1. 树木的栽植成活的原理

一株正常生长的树木,其根系与土壤密切结合;地下部与地上部生理代谢(如水分吸收与蒸腾)是平衡的。由于挖掘,根系与原来土壤的密切关系被破坏,吸收根大部分断留在土中,根部与地上部代谢的平衡也就遭到破坏。而根系的再生,在一定的条件下需要相当一段时间。由此可见,如何使移来的树木与新环境迅速建立正常联系,及时恢复树体以水分代谢为主的平衡,是栽植成活的关键,否则,就有死亡的危险。而这种新平衡建立的快慢,与树种的习性、年龄时期、栽植技术、物候状况以及与影响生根和蒸腾为主的外界因子,都有密切关系。

2. 园林植物的栽植的季节

根据树木栽植成活原理,植树的适宜时期应选择在树木蒸腾量相应小的,有利于树木根系创伤后能及时恢复、保证树体水分代谢平衡的时期。在四季分明的地区以秋冬落叶后到春季萌芽前的休眠期为最适宜。适宜的植树季节可以提高栽植的成活率,也能减少人力和物力的投入。在不同地区,什么时期植树,主要根据当地气候条件及树种生长特性加以确定,采取适时栽树。

(1)春季栽植:春季气温逐渐上升,土壤水分状况良好,地温转暖,有利于根系吸收水分。春季是我国大部分地区树木栽植的适宜季节。但春季中最好的植树时期也因树木种类不同和所处的地区气候条件不同而有所差异,最好的时期是树木的芽开始萌动前的数周之内,此时树木仍处于休眠期,蒸发量小消耗水分少,植树后容易达到地上部分、地下部分的生理平衡;春季只要土壤没有冻结,栽植后没有冻害,即可及早进行。萌芽后栽植的成活率不如萌动前的高,落叶树种表现得更加明显,因此在栽植时间的先后上要把握好先萌芽的树种先栽植,后萌芽的树种后栽植;落叶树种先栽植,常绿树种后栽植。

(2)夏季(梅雨季节)栽植:夏季是气温最高、多数地区降水量最大的时期,树木生长旺盛,枝叶水分蒸腾量最大,需要根系吸收大量水分,此时栽植对树木伤害很大。夏季栽植通常在梅雨季节进行,要掌握当地历年雨季的降雨规律并了解当年降雨的情况,抓住连日阴雨的有利时机栽植,栽植后要视情况配合遮荫、喷雾等其他养护措施,以提高栽植成活率。

(3)秋季栽植:秋季气温逐渐下降,蒸腾量较低,土壤水分较稳定。从植物生理来说,此时树体内贮藏营养物质丰富,地上部分由于气温下降开始进入休眠,消耗量减少,由于土温尚高,地下部分生理活动还在进行,有利于断根的愈合,还有可能长出新根系。秋栽时间较长,自落叶至土壤冻结前均可进行。一般夏秋为雨季的地区,常绿针叶树此时会再次发根,因此秋栽应比落叶树早些为好。

（4）冬季栽植:冬季的气温低,是园林树木休眠的时期,此时树木的水分、营养物质消耗少,落叶树种的根系在冬季休眠期中休眠时间很短,因此栽植后能够愈合生根,宜冬季栽植。在比较温暖、土壤不冻结的地区,都可以进行冬季植树。冬季植树有利于早春萌芽生长,在冬季寒冷、土壤冻结较深的地方,可采用冻土球移植的方法进行。

3. 园林绿化植树工程的施工原则

为确保植树工程任务的顺利完成,必须遵循以下原则:

（1）绿化施工必须符合规划设计要求。一切绿化的规划设计,都要通过绿化工程的施工来实现。植树工程施工是把人们的理想（规划设计、计划）变为现实的具体工作。为了充分实现设计者所预想的美好意图,施工者必须熟悉图纸,理解设计意图与要求,并严格遵照设计图纸进行施工。如果施工人员发现设计图纸与实际不符,则应及时向设计人员提出;如需变更设计时,则必须求得设计部门和建设单位的同意,绝对不可自作主张。

（2）植树技术必须符合树木的生长习性。树木除了有共同的生理特性外,各种树木都有其本身的特点。施工人员必须了解其共性与特性,并采取相应的技术措施,才能保证植树成活和工程的顺利完成。如春季,一些愈合能力强、生长快的落叶树种可以采取裸根栽植的措施,修剪也可以较重;而常绿树种,特别是针叶树种以及一些珍贵树种,愈合、生长较慢,多以带土球方法进行移植,修剪较轻,以保持树木的形态。

（3）抓住适宜的植树季节。不同地区的树木栽植的适宜季节不同,即使是同一地区不同树种的栽植适宜季节也有所不同。施工人员必须了解和掌握各种树种的栽植适宜季节,合理安排不同树种的种植顺序十分重要,一般是萌芽早的树种应早栽植,萌芽晚的可以相应晚些栽植;落叶树春栽宜早,常绿树栽植时间可以晚些。

（4）严格执行植树工程的技术规范和操作规程。施工过程中,施工人员严格执行操作规程,否则不利于施工效果和成活率,如定点放样的准确与否、起苗规格的大小、坑穴的规格大小均会影响施工效果以及栽植的质量,栽植后的养护质量也不同程度地受到影响,只有在严格操作的基础上才能保证成活率,保证设计效果,降低绿化成本。

4. 栽植工程的准备工作

（1）了解工程概况

首先是通过工程主管部门和设计单位,搞清全部工程的主要情况。

① 工程范围和工程量:包括每个工程项目的范围,植树、草坪、花坛的数量和质量要求,以及相应的园林设施工程任务,如:土方、给排水、道路、灯、山石等等。

② 工程的施工期限:包括全部工程的开始和竣工日期,即工程的总进度,以及各个单项工程的进度或要求将各种苗木栽完的日期。特别应当指出的是:植树工程的进度必须以不同树种的最适栽植时期为前提,其他工程应围绕进行。

③ 工程投资情况:根据工程主管部门批准的投资额度和设计预算的定额依据,以备编制施工预算计划。

④ 设计意图:即设计人员的设计思想及所达预期的绿化目标,绿化工程完成所要达

到的效果。

⑤ 搞清施工现场的地上与地下情况:向有关部门了解地上物的处理要求、地下管线分布情况、设计单位与管线主管部门的配合情况等。特别要了解地下电缆的分布走向,以免发生事故。

⑥ 定点、放样的依据:要了解测定标高的水准点和测定水平位置的导线点,并以此作为定点、放样依据。如果不具备上述条件,则须和设计单位研究,确定一些固定的地上物,作为定点、放样依据。

⑦ 工程材料来源:各项施工材料的来源渠道,其中最主要的是苗木的出圃地点、时间、规格要求和质量。

⑧ 机械和运输条件:主要搞清有关部门所能担负的机械、运输车辆的供应条件。

(2) 现场踏勘

当了解施工概况后,负责施工管理的技术人员还必须亲赴现场,做细致的现场踏勘工作,要搞清以下情况:

① 施工现场的土质情况,确定是否需要换土,估算客土量及客土来源。

② 交通状况,现场内外能否便利机械车辆出入通行,如果交通不便,还要确定线路安排的具体方案。

③ 水源、电源情况,有无水源并决定灌溉的方式。

④ 各种地上物(如房屋、树木、农田设施、市政设施等)的去留,以及怎样办理拆迁手续与处理。

⑤ 施工期间生活设施的安排,如食堂、宿舍、厕所等。

(3) 编制施工组织设计

所谓"施工组织设计"就是对工程任务的全面计划安排,其内容如下:

① 施工组织机构:指挥部以及下设的职能部门,如:生产指挥、技术指挥、劳动工资、后勤供应、政工、安全、质量检验等。

② 确定施工程序并安排具体的进度计划:项目比较复杂的绿化工程,最理想的施工程序是:出废土、进种植土、整理地形、放样、种植树木、养护管理。如有需要吊车的大树移植任务,则应在铺设道路、广场以前,将大树栽好,以免移植过程中损伤路面。在许多情况下,不可能完全按照上述程序施工,但必须注意使前、后工程项目不致互相影响。

③ 安排劳动计划:根据工程任务量和劳动定额,计算出每道工序所需用的劳力和总劳力。根据劳力计划,确定劳力的来源和使用时间,以及具体的劳动组织形式。

④ 安排材料、工具供应计划及施工进度表:根据工程进度的需要,提出苗木、工具、材料的供应计划,包括用量、规格、型号、使用进度等。

⑤ 机械运输计划:根据工程需要提出所需用的机械、车辆,要说明所需机械、车辆的型号及每日需使用台、班数及具体日期。

⑥ 制定技术措施和要求:按照工程任务的具体要求和现场情况,制定具体的技术措施和质量、安全要求等。

⑦ 绘制平面图:对于比较复杂的工程,必要时还应在编制施工组织设计的同时,绘制

施工组织设计现场布置图,图上需标明测量基点、临时工棚、苗木假植地点、水源及交通路线等。

⑧ 制定施工预算:以设计预算为主要依据,根据实际工程情况、质量要求和当时市场价格,编制合理的施工预算。作为工程投资的依据。

⑨ 技术培训:开工前,应对全部参加施工的劳动人员所具备的技术操作能力进行分析;确定传授施工技术和操作规程的方法,以搞好技术培训。

⑩ 安全生产制度:安全生产是各类工程的首要问题,要定制度,建组织,制定检查和管理办法,以确保工程安全进行。

总之,绿化工程开工之前,合理细致地制定施工组织设计,保证整个工程中每个施工项目相互衔接合理,互不干扰,保证以最短的时间,最少的劳动力,最节省的材料、机械、车辆、投资和最好的质量来完成工程任务。

(4) 施工现场的准备:清理障碍物是开工前必要的准备工作,其中拆迁是清理施工现场的第一步。主要是对施工现场内有碍施工的市政设施、房屋等进行拆除和迁移。对这些拆迁项目,事先都应调查清楚,做出恰当的处理,然后即可按照设计图纸进行地形整理。一般城市居住区绿化的地形要比公园的简单些,主要是与四周的道路,广场的标高合理衔接,使行道树带内排水畅通。如果是采用机械整理地形,还必须搞清是否有地下管线,以免机械施工时损伤管线而造成事故。

5. 植树工程的施工工序与技术

(1) 园林栽植土质量要求

① 园林栽植土必须具有满足园林栽植植物生长所需要的水、肥、气、热的能力。严禁建筑垃圾和有害物质混入。

② 盐碱土必须进行改良,达到脱盐土标准,即含盐量小于 $1\ g\cdot kg^{-1}$,方能栽植植物。

③ 黏土、砂土等应根据栽植土质量要求进行改良后方可栽植。

栽植喜酸性植物的土壤,pH 值必须控制在 5.0～6.5,无石灰反应。

④ 植树土壤的主要理化性状

	pH 值	EC 值 mS·cm^{-1}	有机质 g·kg^{-1}	容量 g·cm^{-3}	通气孔隙率 (%)	有效土层 cm	石灰反应 g·kg^{-1}	石砾	
								粒径 cm	含量% (w/W)
乔木	6.0～7.8	0.35～1.20	≥20	≤1.30	≥8	≥100	10～50	≥5	≤10
灌木	6.0～7.8	0.50～1.20	≥25	≤1.25	≥10	≥80	<10	≥5	≤10
行道树	6.0～7.8	0.35～1.20	≥25	≥1.30	≤8	≥100	10～50	≥5	≤10

(2) 定点、放样

根据设计图纸上的种植设计,按比例放样于地面,确定各树种的种植点,由于树木的种植、配置的差异,定点放样的方法有所不同。

① 规则式的定点放样:例如行道树(道路两侧成行列式栽植的树木)的放样。要求栽

植位置准确,株行距相等(也有用不等距的),一般是按设计图纸而定。在已有道路旁,定点以侧石为依据;无侧石的则应找出准确的道路中心线并以此为定点依据,然后用皮尺、钢尺或绳测定出行位,再按设计定株距。每隔10株于株距中间钉一木桩,作为行位控制标记,以确定每株树木坑(穴)位置的依据。然后用白灰点标出单株位置。

由于道路绿化与市政、交通、沿途单位、居民等关系密切,植树位置的确定,除和规划设计部门的配合协商外,在定点后还应请设计人员验点。

② 自然式绿地的定点放样:自然式树木种植方式,不外乎有两种:一为单株作弧赏树,多在设计图上标有单株的位置。另一种是群植。图上只标明范围,而未确定株位的树丛、片林。其定点、放样方法有三种:

a. 平板仪定点:范围较大,测定基点准确的绿地,可以用平板仪定点。即依据基点,将单株位置及片林的范围线,按设计,依次定出,并钉木桩标明;桩位应写清树种、株数。注意定点前先应清除障碍物。

b. 网格法:适用范围大而地势平坦的绿地。

按比例在设计图上和现场分别画出等距离的方格(一般大方格以 20 m×20 m,中间小方格以 2.5 m×2.5 m 为最好)。定点时,先在设计图上找好树木对应方格的纵横坐标距离,再按现场放大的比例,定出相应方格的位置;钉上标以树种、坑(穴)规格的木桩或撒灰线标明。

c. 交会法:适用于范围较小,现场内建筑物或其他标记与设计图相符的绿地。

以建筑物的两个固定位置为依据,根据设计图上与该两点的距离相交会,定出植树位置。位置确定后必须做明标志。孤立树可钉木桩,写明树种、挖穴规格(穴号);树丛要用白灰线划清范围,线圈内钉上木桩,写明树种、数量、穴号,然后用目测的方法定出单株点,并用白灰点标明。

(3) 挖穴

挖穴的质量,对植株以后的生长有很大的影响。除按设计确定位置外,应根据根系或土球大小、土质情况来确定穴径大小(一般应比规定的根系或土球直径大 20～30 cm);根据树种根系类别,确定穴的深浅。穴或沟槽口径应上下一致,以免植树时根系不能舒展或填土不实。

① 操作方法

a. 手工操作:主要工具有锄或锹、十字镐等。具体操作方法:以定点标记为圆心,以规定的穴径(直径)先在地上画圆,沿圆的四周垂直挖掘到规定的深度。然后将坑底挖(刨)松、弄平。栽植露根苗木的穴底,挖(刨)松后最好在中央堆个小土丘,以利树根舒展。

b. 机械操作:挖穴机的种类很多,必须选择规格合适的,操作时轴心一定要对准定点位置,挖至规定深度,整平坑底,必要时可加以人工辅助修整。

② 注意事项

a. 位置要准确;

b. 规格要适当;

c. 挖(刨)出的表土与底土应分开堆放于穴边。因表层土壤有机质含量较高,植树填土时,应先填入穴下部,底土填于上部和作开堰用。如部分土质不好,应把坏土分开堆放。

行道树挖穴时,土应堆于与道路平行的树行两侧,不要堆在行内,以免影响栽树时瞄直的视线。穴的上、下口大小应一致;

d. 在斜坡上挖穴应先将斜坡整成一个小平台,然后在平台上挖穴。穴的深度以坡的下沿口开始计算;

e. 在新填土方处挖穴,应将穴底适当踩实;

f. 土质不好的,应加大穴的规格,并将杂物筛选出来清走。遇石灰渣、炉渣、沥青、混凝土等对树木生长不利的物质,则应将穴径加大1~2倍,将有害物质清运干净,换上好土;

g. 挖穴时发现电缆、管道等,应停止操作,及时找有关部门配合解决;

h. 绿地内挖自然式树木栽植穴时,如果发现有严重影响操作的地下障碍物时,应与设计人员协商,适当改动位置;

i. 绿篱等株距很近的可以挖成沟槽。

（4）树木的大掘方法

① 铲浮土

先铲除根际四周的浮土,以见须根为度,使球面呈馒头形。

② 确定土球规格

乔木类带土球的直径标准,一般以距干基15 cm处周长为土球半径。灌木类带土球直径标准,一般为树冠冠幅的二分之一到三分之一。

③ 挖环沟及挖球

沟宽25 cm左右,环沟深度是球面直径的四分之三（土球的厚度是球面直径的三分之二）,环沟挖成后,按土球直径要求的规格垂直切下修光并修整土球表面。

④ 打腰箍

用一根粗约0.8 cm、长约15 cm的树枝在土球肩下2 cm处打入土球,用草绳一端拴住后,将草绳一圈圈往下绕扎（见图3-1）。绕扎时要求草绳排列紧密而没有空隙,绕扎时一人将草绳拉紧,一人用敲板顺着拉绳的方向拍打。腰箍的圈数视土球规格大小而定,最后一圈绕扎处,再用一根树枝在第一桩前下部打入土球,将草绳过上桩拉上来,临时绑扎在树干上。腰箍打完后,用草绳将挖掘的树木向四周攀拉住,防止树木在出土球底部时倒伏。

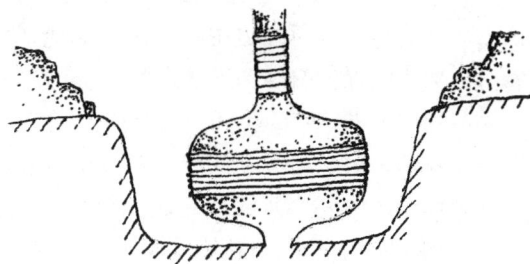

图3-1

⑤ 出底泥

用锹沿最后一道腰箍下2 cm向轴心方向斜向挖土,使土球底部逐渐收小,最后锹挖不到的土也可用插刀代替,土球的底面应是球面直径的三分之一。

土球挖掘要点:球形优美,规格符合标准;球面平整光洁,完好无损,断根截面平滑,无外露现象。

⑥ 绑扎

a. 包扎形式:绑扎土球的方法有网络形包扎（见图3-2）、井字形包扎（见图3-3）、五角形包扎(见图3-4)等,以网络形包扎为主。

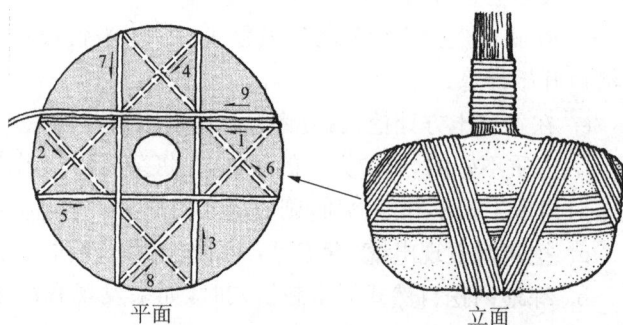

平面　　　　　立面

图3-3　井字形包扎

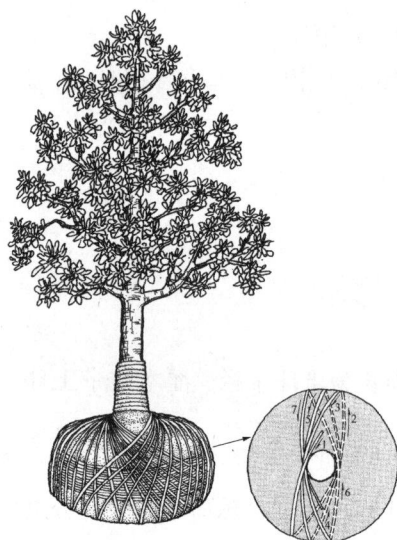

图3-2　网络形包扎

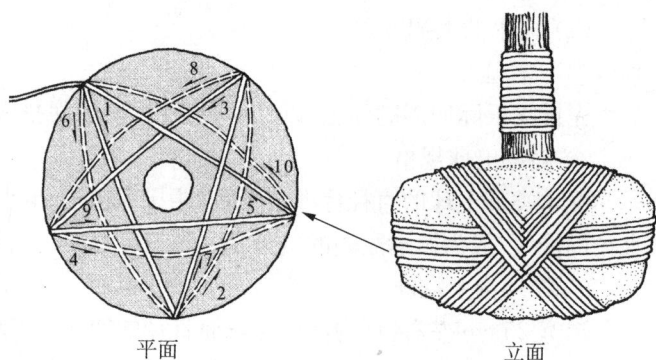

平面　　　　　立面

图3-4　五角形包扎

b. 网络形包扎方法:网络形包扎一般需要两人配合,一人根据包扎的速度逐渐放绳,一人边包扎草绳边用敲板抽打草绳,使草绳与土球紧密结合。从腰箍拉上来的草绳,沿着树根基部的直线为准往左移 7 cm 左右作为第一道绳的定位,然后斜拉至球底,再从球底斜拉上来,第二道绳子上来的位置在第一道球面绳子的另一半直线上,与第一道的间距 7 cm 左右。第二道绳子从球面斜拉至球底再从底部斜拉上来,第三道绳子位置在第二道球面绳子的另一半直线上。如此循环包扎,并不断用敲板拍打,使其草绳紧贴土球,直到草绳均匀布满土球,包扎第二层则将草绳自动交叉成网络状即可。

⑦ 倒球

挖掉底根,把土球拉到穴外。

(5)树木的小掘方法

① 束冠

在挖掘前先用草绳将树冠扎紧,不碍操作则无妨。

② 铲浮土

先铲除根际四周的浮土,以见须根为度,使球面呈馒头形。

③ 确定土球大小与土球挖掘

球面直径 30~35 cm。厚度是球面直径三分之二至四分之三。腰厚度为 8~10 cm。球的底部为圆锥形,挖掘时用铁锹与地面成 45 度的倾斜角向球底中心挖掘,最后把树木土球紧贴铁锹并用锹把球拉出。

④ 绑扎

左手拿绳头绕树干一圈,用绳压住绳头进行西瓜皮形式的绑扎,绑扎时按逆时针方向进行绑扎,绳子每道间距3指,循环往复直到绑满球面为止,绑扎时要求绕过球底中心,草绳要一道压住一道,最后一道和绳头打结即可,腰箍要一道隔一道进行绑紧,不使其松动。

(6) 树木裸根挖掘

① 裸根挖掘的树种

在树木移植时,要根据不同的树木种类和挖掘的时间采取不同的挖掘方法。一般来说,落叶乔木在正常的移植季节以裸根挖掘为主,这样,既省工省时,又方便运输。

② 裸根挖掘的时间

不同种类的树木,由于其习性不同,种植的适宜时间也不一样。树木的种类十分繁多,但可归结为落叶树和常绿树两大类。

落叶树指入冬后叶片全部脱落的树木。俗话说:"种树无时,毋使树知。"落叶树从落叶至发芽的休眠期内,其生命活动十分微弱,对生命活动所必需的水分、养分、光照等条件也很低,所以树木容易种活。特别是初冬期间种植的树木,由于当时的地温还比较高,可在种植后即愈合并生出新根,这样第二年春天气温回暖后,新生的根系即可吸收土壤中的水分与养分,从而为翌年的良好生长打下基础。

严寒冰冻时,由于挖掘种植都比较困难,树木的根系也容易受到损伤;树木萌芽后,对水分的需求逐渐增加,这时移植由于根系受到很大的损失,影响了树木对水分的吸收,不能提供树木生长的需要,因而均不宜种植树木。另外,有些落叶树如重阳木、枫杨、喜树、无患子、楝树等树种的耐寒力较弱,应该在春天气温回升后种植。

表 3-1　上海地区树种栽种时间表

栽种时间	11月下旬～3月中旬	3月中下旬～4月上旬
树木种类	悬铃木、水杉、白榆、榔榆、榉树、朴树、银杏、泡桐、臭椿、香椿、合欢、桑树、构树、意杨、刺槐、盘槐	乌桕、枫杨、重阳木、无患子、楝树、鹅掌楸、栾树、喜树

除了要掌握树木适宜的种植季节外,还应注意选择理想的天气。除需避开严寒的天气外,最好选择在无风与不下雨的阴天或多云天气。风力大时不但增加种植的难度,还会增加树木体内的水分损失,从而影响成活率。下雨或雨后的土壤比较泥泞,种植时会破坏土壤的团粒结构与通透性,因而也会影响栽植的成活率和成活后的生长。

③ 裸根挖掘的步骤与方法

裸根挖掘的铁锹一定要锋利。这样,挖掘时树木根系的切口比较平整,不易撕裂,有利于根系伤口的愈合和根系的再生。在挖到较粗的根系时,则需要用锯子锯断。同时,要保证根系的适宜长度和深度(见表3-2)。挖掘树木时,应离保留根系的标准范围之外进行,挖掘的深度除参照标准外,还需考虑不同树木的根系分布深度情况,特别对深根性的树种一定要挖到根系主要分布区的稍深处,这样才能保证一定的根系数量,才能有利于树木的种活和种活后的生长。

表 3-2　裸根挖掘保持根系标准表

苗木胸径(厘米)	根系平面直径标准(厘米)	根系深度标准(厘米)
3～4	40～50	25～30
4～5	50～60	35～40
5～6	60～70	40～45
6～8	70～80	45～50
8～10	85～100	55～65
10～12	100～110	65～70
12 以上	120	80

④ 苗木的运输

树木挖掘后,要尽快地把苗木运到绿化处种植,即遵循"随挖、随运、随种"的原则。因为要把树种活,非常重要的一点就是避免树木内部水分的损失,以保证植株体内的生命活动的正常进行,从而有利于伤口的愈合和根系的再生。所以必须紧紧扣住"挖"、"运"、"种"三个环节。

树木的运输除需及时外,还必须在装卸过程中做到轻装轻放轻卸,以保护树木,尽量使枝干和根系不受损伤或少受损伤。苗木与挡车板的接触处,应用草包等软物作衬垫,防止因车辆运输时摇晃而磨伤树皮。裸根挖掘的树木应尽量带些须根和泥土,切忌为了装运方便而用铁锹等物把根际泥土去除而损坏根系。苗木装车后,要用绳索绑扎固定,以免摇晃。卸车时要由上及下、由外及里逐一进行,切忌乱堆乱丢,从而损伤树木。

裸根挖掘的树木若不能及时运输或运至现场但不能及时种植时,应在树木的根部盖上草包等遮盖物,以防日晒风吹而使树木体内的水分损失。因为根部的干燥往往比地上部还要迅速剧烈,从而容易引起树木过度失水而死亡,所以必须重视对树木根部的保护。离种植的时间较长时,就必须进行假植,以保持树木的新鲜。树木假植应选择排水良好、避风温暖并靠近种植处的地方。假植时,先开一条横沟,其深度与宽度根据假植树木的大小而定。挖出的泥土要堆在沟边,挖好后便将树木逐棵单行紧挨向南斜排在沟中,倾斜角度一般掌握在 30 度左右。接着开第二条沟,开沟时将挖出的泥土覆盖在前排树木的根部。覆盖的土块要细小,以便让假植树木的根际能很好地接触土壤而不留空隙,这样依次进行,直至全部树木假植完毕。假植后要浇足水,使根系与泥土的接触更为紧密。假植阶段需经常检查,如遇长期下雨积水时,应及时排除。

(7) 移栽树木的修剪

① 修剪的目的:保持水分代谢的平衡;培养树形;减少病虫危害及由于树冠重量而引起的倒伏伤害;

② 修剪的原则:树木的修剪,一般应遵循树木原来的基本特点,不可违反自然生长的规律。

a. 乔木:凡具有明显中央主干的树种(如广玉兰、龙柏、水杉、月桂、意大利杨等),应尽量保护或保持中央主干的优势;中干不明显的树种(如槐、柳类等)应选择比较直立的枝条代替中央主干直立生长,但必须通过修剪控制与直立枝竞争的侧生枝。并应合理确定分枝高度,一般要求 2～2.5 m 以上。行道树的分枝高度,应基本一致;相邻植株的分枝高度应大体相同。

　　b. 灌木一般采用两种方法,一种是疏枝,即将枝条于着生基部剪除;另一种是短截,即剪去枝条先端的一部分枝条。

　　③ 修剪的方法和要求

　　a. 高大乔木应于栽前修剪;小苗、灌木可于栽后修剪。

　　b. 落叶乔木疏枝时应与树干平齐,不留残桩;灌木疏剪应与地面平齐。

　　c. 短截枝条,应在叶芽上方 0.3～0.5 cm 的适宜之处。剪口应稍斜向背芽的一面。

　　d. 修剪时应先将枯枝、病虫枝、树皮劈裂枝剪去,对过长的徒长枝应加以控制。较大的剪、锯之伤口,应涂抹防腐剂。

　　e. 使用枝剪时,必须注意上、下剪口垂直用力,切忌左右移动剪刀,以免损伤剪口。粗大枝条最好用手锯锯断,然后再修平锯口。

　　(8) 栽植

　　① 散苗:将树苗按规定(设计图或定点木桩)散放于定植穴(坑)边,称为"散苗"。

　　要爱护苗木,轻拿轻放,不得损伤树根、树皮、枝干或土球。

　　② 栽苗:散苗后将苗木放入坑内扶直,分层填土,填高至适合程度,夯实固定的过程,称为"栽苗"。

　　a. 栽苗的操作方法

　　露根乔木的栽植法:一人将树苗放入坑中扶直,另一人用坑边好的表土填入,至一半时,将苗木轻轻提起,使根颈部位与地表相平,使根自然的向下呈舒展状态。然后用脚踏实土壤,或用木棒夯实,继续填土,直到与穴(坑)边稍高一些,再用力夯实,最后用土在坑的外缘做好灌水堰。

　　带土球苗的栽植法:穴挖好后把树木放在种植穴中间,并注意树冠方向,阴面向阳;作绿化种植时,则使阳面朝向观赏面。树木定位后,可由一人扶住树干保持树木与水平垂直,另一人用铁锹填土,边加土边用冲棍把球四周的土冲实。土填好冲实后,用疏松细粒土在种植穴边缘周围做成土围,俗称"酒酿潭"。然后用锹将土围四周内外拍紧。土围高度、宽度约为 10 cm 左右。树木栽种后,必须浇透水,使土壤与土球紧密结合。(见图 3-5)

图 3-5　带土球苗的栽植法

　　b. 栽苗注意事项和要求

　　平面位置和高度必须符合设计规定。树身上、下应垂直,如果树干有弯曲,其变向应朝当地主风方向。行列式栽植必须保持横平竖直,左右相差最多不超过树干的一半。

栽植深度,裸根乔木苗应原根颈土痕与原土平;灌木应与原土痕齐;带土球苗木比土球顶部高出原土,因松土有沉降过程。由于上海地区地下水位高,有些常绿乔木(如雪松、广玉兰、龙柏等)种植时采用土球埋一半再培土成馒头形以保证树木成活。

行列式植树,应事先栽好"标杆树",方法是:每隔20株左右,用尺量好位置,先栽好一株。然后以这些标杆树为瞄准依据,全面开展定植工作。

灌水堰筑完后,将捆拢树冠的草绳解开取下,使枝条舒展。

(9) 栽植后的养护管理

① 立支柱:较大苗木为了防止被风吹倒,应立支柱支撑。

单支柱:用固定的木棍或水泥桩,斜立于下风方向,深埋入土30 cm。支柱与树干之间用三角带隔开,并将两者捆紧。

双支柱:用两根木棍在树干两侧,垂直钉入土中。支柱顶部捆一横档;先用草绳将树干与横档隔开防止擦伤树皮,然后用草绳将树干与横档捆紧。

② 灌水:水是保证树木成活的关键。应立即灌水,栽后干旱季节必须经一定间隔连续灌水。

a. 开堰:苗木栽好后,先用土在树坑的外缘部起高约2～5 cm左右圆形地堰,并用铁锹等将土拍打牢固,以防漏水。

b. 灌水:苗木栽好后,无雨天气在24小时之内必须灌上第一遍水。水要浇透,使土壤充分吸收水分,有利土壤与根系紧密结合。这样才有利成活。

③ 扶直封堰

a. 扶直:浇第一遍水渗入后的次日,应检查树苗是否有倒与歪现象,发现后应及时扶直,并用细土将堰内缝隙填严,将苗木固定好。

b. 中耕:水分渗透后,用锄头或铁耙等工具,将土堰内的表土锄松,称"中耕"。中耕可以切断土壤的毛细管,减少水分蒸发,有利保墒。植树后每次浇水之间,都应中耕一次。

c. 封堰:浇水并待水分渗入后,用细土将灌水堰内填平,使封堰土堆稍高于地面。土中如果含有砖石杂质等物,应挑拣出来,以免影响下次开堰。

④ 其他养护管理:对受伤枝条和栽前修剪不理想的枝条,应进行复剪;对绿篱进行造型修剪;防治病虫害;进行巡查、围护、看管,防止人为破坏;清理场地,做到工完地净,文明施工。

(10) 非适宜季节的移植法

在当地适宜季节植树,成活率最有保证。但有时由于有特殊任务或其他工程的影响等客观原因,不能于适宜季节植树,只能在非适宜季节植树,为此必须探讨如何突破季节限制,并保证有较高的成活率,按期完成植树工程任务的移植技术。

① 常绿树的移植法

a. 先于适宜移植的季节(一般在春季)内,将树苗带土球掘好,提前运到工地的假植地区,装入大于土球的筐内;直径超过1 m、规格过大的土球,应装入木桶或木箱。其四周培土固定,待有条件施工时立即定植。

b. 如事先没有掘苗装筐准备,可配合其他减少蒸腾的措施,直接掘苗运栽。但如果移植时树木正萌发二次梢或为旺盛生长期,则不宜移植。

直接移植时应加快速度；事先作好一切必要的准备工作，有利于随挖、随运、随栽，环环紧扣，以缩短施工期限。栽后应及时多次灌水，并经常进行叶面喷水；有条件的，最好还应配合遮阴棚、自动喷水、挂营养液等措施，使遮阴棚及树木保持一定的湿度才能保证成活率。

② 落叶树的移植

a. 预掘：于早春树木休眠期间，预先将苗木带土球掘好，规格可以参照同等径粗的常绿树，或稍大一些。草绳、蒲包等包装物应适当加密加厚。

b. 做假土球，如只选用苗圃已在秋季裸根掘起的苗木时，应人工另造土球，称为"做假土球"或"做假坨"。方法是：在地下挖一圆底穴（坑），将事先准备好的蒲包平铺于穴（坑）内。然后将树根放到蒲包上，保持树根舒展，填入细土，分层夯实，注意不可砸伤树根，直至与地面平，即可做成椭圆形土球。用草绳在树干基部封口，然后将假坨挖出，捆草绳打包。

c. 装筐：筐可用紫穗槐条、荆条或竹丝编成，其径股要密，纬股紧靠。筐的大小较土球直径，都要高出 20～30 cm。装筐前先在筐底垫土，然后将土球放于筐的正中，填土夯实，直至距筐沿还有 10 cm 高时为止，并沿边培土拍实，作为灌水之堰。大规格苗木，最好装木箱或木桶。

d. 假植：假植地点应选择在地势高燥、排水良好、水源充足、交通便利、距施工现场较近又不影响施工的地方。选好地址后，先按树种、品种、规格作出假植分区。每区内株距，以当年生新枝互不接触为最低限度；每双行间应留出行驶卡车的宽度，6～8 m。先挖假植穴（坑），深度为筐高的1/3，直径以能放入筐为准。放好筐后填土至筐的 1/2 左右处夯实，最后在筐沿培好灌水堰。

第二节 植物的养护管理

一、养护管理的意义

植物的养护管理，在城市居住区绿化建设中占据极其重要的地位。因为植物的种植施工和城市绿地的初步建成，毕竟用不了很长时间，而施工以后随之而来的则是经常而长期的养护管理工作。所以，人们形容树木的种植施工与养护管理的关系是"三分种植，七分养护"。

养护管理严格来说，包括两方面的内容，一是养护，根据不同植物的生长需要和某些特定的要求，及时对树木采取如施肥、灌水、排水、中耕除草、修剪、防治病虫害等养护技术措施。二是管理，如管理围护绿地的清扫保洁等绿化管理工作。

对于居住区的绿化养护管理工作，必须按各地的养护技术规程进行。

二、土壤管理

土壤是树木生长的基地，也是树木生命活动所需的水分、各种营养元素和微量元素的源泉。因此,土壤的好坏直接关系着树木的生长。居住区树木的土壤管理是通过多种综合措施来提高土壤肥力,改善土壤结构和理化性质,以保证居住区树木生长所需养分、水分等生活因子的有效供给,并防止水土流失,增强居住区景观的艺术效果。

1. 整地

居住区绿地的土壤条件十分复杂,既有本地的熟土,又有建筑垃圾土、水边低湿地、人工土层等。这些土壤大多需要经过适当的调整和改造,才能适合园林树木的生长。不同的树种对土壤要求也不同,但一般树木都要求保水保肥良好的土壤,而在干旱贫瘠的或水分过多的土壤上植物往往生长不良。整地是有效的土壤改良和土壤管理的方法,整地可以改进土壤的物理性状使土壤松软,有利于根系的生长,是保证树木成活和健壮生长的有效措施。

居住区绿地施工过程中的整地工作一般分两次进行:第一次在栽植乔、灌木以前;第二次在栽植乔、灌木之后及铺草坪或其他地被植物之前。整地工作应结合整理地形、翻地、去除杂物与碎石、耙平、填压土壤等内容进行,整地除了满足树木生长发育对土壤的要求外还应注意地形地貌的美观。

整地季节直接影响整地效果。在一般情况下,应提前整地,以充分发挥其蓄水保墒的作用。这一点在干旱地区尤为重要。一般整地应在植树前三个月以上的时期内(最好经过一个雨季)进行,如果现整现栽,整地效果大受影响。

2. 土壤改良及管理

通过对居住区绿地土壤改良及管理能提高土壤的肥力、改善土壤结构和理化性质,不断供应园林树木所需的水分与养分,为其生长发育创造条件。园林绿地的土壤改良多采用深翻熟化、客土改良、培土、施有机肥、化学改良等措施。

(1) 土壤耕作改良

① 深翻:深翻能增加土壤的孔隙度,改善土壤理化性状,促使微生物的活动,加速土壤熟化,使难溶性营养物质转化为可溶性养分,提高了土壤肥力。深翻时期包括园林树木栽植前的深翻和园林树木栽植后的深翻。前者可以配合园林地形改造、杂物清理、施有机肥等工作同时进行,为树木栽植后的生长奠定基础。后者是树木生长过程中进行的,深翻的方式可以是树盘深翻或行间深翻。树盘深翻是在树冠垂直投影线附近挖环状深翻沟,以利于树木根系向外扩展,这适合孤植树和株间距离大的树木。行间深翻则是在两排树木的行中间挖长条形深翻沟,用一条深翻沟达到对两行树木同时深翻的目的,这种方式适用于呈行状种植的树木。一般深翻主要要在秋末冬初两个时期进行。此时,树木地上部分基本停止生长,同化产物的消耗减少,养分开始回流转入积累,伤口容易愈合并容易发出新根。

② 中耕:于植物生长发育期间,在株行间进行的表土耕作。中耕可疏松表土、破除板结、增加土壤通气性、提高土温、促进土壤中好气微生物活动和土壤养分有效化、去除杂草、促使植株根系伸展,也是调节土壤水分状况的重要手段。土壤干旱时中耕可切断表土毛细管,减少水分蒸发;在土壤过湿时中耕则因表土疏松而有利于蒸发过多的水分。

中耕的时间和次数因植物种类、杂草生长情况和土壤状况而异。通常在城市园林中一年中耕次数要求在2~3次,如杂草较多、土壤黏重,可增加中耕次数,以保持地面疏松、无杂草为度。中耕深度可以在 $2\sim9$ cm 之间,若以破除土壤板结为主,则深度又可略浅。

③ 培土:培土也称壅土,在植物生长期间,结合中耕除草将土壅在植株基部的措施。有利于土壤保水、排水,促使根系发育,抗风防倒和保暖防冻等。以破板结为主,增厚土层,提高地温、覆盖肥料和理压杂草,有促进植物地下部分发达的作用。例如在我国南方高温多雨的地区,降雨量大,造成土壤流失严重,生长在坡地的树木根系大量裸露,树木既缺水又缺肥,树木长势差,这时就需要及时培土。

④ 客土改良:在园林树木栽培时对栽植地的土壤进行局部换土,通常是在栽植地土壤完全不适宜园林树木的生长的情况下进行。

(2) 土壤化学改良

① 施肥改良:土壤的施肥改良以施有机肥为主。有机肥所含营养元素全面,能有效地提供给树木生长需要的营养;有机肥还能增加土壤的腐殖质,提高土壤保水保肥能力,改良黏土的结构,增加土壤空隙度,缓冲土壤酸碱度,从而改善土壤的水、肥、气、热状况。园林常用的有机肥有厩肥、堆肥、禽肥、饼肥、人粪尿、绿肥等,但有机肥必须经过腐熟发酵才能使用。

施肥,尤其施氮肥,会使土壤酸化,在酸性土壤中这是有害的,而在石灰质土壤或缺铁、锰或其他微量元素的土壤中这可能是有益的,降低土壤 pH 值可使这些元素有效性提高。有机质分解或施用铵态氮肥会增加土壤酸度。

② 土壤酸碱度调节:土壤酸碱度与土壤溶液中的氢离子、氢氧离子含量有关,它既影响土壤的理化性质,又影响土壤肥力。土壤酸碱性状用酸碱度来衡量。

土壤酸碱度以 pH 值为标准,pH$=$7 为中性土,pH$<$7 为酸性土壤,数值越小酸性越大,pH$>$7 为碱性土壤,数值越大碱性越大。

pH 值的大小影响铁、锰等元素的溶解度,当它过高即呈碱性时,就容易沉淀,还会影响微生物的活动。植物对土壤酸碱度有一定的要求,在栽培时,土壤酸碱度不符合植物要求时,要作相应处理。

a. 土壤的碱化处理:对酸度过高的土壤一般用石灰来处理,可每年每亩施入 $20\sim25$ kg 的石灰,达到适合作物生长的土壤酸度。石灰对土壤的作用远远超过中和土壤酸性。它还改善土壤物理性质、刺激土壤微生物活性、使矿物质对植物的有效性增强、为植物提供钙和镁。石灰残效期 $2\sim3$ 年,一次施用量较多时不要年年施用。也可每亩施入草木灰 $40\sim50$ kg,中和土壤酸性,更好地调节土壤的水、肥状况。

b. 土壤的酸化处理:对于碱性土壤,通常每亩施入石膏 $30\sim40$ kg 改良。碱性过高时,可加少量硫酸铝、硫酸亚铁、硫磺粉、腐殖酸肥等。常浇一些硫酸铝或硫酸亚铁的稀释水,可使土壤增加酸性。腐殖酸肥因含有较多的腐殖酸,能调整土壤的酸碱度。以上方法中以施硫磺粉见效慢,但效果最持久;施用硫酸铝时需补充磷肥;施硫酸亚铁见效快,但作用时间不长,需经常施用。

三、灌溉与排水

所有树木的整个生命过程中都不能离开水分。各种树木对水分的需要各不相同。有的喜欢湿润,耐水涝,怕干旱,如柳类、池杉等;有的稍耐干旱,如槐、臭椿、洋槐等;有的耐干旱,如侧柏等。但即使耐干旱的树种所能忍耐的干旱也都必须在一定的水分供应状态下生长。要使树木生长得健壮,充分发挥绿化效果,首先就要满足它们对水分的需要。就是说,在树木的整个生命过程中,不能因缺水造成过旱而影响其生命活动;但水分也不能过多,否则会使树木遭受水涝危害。

1. 灌溉

生活在土壤中的树木,当土壤含水量适合树木吸收需要时,生长得最好;相反,土壤含水量很少,不足于树木吸收之需要,则树木生长就差。短期水分亏缺,会造成"临时性萎蔫",树叶会表现出萎蔫,一旦补充了水分,树叶又会恢复过来,而长期缺水,超过树木所能忍耐的限度后,就会造成"永久性萎蔫"即缺水死亡。树木(其他植物也是如此)生长所在地上部分的水量消耗过大的情况下,都应设法人工供水,这种人工补充水分供应的措施,叫做"灌溉"。

(1)灌水的顺序、季节和时间

抗旱灌水往往受设备及人力的限制,因此,必须分轻重缓急来进行。对新栽的树木小苗、灌木、阔叶树需要优先灌水。因为新植树木、小苗、灌木的树根较浅,抗旱能力较差。阔叶树蒸发量大,其需水量大,所以要优先。对去年以前定植的树木、大树、针叶树可稍后灌水。

夏季是树木生长的旺季,需水量很大。但中午阳光直射,天气炎热时,最好不要浇灌温度太低的冷水。因中午土温正高,一灌冷水,土温骤降,造成根部吸水困难引起生理性干旱,甚至会出现临时萎蔫。夏季中午,叶面喷水也不好。夏季灌水一般安排在晚上十点以后,早上五点之前。冬季则应在中午灌水,至于其他季节问题不大。

(2)灌水量:对于灌水量应适当掌握。水量太少,多次灌水,使根趋于地表分布,且表土易干燥,起不到抗旱作用。相反,灌水量太大,多次大水漫灌,会使土壤板结,通气不良,影响树根生长;同时土壤中的肥料就会随水流失,甚至在有些地方由于水分过多的渗入,会把深层的可溶性盐碱因蒸发带到土面上来,造成土壤返碱。这样会长期影响树木生长。所以最好采取小水灌透的原则,使水分缓慢渗入土中;有条件的应推广喷灌和滴灌技术。

总之,树木因树种习性、不同年龄时期、不同物候期需水不同;在不同的气候、土壤条件下,需水也不同。因此必须根据树木生长需要,因树、因地、因时制宜地进行合理灌溉。

(3)灌水质量要求

① 灌水年限:树木定植成活以后,一般乔木需要连续灌水数年。

② 灌水量:因树种、植株大小、生长状况、气候、土壤、水量大小等而异,应依据树木的需水量和环境条件,决定灌水量,既要满足树木生长需要,也要考虑节约用水。

③ 可用的水源:自来水、井水、河湖池塘水、经净化处理后不含有害有毒物质的工业及生活废水。

④ 质量要求:灌得匀是最基本的质量要求,若发现塌陷漏水现象应及时用土填严,再补灌一次。待水全部渗入土壤,表土稍干后,应及时封堰(盖细土)或中耕。中耕和封堰切断了土壤毛细管有利于保墒,否则水分会很快蒸发;通过中耕还可以把堰内的杂草

清除。

2. 排水

植物一生中虽离不开水分,但水分太多,对树木也很不利,因土壤含水过多,达饱和状态时,所有空隙被水分占满,土中空气都被排挤,造成缺氧,使根系的呼吸作用受到阻碍,影响正常的吸收功能。轻则生长不良,时间一长还会使树根窒息,腐烂致死。同时,土壤内缺氧,使好气细菌的活动受到抑制,影响有机物的分解;而且由于根系进行无氧呼吸,会产生酒精等有害物质,使蛋白质凝固。所以地势低洼处,在雨季期间要做好防涝工作。平时也要防止积水。这是极为重要的植物养护工作项目。常用的几种排涝方法

(1) 地表径流法:开建绿地时,就应考虑排水问题,需将地面整成一定坡度,以保证雨水能从地面顺畅流到河、湖、下水道而排走。这是绿地最常采用的排涝方法,既节省费用又不留有痕迹。地面坡度一定要掌握在 0.1%～0.3%,要求不留坑洼死角。

(2) 明沟排水:在地表挖明沟,将低洼处的积水引至出水处(河、湖、下水道)。此法适用于大雨后抢救性排除积水,或地势高低不平,实在不好实现地表径流的绿地。明沟的宽窄视水情而定。沟底坡度一般以 0.2%～0.5%为宜。

(3) 暗沟排水:在地下埋设管道或用砖砌筑暗沟将低洼处的积水引出。此法可保持地面原貌,又便交通,节约用地,唯造价较高。

四、施肥

植物定植后,在一个地方生长多年甚至上千年,主要靠根系从土壤中吸收水分与无机养料,以供正常生长的需要。由于树根所能伸及范围内,土壤中所含的营养元素(如氮、磷、钾以及一些微量元素)是有限的,即使肥力很高的土壤,也不可能取之不尽用之不绝;吸收时间长了,土壤的养分就会减少,不能满足树木继续生长的需要。若不能及时得到补充,势必造成树木营养不良,影响正常生长发育,甚至衰弱死亡。所以,栽培植物在定植后的一生中,都要不断给予养分的补充,提高土壤肥力,以满足植物生活的需要。这种人工补充养分或提高土壤肥力,以满足植物生长需要的措施,称为"施肥"。

1. 施肥的作用

(1) 供给树木生活所必需的养分。

(2) 能减少植物病虫害的发生。

(3) 改良土壤性质。特别是施用有机肥料,可以提高土壤温度;改善土壤结构,使土壤疏松并提高透水、通气和保水性能,有利于树木根系生长。

(4) 为土壤微生物的繁殖与活动创造有利条件,进而促进肥料分解,改善土壤的化学反应,使土壤盐类成为可吸收状态,有利于树木生长。

2. 肥料的种类与方法

(1) 基肥:以有机肥为主,可供较长时期吸收利用的肥料。如粪肥、厩肥、堆肥、绿肥、饼肥等,经过发酵腐熟后,按一定比例,与细土均匀混合埋施于树的根部,使其逐渐分解,供树吸收之需要。

一般基肥的肥效较长,对多数树木来说,不必每年都施,可以根据需要,隔几年地施一

次。树根有较强的趋肥性,为使树根向深广处发展,施基肥要适当深一些,不得浅于40 cm;范围随树龄而异。树木幼青年期至壮龄,常施于树冠投影外缘部位,衰老树应施在树冠投影范围内为宜。

施基肥的常用方法有:

① 穴施:在树冠正投影的外缘挖数个分布均匀的洞穴,将肥施入后,上面覆土适踩使与地面平。这种方法操作方便省工,对壮龄前的树木适用。

② 环施:沿树冠正投影线外缘,开挖 30～40 cm 宽的环状沟,将肥料施入沟内,上面覆土适踩,使与地面平。这种方法可保证树木根系吸肥均匀,适用于青、壮龄树。

③ 放射状沟施:以树干为中心,离树干不远处开始,由浅而深向外挖 4～6 条分布均匀呈放射状的沟。沟长稍超出树冠正投影的外缘。将肥料施入沟内,上面覆土适踩,使与地面平。这种方法可保证内根也能吸收肥料,对壮、老龄树适用。

以上三种施肥方法,最好轮流采用,以使相互取长补短,使树木受到最大的好处。

(2) 追肥:在树木生长季节,根据需要加施速效肥料,促使树木生长的措施,称“追肥”。园林树木施追肥,因城市环境卫生等原因,一般都用“化肥”或“菌肥”,不宜用粪稀等;若用则应于夜间开沟埋施。

施追肥可以采用以下两种方法:

① 根施法:按适合的施肥量,用穴施法把肥料埋于地表下 10～20 cm 处,然后灌水或结合灌水将肥料施于灌水堰内,随水渗入,供树根吸收利用。

② 根外追肥:将化肥按一定的比例兑水稀释后,用喷雾器施于树叶上。直接由地上叶片吸收利用,也可以结合打药混入喷施。

3. 施肥时的注意事项

(1) 有机肥料要充分发酵、腐熟;化肥必须完全粉碎成粉状。

(2) 施肥后(尤其是追化肥),必须及时适量灌水,使肥料渗入。否则会造成土壤溶液浓度过大,对树根不利。

(3) 根外追肥,最好于傍晚喷施。

(4) 城市居住区绿地施肥不同于农村,在选择确定施肥方法、肥料种类以及施肥量时,都应考虑到市容与卫生方面的问题,如有难闻气味的豆饼肥一般都不使用。

五、植物的修剪

修剪指对植物的某些器官如茎、叶、花、果、芽等进行剪截或整形。所谓整形,是对植物施以一定的措施(用剪锯、捆扎等手段),使之形成人们所需要的树体结构状态。整形一般是通过修剪来完成的,因此人们常称为“整形修剪”。

1. 修剪的作用

(1) 调整树木的生长发育,造成通风透光的树体结构及优美的树姿。通过修剪可以剪去生长位置不恰当的过密枝、徒长枝及带有病虫的枝条,既保证树冠内部通风透光,也使养分、水分集中供应留下的枝芽,促使局部的生长;因而可以通过修剪来恢复或调节均衡树势;既可促使衰弱部分壮起来,也可使过旺部分弱下来。对长寿的衰老树或古树,适当重剪,结合施肥浇水,促使潜芽萌发,可以更新复壮。

居住区绿地中的树木,多采用自然树形,为维持这些树形,需要适当修剪。对于上有架空线,下有人流、车辆交通的行道树,则需要整修成适合的树形。还有因园林艺术的需要,将树木整修成规则或不规则的优美树形。

(2) 防止养分的无谓消耗,促使花果类树木开花结果。对于观花、观果或结合花、果生产的树种,可以通过修剪防止养分的无谓消耗,调节营养生长与花芽分化,促使提早开花结果,克服花果大小年,获得稳定的花果产品或提高观赏效果。

(3) 增加抗风能力,防止倒伏。夏季多风雨,尤其沿海有台风侵袭的地区,为减小迎风面积,可以对树冠进行疏剪或短截,以免被风吹倒。

(4) 防止病、虫的潜伏和蔓延,降低病、虫发生率。通过修剪可以剪去带有病、虫的枝条,及时防止病、虫的潜伏和蔓延,降低病、虫发生率。

2. 修剪的依据

(1) 根据绿地的功能要求:绿地中应用树木的目的不同,对整形修剪的要求也就不同。有些同种树木可以有不同的应用,其修剪也不同。从园林艺术上要求,有自然式的,几何型的,修剪也不同。

(2) 根据树木的分枝规律与生长特性:树木的分枝方式不同,所形成的树体骨架不同,其冠形也不同。而且分枝方式随着树龄增大而改变,树形也就改变。不同类别的树木(乔木、灌木、藤木)有潜伏芽和无潜芽的,其生长更新特点不同。同类树木,不同树种或品种,其枝芽特性(如萌芽力、成枝力、顶端优势等)不同,修剪方法也就不同。

另外,树木对光照要求高的、枝条较硬、分枝角度小于45度,树木修剪量应相应大些。还有树皮厚薄对日灼的反应与修剪也有关系,对日灼的反应大的树木,夏季不宜修剪,夏季修剪易促发新枝,新枝树皮薄易灼伤。

(3) 根据树木与环境的关系:如行道树受街道走向、两旁建筑、架空线等影响的情况不同,修剪也就不同。孤植树与片林,其修剪也不同。

3. 修剪的类别

(1) 自然形修剪:各种树木都有它的一定树形,一般来说,自然树形,能体现园林自然美。以树木分枝习性,自然生长形成的冠形为基础进行的修剪,叫做"自然修剪"。中干明显的树种,如雪松等,对中央领导枝不能截头;为构成庭园景色的某些树,要求干基枝条不光秃(不脱脚),对下部枝不应剪去,只对扰乱树形的枝条,病虫枝、枯枝、过密枝等作些整修。对观形、观叶的孤赏树,均可按此法修剪。为此,必须了解自然树形的主要类别。

(2) 造型修剪:为了达到造园的某种特殊目的,不使树木按其自然形态生长,而是人为地将树木修剪成各种特定的形态,称"造型修剪"又称"人工形体式修剪"。这在西方园林中应用较多,常将树木剪成各种整齐的几何形体(正方形、球形、圆锥体形)或不规则的人工体形,如鸟、兽等动物型,亭、门等绿化雕塑以及为绿化墙而将四向生长的枝条,整成扁平的垣壁式。

造型修剪因不合树木生长习性,需经常花费人工来维持,费时费工,非特殊需要,应尽量不用。我国最常见的是绿篱的几何形体修剪;少见有绿化雕塑的修剪。

4. 修剪的时期与方法

（1）时期

分为休眠期修剪与生长期修剪。前者于树液流动前进行。其中有伤流的树应避开伤流期。抗寒力差的，宜早春剪。易流胶的树种，如桃就不宜在生长季剪。生长季修剪还包括剥芽、摘心、去残花、摘果等。

（2）方法

① 剥芽：在树木腋芽生长的初期徒手剥去枝干无用的芽，叫"剥芽"（又叫摘芽）。

剥芽时，应注意选留分布和方向合适的芽。对有用的芽注意保护，不可损伤。为了防止留下的芽受到意外的损伤，影响以后发枝，每枝条上应多保留1～3个后备芽，待发枝后再次选择疏剪。

② 去蘖：除去主干上或根部萌发的无用枝条，叫做"去蘖"。

在萌蘖枝尚幼嫩时可作徒手去蘖。已经木质化的，则应用枝剪剪或平铲铲，但要防止撕裂树皮或遗留枯桩。去蘖应尽早。

③ 疏枝：把无用的枝条，于枝条基部齐着生部位剪去，称"疏枝"。

乔木疏枝，剪口应与着生枝干平齐，不留残桩；丛生灌木疏枝应与地面平齐。簇生枝及轮生枝需全部疏去者，应分次进行，即间隔先疏去其中一部分，待伤口愈合后，再疏去其他的枝条，以免伤口过大影响树木生长。

④ 短截：截去枝条的先端一部或大部，保留基部枝段的剪法，叫"短截"。

剪去的部分与保留部分的比例，根据不同需要而定。剪口的位置应选择在适合的方向。对多年生枝条的短截，叫回缩（或缩剪），多在更新复壮时采用。

另外，在树木生长季节，除去枝条先端嫩梢，称"摘心"，也属短截范围。

⑤ 锯截大枝：对于比较粗大的枝干，进行短截或疏枝时，多用手锯进行。操作比较困难，必须注意以下几个问题：

a. 锯口应平齐，不劈不裂。

对乔木，为避免锯口劈裂，可先在确定锯口位置稍向枝基处由枝下方向上锯一切口。切口深度为枝干粗的1/5～1/3（枝干越成水平方向切口就应越深一些），然后再在锯口向下锯断，就可以防止枝条劈裂。也可分两次锯，先确定锯口外侧1.5～2 cm处按上法锯断，再在锯口处下锯。最后修平锯口，涂以保护剂。

b. 在建筑及架空线附近截除大枝时，应先用绳索，将被截大枝捆吊在其他生长牢固的枝干上，待截断后慢慢松绳放下。以免砸伤行人、建筑物和下部保留枝干。

c. 基部突然加粗的大枝，锯口不要与着生枝平齐，而应稍向外斜，以免锯口过大。

d. 欲截去分生两个大枝之一，或截去枝与着生枝粗细相近者，不要一次齐枝基截除，而应保留一部分，宜将侧生分枝以上的部位截去，过几年待留用枝增粗后，再将暂留枝段全部截除。

e. 较大截口，应抹防腐剂保护，以防水分蒸发或病虫侵袭及滋生。

⑥ 抹头更新：对一些无主轴的乔木，如发现其树冠已经衰老，病虫严重，或因其他损伤已无发展前途者，而主干仍很健壮者，可将树冠自分枝点以上全部截除，使之重发新枝，叫"抹头更新"。主枝基部完好者应保留并剥芽，不使萌枝簇生枝顶，出现分权处积水易腐

等毛病。一般灌木,也可用此法。但不适于萌芽力弱的树种。

5. 不同栽植类型树木的修剪要点

(1) 成片树林的修剪

① 对主轴明显的树种,要尽量保护中央主干。当出现竞争枝(双头现象),只选留一个;如果中央主干枯死折断,树高尚不足 10 m 的,应于中央主干上部选一较强壮的侧生嫩枝,扶直,培养成新的中央主干。

② 适时修剪主干下部侧生枝,逐步提高分枝点。分枝点的高度应根据不同树种、树龄而定。同一分枝点的高度应大体一致;而林缘分枝点应低留,使呈现丰满的林冠线。

③ 对于一些主干很短,但树已长大,不能再培养成独干的树木,也可以把分生的主枝当作主干培养。逐年提高分枝,呈多干式。

(2) 行道树的修剪

行道树以道路遮阴为主要功能,同时有卫生防护(防尘、减轻机动车废气污染等)、美化道路等作用。行道树所处的环境比较复杂,首先多与车辆交通有关系;有的受道路走向、宽窄,建筑高低等所影响;在居住区与架空线多有矛盾,在所选树种合适的前提下,必须通过修剪来解决这些矛盾,达到冠大阴浓等功能效果。

① 为便利交通车辆,行道树的分枝点一般应在 3.5 m 之上。同一条道路的行道树,分枝点最好整齐一致,起码相邻树木间的差别不要太大。

② 为解决与架空线的矛盾,除选合适的树种外,多采用杯状形整枝,来避开架空线。每年除进行休眠期修剪外,在生长季节与供电、电信部门配合下,随时剪去触碰线路的枝条。树枝与电话线应保持 1 m 左右、与高压线保持 1.5 m 左右的距离。

③ 为解决狭窄街道、高层建筑及地下管线等影响所造成的行道树倾斜、偏冠,遇大风雨易倒伏带来的危险,应尽早通过适当重剪倾斜方向枝条;对另一方向枝条只要不与电线、建筑有矛盾,应当轻剪,以调节生长势,能使倾斜度得到一定的纠正。

总之,行道树通过修剪,应做到:叶茂形美遮荫大,侧不堵窗、不扫瓦,下不妨碍车、人行,上不碰架空线。

(3) 灌木的修剪

① 新植灌木的修剪

灌木一般都裸根移植,为保证成活,一般应作强修剪。一些带土球移植的珍贵灌木树种(如紫玉兰等)可适应轻剪。移植后的当年,如果开花太多,则会消耗养分,影响成活和生长,故应于开花前尽量剪除花芽。

a. 有主干的灌木或小乔木,如玉兰等,修剪时应保留一定高度较粗壮的主干,选留方向合适的主枝 3~5 个,其余的应疏去,保留的主枝短截 1/2 左右;较大的主枝上如有侧枝,也应疏去 2/3 左右的弱枝,留下的也应短截。修剪时注意树冠枝条分布均匀,以便形成圆满的冠形。

b. 无主干的灌木,如黄刺梅、连翘、棣棠等,常自地下发出多数粗细相近的枝条。应选留 4~5 个分布均匀、生长正常和丛生枝。其余的全部疏去,保留的枝条一般短截 1/2 左右,并剪成内膛高,外缘低的圆头型。

② 灌木的修剪

a. 应使丛生大枝均衡生长,使植株保持内高外低,自然丰满的圆球形。对灌丛中央枝上的小枝应疏剪;外缘丛生枝及其小枝则应短截,促使多生斜生枝。

b. 定植年代较长的灌木,如果灌丛中老枝过多时,应有计划地分批疏除老枝,培养新枝,使之生长繁茂。但对一些为特殊需要培养成高干的大型灌木,或茎干生花的灌木,如紫荆等,均不在此例。

c. 经常短截剪去灌丛外的徒长枝,使灌丛保持整齐均衡。但对一些具拱形枝的树种(如连翘等)所萌生的长枝则例外。

d. 植株上不作留种用的残花、废果,应尽量及早剪去,以免消耗养分。

e. 观花灌木的修剪时间必须根据树木花芽分化的类型或开花类别、观赏要求来进行。夏秋在当年生枝条上开花的灌木,如紫薇、绣球、木槿、玫瑰、月季等,其花芽当年分化当年开花,应于休眠期(花前)重剪,有利于促发壮条,促使当年分化好花芽并多开花。春季在隔年生枝条上开花的灌木(为夏秋分化型)。如梅花、樱花、金银花、迎春、海棠等,其花芽在去年夏秋分化,经一定累积的低温期于今春开花。应在开过花后1~2周内进行修剪。结合生产的果木,为使花朵开得大也可在花前(休眠期)适当修剪。

(4) 绿篱的修剪

绿篱是将耐修剪的常绿树种种植成一定规格的围篱,以起围护、分割、美化、挡风、滞尘作用的一种种植方式。绿篱以高度可分为绿墙、高绿篱、中绿篱、矮绿篱四种。绿篱高度在 1.6 m 以上的可称绿墙;高度在 1.2 m 至 1.6 m 的称高绿篱;0.6 m 至 1.2 m 的称中绿篱;0.6 m 以下的称矮绿篱。

① 修剪方法

绿篱定植后,应按规定高度及形状,及时修剪。为促使干基枝叶的生长,最好将枝截去 1/3 以上,剪口在规定高度 5~10 cm 以下,这样可以保证粗大的剪口不暴露。最后用大草剪和绿篱修剪机,修剪表面枝叶,注意绿篱面(顶部及两侧)必须剪平。

其他灌木篱应按灌木修剪法修剪。其中萌生能力强的灌木,可于秋后全部抹头,次年重发。

② 修剪时间:绿篱养护修剪,每年需修剪 2~4 次;一般一至三季度剪 2~3 次,四季度 1 次,为迎节日,应在"五一"劳动节、"十一"国庆节前 10 日修剪为宜。

(5) 藤本植物修剪

因多数藤本植物离心生长很快,基部易光秃,小苗出圃定植时,宜只留数芽重剪。

吸附类(具吸盘、吸附气根者)引蔓附壁后,生长季可多短截下部枝,促发副梢填补基部空缺处。用于棚架且冬季不必下架防寒者,以疏为主,剪除枯、密枝;在当地易枯梢(尚未木质化或生理性干旱)者,除应种在背风向阳处外,每年萌芽时应剪除枯梢。钩刺类,习性类似于灌木者,可按灌木疏除老枝的剪法,蔓枝一般可不剪,视情况回缩更新。

(6) 修剪的程序

概括起来就是"一知、二看、三剪、四拿、五处理":一知:参加修剪工作的人员,必须知道操作规程、技术规范以及一些特殊的要求;二看:修剪前应绕树仔细观察,对剪法做到心中有数;三剪:一知二看以后,根据因地制宜,因树修剪的原则,做到合理修剪;四拿:修剪后挂在树上的断枝,应随时拿下,集中在一起;五处理:剪下的枝条应及时集中处理。不可放置太久,以免影响居住区景观和引起病虫害扩大蔓延。

6. 常用的修剪工具

(1) 枝剪:剪截 3~4 cm 以下枝条用。

(2) 高枝剪:剪高处细枝用。

(3) 手锯:锯截较粗的枝条用。

(4) 油锯:锯截粗枝条用。

(5) 绿篱剪:整修绿篱用。

(6) 梯子或升降车:上树修剪用。

(7) 安全带:劳保用具。

(8) 安全绳:劳保用具。

(9) 安全帽:劳保用具。

(10) 工作服、手套、胶鞋等其他劳保用品。

7. 安全措施

(1) 操作时思想要集中,严禁说笑打闹,上树前不准饮酒。

(2) 每个作业组,都要选派有实践经验的老工人,担任安全质量检查员,负责安全、质量的监督、检查、技术指导及宣传教育工作。

(3) 劳保用具是保证工人操作安全的必需品,工作中必须按照规定穿戴好工作服、安全帽,系好安全带、安全绳等劳保用具、用品。

(4) 攀登高大树木需要使用梯子时,必须选用坚固的梯子,并要立稳。单面梯应用绳将上顶横档和树身捆住,人字梯的中腰,应拴绳并注意开张合适角度。

(5) 上树后,应系好安全带,手锯一定要用拴绳套在手腕上。

(6) 刮五级以上大风时,不可上树操作。

(7) 截除重大枝时,必须由有经验的工人指挥安全操作。

(8) 在行道树上修剪作业时,必须选派专人维护现场,树上、树下要相互配合联系。以免砸伤过往行人和来往车辆。

(9) 患有高血压、心脏病者不准上树。

(10) 修剪用的操作工具必须坚固好用。木把要光滑;不要因工具不好而影响操作,甚至误伤人员。

(11) 一棵树修完后,不准攀跳到另一棵上,而应下树重上。

(12) 在高压线附近作业时,应特别注意安全,避免触电,必要时应请供电部门配合。

(13) 几个人同在一棵树上操作时,应有专人指挥,注意协作配合,避免误伤同伴。

(14) 使用高车上树修剪前,要检查好高车的各个部件;一定要支放平稳。操作过程中要派专人随时检查高车的情况,发现问题及时处理。

(15) 上树后必须系好安全绳,安全绳要拴在不影响操作的牢固的大树枝上,随时注意收放。

六、低温危害与防寒

有些植物,尤其是那些原产热带的或亚热带的种类,会受到高于零度的低温(0~10℃)的伤害,叫"寒害"(冷害、寒伤)。轻则部分枝条受害,重则甚至全株死亡。为使这些树木安全越冬,必须研究低温危害的原因,并采取必要的防寒措施。

1. 外界条件对树木抗寒力的影响

树木的耐寒能力的增强与减弱,与外界条件的季节变化有着直接的关系。

(1) 温度对抗寒力的影响:由于温度的升高,植物体内几乎所有的生命活动过程,在一定范围内都会加强起来,而温度降低则生命活动就进行得迟缓些。其中呼吸作用表现得特别明显;随着秋季温度的下降,呼吸强度也降低,表示细胞的生命活动的降低。降到一定程度,细胞转入休眠状态,亦即提高了细胞的耐寒力。秋季温度的降低,就已逐渐限制了植物生长,引起了植物体内一系列的机能和结构的变化。根据报道,当温度处在 6~10℃时,树体内复杂的碳水化合物(淀粉及其他)就转化为简单的糖类;当温度处在 0~12℃的条件下,细胞间隙大量脱水,累积有机物(如磷酸、脂肪、糖及核苷酸等),进入深度休眠状态。树木经以上两个时期的抗寒锻炼,获得较强的抗寒能力。

(2) 光照对抗寒力的影响:光对植物抗寒能力的影响首先表现在:随着光的加强,再加上其他良好条件的共同存在,植物就能比较强烈地合成可塑性物质;合成得多,则所累积的可塑性物质也就多。这些物质的存在是植物具有耐寒力的必要前提。但光的作用不仅限于此,光对植物生长有直接的影响。在强光(特别是直射阳光)和短日照下,生长便受到抑制,细胞长得较小,细胞壁较厚,而保护组织长成较厚的角质层和木栓层;漫射光或微弱的阳光则相反,在某种程度上会加速生长。因此,直射的强光照,尤其短日照,有利于促进植物休眠而提高抗寒能力;反之则差。

(3) 土壤水分对抗寒力的影响:土壤水分过多,对植物抗寒力的提高是不利的。尤其秋季土壤水分过多,枝条不能及时停止生长,抗寒锻炼不够,抗寒力差;适当干旱,适时停止生长,积累养分,促进休眠,则有利于抗寒力的提高。因此,雨季集中在夏秋的冬冷地区,应作好雨季排水;并且根据情况,秋季停止灌水或少灌水。

(4) 土壤养分对植物抗寒力的影响:植物的抗寒锻炼过程,要求在各种养分有适当比例和供应正常的条件下进行。某种营养元素过量或者贫乏都会影响植物的正常生长和耐寒力的增强。氮素过多,促使植物迅速生长,要消耗大量碳水化合物。尤其在秋季,如果氮素过多,枝条不能及时停止生长,木质化程度差,植株的抗寒力就差。钾肥充足时,有利于组织充实,木质化程度高,抗寒力就增强。

总之,植物的抗寒力与外界条件的关系是相当复杂的。任何外界因素对植物生活的影响又是多方面的,而且各种因素间又会相互影响。因此要针对受低温危害的器官与部位、原因采取必要的防寒措施,才能使植物安全越冬。

2. 目前常用的防寒措施

(1) 根颈培土:在树木根颈部培起直径 80~100 cm,高 40~50 cm 的土堆,防止冻伤根颈和树根。同时也能减少土壤水分的蒸发。

（2）覆土：在土地封冻以前，可将枝干柔软，树身不高的乔灌木压倒固定，盖一层干树叶（或不盖），覆细土 40～50 cm，轻轻拍实。此法不仅可防冻，还能保持枝干湿度，防止枯梢。在当地不耐寒的树苗、藤木多用此法防寒。

（3）架风障：为减低寒冷、干燥的大风吹袭，造成树木的冻害。可以在树的上风方向架设风障，架风障的材料常用竹竿捆编成竹篱加芦席等。风障高度要超过树木，常用杉槁、竹竿等支牢或钉以木桩绑住，以防大风吹倒，漏风处再用稻草在外披复好，绑以细棍夹住，或在席外抹泥填缝。

（4）涂白与喷白：用石灰加石硫合剂对枝干涂白，可以减小向阳树皮部因昼夜温差大引起的危害，还可以杀死一些越冬病虫害。对花芽萌动早的树种，进行树身喷白，可延迟开花，以免早霜危害。

（5）春灌：早春土地开始解冻后，及时灌水，经常保持土壤湿润，可以降低土温，延迟花芽萌动与开花，避免早露危害。也可防止春风吹袭使树枝梢条干枯。

（6）卷干、包草：江南冬季湿冷之地，对不耐寒的树木（尤其是新栽树），要用草绳道道紧接地卷干或用稻草（草包）包裹主干和部分主枝来防寒。包草时，不要把草衣去掉，草梢向上，开始半截平于地，从干基倾斜向上，连续包裹，每隔 10～15 cm 横捆一道，逐层向上至分枝点。树干矮的可再包部分主枝。此法防寒，应于晚霜后拆除，不宜拖延。

（7）地面覆盖：当气温下降到零度以下时，可以在新栽树、名贵树木根部覆盖草包。为避免发生树木冻害，光覆盖草包不够保温时，还可以覆盖塑料薄膜再加上草包，温度一旦升高，应及时去除塑料薄膜。

（8）防冻打霜：在下大雪期间或之后，应把树枝上的积雪及时清除掉，以免雪积压过久太重，使树枝弯垂，难以恢复原状，甚至折断或劈裂，尤其是枝叶茂密的常绿树，如竹类、夹竹桃、千头柏等，更应及时组织人员，持竿打雪，防雪压折树枝。对已结冰的枝，不能敲打，可任其不动；如结冻过重，可用竿支撑，待化冻后再拆除支架。

七、植物的其他养护管理

前面列举了一些重要的养护管理措施，另外还有一些项目也必须注意，只有采取综合的养护管理措施，才能保证植物的正常生长发育。

1. 防台

夏秋季一般多台风季节，树木枝杈常遭风折；又由于雨水多，土壤潮湿松软，大风后期风雨交加，更易造成树木被吹倒的现象。轻者影响树木生长，重者造成死亡，甚至还会造成人身伤亡和其他破坏事故。因此在台风季节来之前，应采取一些防风措施，如立支柱，疏剪树冠等。

（1）修剪树冠：对浅根性乔木或因土层浅薄，地下水位高而造成浅根的高大树木，以及长在迎风处树冠过于浓密的高大树木，应及时适当加以疏剪枝条。以利于透风，减少负荷。对高处过长枝条和受蛀干、害虫危害过的树条，也应截除。

（2）培土：栽植较浅的树木，应于根部培土，加厚土层。

（3）支撑：必要时，在下风方向立木棍或水泥等支撑物，但应注意支撑物与树皮之间要垫一些柔软的东西,以防擦破树皮。

(4) 地桩:地桩长 80 cm,埋入土中 50～60 cm,地桩埋入时要向后倾斜,用三角形拉绳防护法有利于拉住绳索。

(5) 检查与恢复:台风过后,应立即派专人调查刮倒之树木和危害交通、电信、民房等情况,以便及时采取紧急措施。对歪倒树木应重剪,然后扶正,用草绳卷干并立柱、加土夯实;对已连根拔起的树木,视情况处理或重栽。

2. 中耕除草

树木根部杂草丛生,会与树木争夺水分、养分。特别是对新栽的乔灌木和浅根性树种,不但影响树木的正常生长发育,而且杂草丛生,影响观赏效果,所以及时清除杂草也是园林树木养护工作的重要项目之一。着生于树木根部的杂草,可以用中耕的方法连根锄掉并埋入土中,腐烂后即成肥料。没有草的地方也要在雨后或灌水后,适时将表土锄松,提高土壤透气性和保墒能力,有利于树根生长。如果草荒严重,也可用化学除草剂。但要注意选择适当的除草剂,以免发生药害。

3. 苗木更新

由于树木衰老、病虫侵袭、机械损伤、人为破坏,以及其他原因造成一些树木的死亡。对那些已无法挽救,也无保留必要的树木,应在尚未死亡之前,尽早伐除,这样可减少病虫潜伏与蔓延。否则会影响绿化效果和造成危害。伐前应调查其死亡原因,观察四周环境,不要在砍伐过程中造成安全问题。经申请报批,即可进行伐除。砍伐后对残桩也应尽早挖除,并填平地面,以免对行人造成伤害事故。在报批伐除树木的同时应报批申请更新树木,更新的树种及其规格应与周围的树木相匹配,尽量不要影响原有的景观效果,并做好树木更新后的养护工作,以免造成不必要的损失。

4. 围护、隔离

多数树木喜欢土质疏松、透气良好,因长期的人流践踏,造成土壤板结,会妨碍树木正常生长,引起早衰;特别是根系较浅的乔灌木和一些常绿树木,反应更加敏感。对这类树木在改善通气条件后,应用围篱、栅栏加以围护隔离。但应以不妨碍观赏视线为原则。为突出主要景观,围篱要适当低些;造型和花色宜简朴,以不喧宾夺主为佳。围护也可以用绿篱形式。

5. 看管、巡查

为了保护树木、免遭或少受人为破坏。一些重点绿地应设置看管和巡视的工作人员,如吸收退休工人参加等。他们的主要职责如下:

(1) 看护所管绿地,进行爱护树木的宣传教育,发现破坏绿地和树木的现象,应及时劝阻和制止。

(2) 与有关部门配合,协同保护树木,同时保证各市政部门(如电力、电信、交通等)的正常工作。

(3) 检查绿地和树木的有关情况,发现问题及时向上级报告,以便得到及时处理。

6. 几种特殊布置的植物养护

(1) 花坛的养护管理

① 浇水或喷水:根据天气情况,保证水分供应,宜清晨浇水,浇水时应防止将泥土冲

到茎、叶上。供水的时间以及供水量的多少,视花坛所在地的环境条件而定,如向阳迎风处,水分蒸发快,天气炎热水分蒸发快,气温低或阴天水分蒸发慢,花苗本身也因生长习性不同,存在着需求不同的特点,因此水分的提供,要根据现实情况以及对花苗生长的特性进行,难以统一规定,而五色草花坛,尤其是立体花坛,必须采用喷水的方式进行,盆花装饰的花柱、特定造型花坛,都应以喷水方式补足所需水分。当前一些主要景点的主体花坛也可采用安装滴灌线路于各个部位,实行滴灌既能保持土壤湿润,又能避免喷水引起的因强度大小不易掌握而发生供水不均匀,或冲刷土壤的弊端。同时还应做好排水措施,严禁雨季积水。

② 补肥:一般花坛土壤内已施有供花苗在观赏期间内对肥料的需要,但某些花卉,如用作花柱的四季海棠、矮牵牛等,可以用营养液利用滴灌的手段,使之长时期接受补肥,以延续花期。花坛内的观叶植物,则可用叶面喷肥的方法进行补肥,使叶色保持正常状态。施肥后宜立即喷洒清水,严禁肥料沾污茎、叶面。

③ 更新:花坛的更新是保证重点景观完美的一项措施。花坛内应及时清除枯萎的花蒂、黄叶、杂草、垃圾,及时补种、换苗。而且要避免种子落入花坛土壤,萌发小苗,影响下一轮花坛的质量,如已出现还必须人工拔除,以免搅乱了花坛纹理的清晰度。一级花坛内应无缺株倒伏的花苗,无枯枝残花(残花量不得大于10%);二级花坛内缺株倒苗不得超过3~5处,无枯枝残花(残花量不得大于15%)。

④ 植物的更换:由于各种花卉都有一定的花期,要使花坛(特别是设置在重点园林绿化地区的花坛)一年四季有花,就必须根据季节和花期,经常进行更换。每次更换都要按照绿化施工养护中的要求进行。花坛换花期间,每年必须有1次以上土壤改良和土壤消毒。一级花坛每次换花期间白地裸露不得超过14天;二级花坛每次换花期间白地裸露不得超过20天。

(2) 花境的养护

花境虽不要求年年更换,但日常管理非常重要。为了使花境处于最佳的观赏状态,有必要对花境进行有规律的养护。如果花境在一开始就经过细致的准备,那么养护工作该是举手之劳。

精心管理的花境,可以保持3~5年的观赏效果,灌木花境当然可以更长。一级花境全年观赏期不得少于200天,三季有花,其中可以某一季为主花期。二级花境全年可以某一季为主花期,观赏期不得少于150天。三级花境的花卉生长与观赏期生长良好,一季观赏期不得少于45天。

① 补种与更新:花境种植后,随时间推移会出现局部生长过密或稀疏的现象,需及时调整,早春或晚秋可更新植物(如分株或补栽),以保证其景观效果。

② 除草:清除杂草工作是较为重要的花境养护工作,有几种方法使清除杂草的工作较为有效。第一种是通过彻底的地面处理来清除所有的多年生杂草。第二种是尽早抢在季节前期对每一花境进行处理。若有可能,可以在天气和土壤条件允许的情况下在冬季工作,也就是说,在前一年遗留下来的杂草及其他草本植物开始肆虐之前就将它们加以清除。如果拖到气候转暖,除草任务就成了一场艰辛的工作,尤其是在同时管理几个花境的情形时。另一种减轻除草负担的办法是采用某种形式的地面覆盖。这一工作可以在冬季

和早春除草之后进行,铺盖一层厚厚的树皮片或是腐熟厩肥可以防止大多数杂草萌发。

在花境养护中使用化学除草剂决不值得推崇。因化学除草剂的喷洒不可避免地会使药剂流到或滴落到植物上,并进而造成许多意外的损害。在较为密植的花境中使用锄头除草比较困难。这种工具必然会时而割断植物刚刚抽生的嫩枝,而且在比较稠密的种植区很难发现工作中的失误。最好是使用小铲或是手耙进行除草,或是使用花境专用耙轻轻挖掘花床。

③ 耕土:每年植株休眠期必须适当耕翻表土层,并施入腐熟的有机肥,每平方米 1.0～1.5 kg。

④ 支撑:对于枝条柔软或易倒伏的种类,必须及时搭架、捆绑固定。一般使用支架对于防止较高的植物坍塌至关重要,坍塌的原因可能是植物过于脆弱或大风损害,雨水也有可能使得花,尤其是重瓣花过于沉重而压弯植物。在上述危险发生前为植物做好支撑,这件工作可在植物长到一半时进行,将支架按照该植物长成时高度的 2/3 来安置。也就是说,支架此时应高于植物。该植物将顺着支架来生长。方法之一就是将栽在地里的豆类植物茎秆或灌木丛的顶部枝条弯曲交叉成水平状。另一种方法是在植物的四周安放数根短杆并用线绳编制网状结构。第三种办法是购买专业支架,它们形式各异,包括环状金属结构。单茎类植物只要在其附近的土壤里插入一根杆柱并加以系扣就完成了支持工作。

⑤ 修剪:花期过后及时去除残花及枯萎落叶,这不仅由于植物无须结子而节省营养,而且使花境看上去更加整洁,从而更好地衬托出其余的花朵。某些植物在花开过后可将花朵摘除,而另有一些植物可以修剪至地表,这样,长出的新叶可以取代看上去开始枯萎的叶。一旦茎叶开始变成棕色,也应加以剪除。

(3) 地被植物的养护

① 适时修剪:有些地被植物萌枝力强,耐修剪,经过适当修剪后,更能促使其枝叶繁茂,提高覆盖效率。所谓适时修剪,就是要依据各种地被植物的生长规律,不失时宜地及时修剪。如开花地被植物,花后应剪掉高起的花茎、残花,适当压低。

② 更新复壮:在地被植物养护管理中,常常由于各种不利因素,使成片的地被植物出现过早的衰老。此时应根据不同情况,对表土进行刺孔,促使其根部土壤疏松透气,同时加强施肥浇水,则有利于更新复壮。对一些观花类的球根及鳞茎等宿根地被,则必须每隔5～6 年左右进行一次分根翻种,否则也会引起自然衰退。在分株翻种时,应将衰老的植株及病株除去,选取健壮者重新栽培。

(4) 草坪的养护

草坪养护是一项重要与细致的工作,养护管理不及时,会造成草坪质量下降,故要采取以下措施进行养护。

① 刈剪:草皮在生长季节,生长迅速,必须经常刈剪。约 2～3 周剪 1 次草,秋后宜少剪。剪草后草坪的高度一般为 4～8 cm,边角处可控制为 10～15 cm。如勤剪草,则轧下的草嫩而短就可以不必除去,任其覆盖于草地作为覆盖物,可防止杂草丛生,腐烂后还可作肥料。如剪草间隔时间长,就必须将轧下的草除掉,因为草老而长,覆于草地有碍草皮生长。草坪刈剪工作需用专用草坪修剪机来完成。

②灌溉:草坪土壤干旱应经常灌溉,而且给水要充分,应渗透达 10 cm 的土层,如浇水过少仅使表土湿润,会使根系扩散于表土,易受干旱。在 7~8 月份更需注意灌溉,特别是要注意新植草皮的夏季灌溉,以免干旱致死。浇水宜在傍晚,一般用皮带管浇水,新植草皮扎根不深,最好用喷洒灌溉。

③施肥:土壤肥沃,可使草皮叶色嫩绿,生长繁茂。因此要多施肥。草皮铺设前,要施入足量的基肥,但经过一段时间后必须施以追肥。草皮施肥多用化肥,以氮肥为主,如用尿素,每亩每次 2 kg 左右。有时也配合施些钾肥,有时溶于水进行灌溉,有时就直接干撒于草地后再灌溉,或在小雨前撒于草地。此外结合加土施用粉碎的塘泥,但不宜过厚。

④挑草:草种要纯,除拟定中的一种或几种混合草种之外,其他均为杂草,必须予以挑除,否则不仅有碍美观,还会抑制目的草种的生长。挑草需要在早春开始,多次进行。务必在杂草结籽前挑尽。除手工操作之外,亦可用选择性除草剂进行化学除草。

⑤加土滚压:草坪由于人为损坏,常使草坪空颓,土地裸露,故必须逐年加土以利草种再生。加土多在每年冬季进行,加土厚薄每次 0.5~1.0 cm。要特别注意低洼处加土养草。加土后,再用滚筒进行滚压,以使草坪保持平整以及有一定的厚度。

⑥打孔:草坪打孔是为了改善草坪土壤的容重与表面积,增加草坪土壤与大气的接触面积,提高土壤的通透性与吸水性,有利于好气微生物的生长,减少了土壤中的有毒物质。打孔是用打孔机械在草坪上打许多深度、大小均匀一致的孔洞的一种中耕方式。

⑦切边:为了使草坪与路面、花坛、树坛有明显的界线,每年必须作 2~3 次切边。切边要整齐,有一定的倾斜度,切后要清扫整洁。

⑧草坪更新:公园内草坪由于游人较多,践踏过久,土壤板结,草薄而稀疏,为保证草坪长期不衰败,必要时要进行草坪更新。根据情况选择更新复壮方法,如添播草籽;用钉筒或滚刀切断老根,施入肥料,使其新根生长,新芽萌发,此法为断根更新;还有新铺设的一次更新法等。

八、园林植物病虫害防治

园林病虫害的防治是在"预防为主,综合治理"的方针指导下,以园林技术措施为基础,充分利用园林生物群落间相互依存、相互制约的关系,因地制宜地运用生物、物理、化学等手段,以达到科学、安全、有效、经济地控制病虫害,促进和保护园林植物健康生长的目的。园林病虫害的防治在一年 12 个月绿化养护过程中,起到举足轻重的作用,园林植物病虫害防治的月历是重要内容。

1 月份

这是病虫害为害较轻的月份,也是绿化养护中冬季修剪季节。此时天气寒冷,除南方各省外,我国大多数地区病虫害处于越冬休眠状态。对于一些在枝条上越冬或发病的植物病虫害,可利用冬季修剪,去除严重危害的病虫枝,以减少有害生物的越冬基数,起到事半功倍的作用。紫薇冬修时剪去紫薇绒蚧严重为害的枝条。狭叶十大功劳冬修时去除白粉病严重的枝叶,均可减轻为害程度,同时树冠内通风透光也有利于抑制一些病虫害的发

图 3-6　黄刺蛾结茧越冬

生和传播。黄刺蛾、丽绿刺蛾在植物树干上结茧越冬(见图 3-6),只要用硬物轻轻击碎越冬虫茧,乌桕毒蛾的幼虫常于乌桕树干或树基部群聚吐丝越冬,只要拉破丝网就能使越冬幼虫的死亡率大大提高。

对于一些在土壤越冬的害虫,长江流域地区可以将林下土壤冬翻 30 cm 深,破坏病虫害的越冬环境,或让躲藏土中越冬的昆虫暴露出来,受冻死亡,如斜纹夜蛾、蝼蛄等。美国白蛾、褐边绿刺蛾、扁刺蛾、桑褐刺蛾、樟巢螟等多在植物周边表土、枯枝落叶、瓦砾石块下化蛹或者结茧越冬,冬季挖蛹可减少越冬虫量。

1 月是一年中最寒冷的月份之一,有些植物需要保暖才能安全越冬,在北方防冻工作更要相应提前,不然容易引起植物受冻而感病,有些棕榈科植物,如棕榈、加拿利海枣等,冬季受冻后,抗病力下降,开春后容易出现由真菌感染引起的棕榈烂心病,造成植物死亡。

2 月份

北方还是冬天,南方城市已是春暖花开,长江中下游地区也已度过严冬,气温逐日攀升,到了 2 月下旬有的植物开始萌动发芽展叶,一些病虫害也从冬眠状态中苏醒,开始为害园林植物,主要是刺吸性害虫及少量的病害为害,如栾多态毛蚜、杭州新胸蚜、草履蚧、黄杨绢野螟、杨树溃疡病等,草履蚧是最早为害植物的害虫之一。

草履蚧全国均有分布,寄主众多,有珊瑚树、罗汉松、樱花、丁香、朱槿(扶桑)、朴、榆、苹果、蜡梅、槐等 50 多种植物。草履蚧以卵在墙缝、泥土中越冬。一般在 1 月下旬至 2 月上旬孵化。草履蚧初孵若虫在土中蛰伏一段时间待气温适宜后,沿着树干爬向植物嫩芽中刺吸为害,草履蚧椭圆形,足明显,产卵期雌虫到处乱爬,会由门缝、窗缝等处爬入居民家中,甚至储物柜中,常引起居民的反感和投诉,因草履蚧有一个向上爬的过程,所以可在树干上涂胶环或者扎一圈阻止带,定期清除即能取得较好效果,南方城市涂胶较少。上海常在草履蚧 3 月上旬若虫期,其天敌红环瓢虫尚未大量出蛰前喷施烟参碱、吡虫啉等药剂防治,效果也很好。

杨树溃疡病,又称水泡性溃疡病(见图 3-7)。全国都有发生,以北方普遍而严重,甚至会造成杨树大批死亡,病害发生于杨树主干和小枝上。杨树树皮形成一些小突起,有的呈水渍状,有的泡内充满褐色液体,破裂后液体向下流淌,干瘪后产生凹陷枯斑,杨树溃疡病主要是因杨树体内水分平衡被破坏后,病菌侵入为害所致,根系受损严重、栽种质量差、干旱、缺肥、生长不良的杨树,发病较重。北方地区秋季栽植杨树,如根系发育不良,而第二年早春养护中又不能给根系提供充足水分,常常导致该病的严重发生,造成大批杨树死亡,防治上早春树液流动前向主干喷刷 0.5% 波美石硫合剂或甲基托布津 800 倍,可以减轻该病的发生。

图 3-7　杨树溃疡病

黄杨绢野螟为害黄杨和雀舌黄杨,长江中下游较为普遍。黄杨绢野螟以低龄幼虫结缀两张叶片越冬(见图3-8),上海地区一般在3月份越冬幼虫出苞开始为害嫩叶,如果是暖冬,黄杨绢野螟出苞时间会提前,越冬幼虫出苞缀叶为害,严重时可将寄主叶片吃光,甚至造成死亡,黄杨绢野螟防治药剂可选用:烟参碱1000倍液或灭幼脲3号1000倍液或杀灭菊酯1500倍液喷雾均可。

图3-8 黄杨绢野螟越冬

3月份

我国华南东南部长江河谷地区,常年气温可以稳定在12℃以上,园林病虫害开始明显增多,特别是一些繁殖量大,繁殖快的病虫害为害特别明显。如栾多态毛蚜、杭州新胸蚜、黄杨绢野螟、锈病以及多种植物上的白粉病等,均是3月份的防治重点。

栾树萌芽期间易受栾多态毛蚜(见图3-9)为害,严重时可使栾树嫩梢扭曲,新叶不展,节间缩短,远观如病毒为害,栾多态毛蚜为害后可形成大量蜜露,引发严重霉污。栾多态毛蚜以卵在树干上越冬,2月底3月初孵化后,初孵若虫爬到树梢枝条上群聚集中,3月中旬左右从枝条爬向叶片刺吸为害,并很快进入大量繁殖阶段,防治难度会大大提高,所以栾多态毛蚜的防治应在树梢枝条聚集期进行,长江下游地区一般在3月中旬可喷雾绿百事1000倍液最好,其次是艾美乐20 000倍液,阿克泰10 000倍液,啶虫脒3000倍液等。

图3-9 栾多态毛蚜

图3-10 杭州新胸蚜

杭州新胸蚜又名蚊母瘿蚜(见图3-10),分布于上海、浙江等地区,为害蚊母树,卵产于腋芽中,孵化后,若蚜爬至芽苞刺吸新叶,蚊母树新叶被害后在虫体四周隆起。逐渐将虫体包埋形成虫瘿,大如黄豆,发叶早的蚊母树一般为害比较严重,杭州新胸蚜在虫瘿封口前防治效果相对较好,时间一般在3月中下旬,防治药剂有艾美乐20 000倍液或阿克泰10 000倍液,或烟参碱800倍液等。

3月份,春雨绵绵,空气湿度很高,易引起白粉病为害,白粉病(见图3-11)易发生的

图 3-11 白粉病

植物有石楠、狭叶十大功劳、大叶黄杨、月季、紫薇、枸杞等,尤以石楠出现最早。石楠新叶受白粉病为害后,叶片扭曲并随后出现明显黑斑,对景观的影响较大。近几年长三角地区悬铃木也出现严重白粉病为害,特别是秋后为害症状十分明显,白粉病的防治必须掌握早期、多次的防治原则,在发病初期就采用药剂进行防治,选用药剂有粉锈宁 3000 倍液或敌力脱 3000 倍液或力克菌 2000 倍液喷雾,间隔 15 天 1 次,连续 2~3 次防治,有良好效果。

锈病主要为害植物有梨、苹果、山楂、海棠、棠梨、木瓜等。锈病以多年生菌丝体在病害植物组织内越冬,温度、降雨、风力是病害发生的三个主要条件。春雨少,气温低,发病轻,春雨多,气温高,发病重。发病时植物叶片上会出现红色锈斑,锈病后期叶片上的病斑如刺毛虫,会造成植物提前落叶,严重时株害率和叶害率可以超过 80%,严重影响植物的生长和景观。如果蔷薇科植物附近种植有柏属植物,会增加锈病发生,建议在 3 月中旬对这些植物进行一次防治。锈病的防治药剂和方法同白粉病。

4 月份

上海的天气是细雨霏霏,华南逐渐进入雨季,植物生长逐渐加快,4 月份也是植物病虫害快速发展的月份,部分天牛幼虫在化蛹前食量猛增,蛀孔排出木屑明显增多,黄杨绢野螟进入暴食危害期,因空气湿度大,病害发展很快,白粉病、黑斑病、锈病、金叶女贞叶斑病大量出现症状,刺吸性害虫如蚜虫、杜鹃网蝽、青桐木虱、合欢木虱、螨类、藤壶蚧则成为 4 月份的主角,数量激增,无论是北方的松大蚜、柏大蚜,还是南方的栾多态毛蚜均进入为害盛期,引起叶片油腻发亮或者引发霉污。

藤壶蚧(见图 3-12)为害香樟、荷花玉兰、珊瑚树、枇杷、栾树、玉兰、含笑等多种植物,刺吸汁液,排出蜜露,引发霉污病,特别是香樟、荷花玉兰、珊瑚树等常绿植物,霉污现象更甚,严重影响景观,已成为城市绿化植物的主要病虫害之一。藤壶蚧一年一代,以成虫越冬,春天越冬母蚧产卵于蚧壳下,一头母蚧可产卵数百粒,卵于 4 月下旬开始孵化,初孵若蚧先在母蚧壳内躲藏,当外界气温合适后,集中爬出母蚧,爬向寄主的嫩梢、嫩枝,固定刺吸,约一周后,若蚧体背开始出现蜡丝,上海地区若蚧爬出母蚧的高峰期一般在 4 月底到 5 月初。因气温上升快慢而有 1 周左右的时差,要求到时每 2 天观察一次孵化和出壳情况,当出壳若蚧超过 50% 时,应从此时起的一周内实施防治工作,防治药剂有 70% 艾美乐 20 000 倍液或阿克泰 10 000 倍液或啶虫脒 3000 倍液或 10% 吡虫啉 1000 倍液,烟参碱、速扑杀、乐斯本、乙酰甲胺磷等也有良效。

图 3-12 藤壶蚧

杜鹃冠网蝽又名梨网蝽(见图3-13)主要分布于江淮以南地区,为害杜鹃,刺吸汁液,使杜鹃叶片泛白,且不能逆转,影响杜鹃长势。4月中旬起可在杜鹃老叶上见到群集的杜鹃网蝽初孵若虫,后逐渐扩散,转移到新叶上,杜鹃网蝽在长江中下游一年发生5～6代,后期世代重叠严重,所以在4月份的防治很重要,控制得好可以大大减轻以后的防治压力,防治药剂同藤壶蚧。

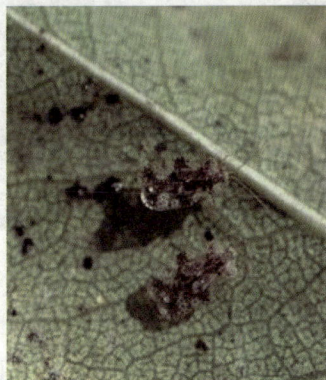

图3-13　杜鹃冠网蝽

图3-14　金叶女贞叶斑病

金叶女贞叶斑病(见图3-14)是金叶女贞的主要病害,发病叶片上会产生近圆形的褐色病斑,常具轮纹,边缘外围常黄色,并会引起金叶女贞大量落叶,发病严重区域内金叶女贞叶片将一叶不剩,枝干光秃。上海地区通常4月初开始发病,高峰期7～8月,秋季10月还可能出现一个发病的小高峰。虽然该病侵染后金叶女贞发生落叶在春夏之交,但该病的病原菌侵染却是在金叶女贞萌发新叶的时候,在金叶女贞新叶萌发基本完成后喷大生600～800倍液2～3次效果最好,每次间隔期为两周,4月初是防治的最佳时期。

5月份

春夏之交,雨水增多,天气渐热。刺吸式害虫仍然是防控的主要对象,蚜虫、叶蝉、木虱、蚧虫等为害明显,月底红蜡蚧开始产卵孵化。天牛等蛀干性害虫逐渐进入化蛹阶段,食叶性害虫开始增多,长江流域藤壶蚧、青桐木虱、合欢木虱、梨网蝽也开始大量繁殖,严重时,影响植物生长及景观效果。

红蜡蚧(见图3-15)寄主众多,主要危害枸骨、火棘、月桂、栀子、雪松、桂花、蔷薇、茶梅、月季、玫瑰、佛手、石榴、山茶花、米兰、木兰、八角金盘、樱花等。长江以南各省和北方温室内均有发生,成虫和若虫密集寄生在植物枝干和叶片上刺吸汁液。雌虫多危害枝干和叶柄,会诱发严重的煤污病,致使植株长势衰退,树冠萎缩,全株发黑。通常一年发生1代,以受精雌成虫在枝干上越冬,翌年3～4月开始孕卵,5月下旬至6月上旬开始产卵,产卵期延续1个月,卵产于体下,雌虫产卵量平均为470粒,卵期极短,仅1～2天,故有边产卵、边孵化、边爬出母体的习性,孵化初期物候为石榴盛花期,孵化盛期物候为合欢始花至盛花期,初孵若虫多在晴天中午爬离母体,如遇阴雨会在母体介壳内停留1小时至数天。初孵若虫爬行半小时左右,即陆续固着在枝叶上危害,树冠外层受光照较强的外侧枝叶上寄生量大,内层老枝上则较少。红蜡蚧的防治从5月底6月初的孵化初期开始,每次间隔 7～10 天防治一次,防治药剂可以选择艾美乐 20 000 倍液或阿克泰 10 000 倍液或啶虫脒 2000 倍液或吡虫啉 1000 倍液喷雾,连续 3～4 次。

图 3-15　红蜡蚧

图 3-16　青桐木虱

青桐木虱(见图 3-16)一年 2～3 代,分布于陕西、河南、山东、江浙沪及华南等地,以卵在枝干上越冬。5 月初孵化若虫,成虫均有群居性,青桐木虱主要为害青桐,在植物嫩梢或叶背刺吸汁液,并分泌大量白色棉絮物,随风飘洒,棉絮状物对人体无害,但影响青桐生长及观赏价值。5 月是主要为害期,6 月以后为害渐轻。该虫的防治方法是在 5 月初,见到棉絮状物,即到了防治阶段,喷施艾美乐 10 000 倍液或乐斯本 1000 倍液或杀灭菊酯 1500 倍液或绿颖 200 倍液均有较好效果。

梨网蝽在全国各省区均有分布为害,但以中部地区较为严重,为害梅花、樱花、西府海棠、垂丝海棠、杜鹃花、月季、山茶花、含笑、茉莉、紫藤、桃花、贴梗海棠等植物。上海及江、浙地区一年可发生 4～5 代,以成、若虫群集于叶背,吸汁危害,致使叶面密布苍白色失绿斑点,严重时全叶苍白橘黄,叶背布满褐色粪便,若虫蜕皮(壳)和产卵时会排泄蝇粪状漆黑色小油污点,致使叶背呈锈污色,叶面诱发煤污,造成早期落叶,幼树受害严重时,往往全株叶片脱落,影响生长和观赏。梨网蝽以成虫在枯枝落叶、树干翘皮裂缝、草丛、土缝、石块下越冬,翌年 4 月中下旬出蛰活动,交配后产卵于叶背主脉两侧的叶肉组织中,并分泌黄褐色黏液和排泄物覆盖其上,卵期约半月。第 1 代若虫 5 月中旬出现,历经半月左右。7～8 月虫口密度达最高峰呈世代重叠,遇到高温、干旱气候危害更重,10 月后陆续以成虫越冬,治理方法在 4 月中旬至 5 月中旬,防治越冬成虫和第 1 代幼虫很重要,可起到事半功倍的作用,防治药剂同红蜡蚧。

6 月份

我国南方和长江中下游流域进入梅雨季节,空气湿度大,易引发植物病害,特别是栽种冷地型草种的地方,高羊茅褐斑病会引起草坪大面积死亡。除红蜡蚧处于防治适期外,刺吸类主要害虫的防治适期渐渐过去,食叶类害虫慢慢成为主要害虫,如刺蛾、袋蛾、樟巢螟、黄尾毒蛾、乌桕毒蛾、美国白蛾等均在 6 月份开始出现第一代幼虫,产生为害。

黄刺蛾(见图 3-17)、桑褐刺蛾、褐边绿刺蛾、丽绿刺蛾、扁刺蛾 5 种刺蛾在长江中下游均以幼虫结茧越冬,其中黄刺蛾、丽绿刺蛾结茧在树干上,桑褐刺蛾、褐边绿刺蛾、扁刺蛾结茧在土壤表面。刺蛾一年两代,翌年 5 月出现成虫,6 月第一代幼虫开始为害,第一代幼虫发生期整齐,在上海地区,黄刺蛾稍早些,扁刺蛾最晚,可至 7 月初。其余则在 6 月 25 日前后,防治适期一般在 6 月 20 日左右,3 龄幼虫前后喷施苏云金杆菌就能达到防治效果。

图 3-17　黄刺蛾

图 3-18　樟巢螟

樟巢螟(见图 3-18)一年两代为害香樟等樟科植物,幼虫缀叶取食为害如鸟巢,严重危害的树有巢数十个,可将树叶吃光,对植物生长和景观影响大。以幼虫土中越冬,第二年 5 月羽化,6 月初产卵,6 月中旬出现幼虫,6 月 20 日前后是防治适期。一巢常数十头幼虫,不断黏结叶片取食为害,幼虫在巢内活动迅捷。因虫巢的缘故,药剂不易直接接触虫体,一般采用胃毒性药剂较好,如灭幼脲 3 号 800～1000 倍或杀螟松 1000 倍液等。在上海一般 10 下旬—11 月下旬用高枝剪摘除虫巢集中销毁,特别是对于树体较小、栽种量又不大的一些香樟,尤其适用。

红蜡蚧一年一代,一般从 5 月底开始出现初孵若虫起,红蜡蚧有长达一个月的防治期。

高羊茅褐斑病(见图 3-19),在夏季容易发生。出现枯黄枯死现象,草坪出现色差和斑秃,严重影响景观。高羊茅褐斑病由真菌侵染高羊茅的根茎叶引起的,高羊茅感病后最初叶片会出现云纹状斑纹,继而倒伏死亡。如果养护不善该病害可使高羊茅在夏季死亡 50% 以上。防治关键,一是从 5 月起,尽量少施尿素,改用磷钾含量较高的复合肥;二是在梅雨前喷施 1～2 次保护性杀菌剂,如大生 600～800 倍液。进入梅雨后,如果高羊茅出现集中发病,则每隔 10～15 天喷力克菌 2500 倍液,以控制病害扩散蔓延。

图 3-19　高羊茅褐斑病

7 月份

天气炎热。本月主要以蛀干害虫和食叶害虫为主要防治重点,主要有星天牛、光肩星天牛、云斑天牛、桑天牛、重阳木锦斑蛾、美国白蛾、合欢巢蛾等。大多数刺吸害虫的虫口密度已减少,7 月刺吸昆虫蝉类(知了)开始羽化,上海地区有黑蚱蝉、螽蟖等数种,蝉类对树木的为害,主要是在树木枝条上产卵,产生枯梢,对植物生长没有太大的不利,因此不要防治而将蝉鸣作为夏季一景。

天牛以幼虫钻蛀为害,幼虫期、成虫期、产卵期均长。天牛大多一年一代或者两年一代,上海地区5月底6月初可见星天牛、云斑天牛成虫,卵在6月上旬就可孵化。天牛成虫羽化没有明显的高峰期,6月中下旬较为集中,7月上中旬是卵孵化相对集中的时期,蛀孔处开始出现幼虫为害症状,易于发现,如星天牛(见图3-20)为害悬铃木出现流淌酱水现象,云斑天牛、桑天牛为害女贞、海棠等植物,排出木屑已较清晰。7月份是防治天牛的重要时间。天牛幼虫会在韧皮部钻蛀为害1个月左右,可用击打树皮压死其内幼虫的方法,也可采用钢丝捅杀或钩杀的方法。另外,用小刀挑开表皮,挑取幼虫也比较常用。桑天牛、云斑天牛有时孵化后即蛀入木质部,故以钢丝捅杀、钩杀或蛀孔注药为佳,挑挖方法不宜采用。在天牛为害早期于蛀害孔附近喷施具有内渗性的药剂,如杀螟松等也有一定效果。

图3-20　星天牛

重阳木锦斑蛾(见图3-21)属鳞翅目斑蛾科,是一种专食性害虫,只取食重阳木。该虫主要分布于长江沿线及其以南地区,在福州和武昌1年发生4代。上海部分地区发生严重,将重阳木叶片全部吃光。7月份是重阳木锦斑蛾第二代为害期,重阳木锦斑蛾防治比较容易,可以采用烟参碱800倍液,或灭幼脲3号1000倍液,或绿百事1000倍液等喷雾。

图3-21　重阳木锦斑蛾

图3-22　美国白蛾

美国白蛾(见图3-22)是检疫性害虫,6月底7月初北方城市美国白蛾第一代幼虫开始化蛹,7月中旬开始出现第二代幼虫,结网幕取食为害,南方城市则相应稍早些。防治上在7月初释放天敌周氏啮小蜂,或在幼虫期喷施灭幼脲3号或苦烟乳油或者高效氯氰菊酯1000倍液均有效果。

8月份

天气酷暑炎热,长江流域病虫害防治关注的重点转移至短期吃光植物叶片的害虫,如杨树的几种舟蛾,为害白花三叶草等植物的斜纹夜蛾等等,此时螨类造成的水杉红叶、香樟叶片变色等均很明显,方翅网蝽已使严重受害的悬铃木出现整株灰白的症状,但防治适期已经过去,水杉的赤枯病现象已经普遍出现,刺蛾已是第二代幼虫危害期,天牛幼虫危害症状越来越明显,有的已蛀入较深,最好采用钩杀和蛀孔注药方法,北方的美国白蛾发育进度已不整齐,既有幼龄幼虫,也有老熟幼虫,可采用释放天敌小蜂或喷施灭幼脲3号、除虫脲等药剂加以防治。

　　长江下游地区的杨树舟蛾主要是杨扇舟蛾(见图3-23)、杨小舟蛾(见图3-24)、分月扇舟蛾(见图3-25)三种,常混合为害,杨扇舟蛾以春夏季危害为主,8月前后以杨小舟蛾为主,10月前后以分月扇舟蛾为主。杨小舟蛾和分月扇舟蛾一年6~7代,8月份完成一代约36天,吃光杨树叶片后,大量杨小舟蛾可以迁移至附近柳树、冬青等植物上为害,杨树舟蛾的防治在8月上旬释放周氏啮小蜂,幼虫期喷施烟参碱1000倍液,或灭幼脲3号1000倍液,或除虫脲4000倍液。

　　斜纹夜蛾(见图3-26)俗名"行军虫",因短期内将植物叶片吃光,然后集体转移而得名,主要为害白花三叶草、马蹄金、荷花、部分草花及豆科杂草。不喜为害矮生百慕大、高羊茅、马尼拉等单子叶草坪。斜纹夜蛾在上海1年可发生6~8代以老熟幼虫、蛹越冬。翌春4月开始羽化。初龄幼虫群集叶背取食下表皮和叶肉,仅留叶脉及上表皮,使叶片成

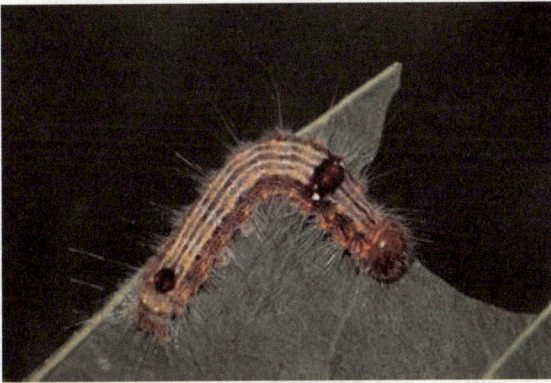

图3-23　杨扇舟蛾

图3-24　杨小舟蛾

图3-25　分月扇舟蛾

图3-26　斜纹夜蛾

网状,2龄后幼虫开始分散,4龄幼虫食量增大,咬食叶片呈缺刻,仅剩主脉,老龄幼虫把叶片吃成缺刻或吃光全叶,有时也危害幼茎、花蕾、花瓣,幼虫有假死性,成虫有趋光性。斜纹夜蛾有迁飞现象,迁飞昆虫一旦在高空遇下沉气流,就将大量成虫带至当地,短期内引起成虫大量产卵,并迅速繁殖,使当地以后几代斜纹夜蛾虫量暴增,引起虫灾,斜纹夜蛾的抗药性较强,防治建议如下:清除豆科杂草,如田皂荚等,可喷米满1000倍液或除虫脲3000或灭幼脲3号800倍液,或乐斯本1000倍滴。结合冬季翻土,消灭越冬虫蛹和幼虫。

9月份

高温天气已过,气温还是较高,食叶性害虫霜天蛾、樗蚕蛾、咖啡透翅天蛾、绿尾大蚕蛾、雀纹天蛾、葡萄天蛾、稻切叶螟、稻贪叶夜蛾、斜纹夜蛾、重阳木锦斑蛾继续危害,北方地区,美国白蛾发育到9月份已很不整齐,既有第二代的幼虫,也有第三代的幼虫,月底美国白蛾老熟幼虫将分散或下树越冬。刺吸式害虫的危害随气温的逐渐下降有所回升,在9月底前后形成一个全年的次高峰。木蠹蛾、天牛等蛀干害虫危害症状越来越明显,木蠹蛾造成的枝梢枯萎或树干断裂可以经常见到,在上海地区,受害严重的珊瑚绿篱,用手一推,可在离地1 m左右处齐刷刷断折,如墙倒一般。蛴螬等地下害虫危害草坪、草花也逐渐多见和明显。

霜天蛾(见图3-27)每年发生两代,以蛹在土中越冬,第二代成虫9~10月间出现,10月底入土化蛹越冬,老熟幼虫的食量很大,在24小时内取食的叶片重量为其自身重量的138%,排粪量为自重量的93.7%。因此,此虫危害可使不少枝条光秃,地面碎叶狼藉,铺满虫粪,在防治上可通过危害症状捕捉幼虫,也可以喷施烟参碱或灭幼脲3号1000倍液、绿百事1000倍液或者毒高2000倍液喷雾防治。

图3-27　霜天蛾

图3-28　樗蚕蛾

樗蚕蛾(见图3-28)国内分布于辽宁、北京、河北、山东、江西、江苏、浙江、安徽、四川、贵州、云南、福建、台湾,国外分布于朝鲜、日本等国,被害的主要园林植物有紫玉兰、白玉兰、樟树、含笑、冬青、梧桐、悬铃木、木槿、白兰花、柳、卫矛、银杏、连香树等,香樟上最多见,幼虫食叶,发生较多时,可将全株叶片吃光,幼虫体长75 mm,头部黄色,体黄绿色,附有白粉,各节具有6个对称的绿色棘状突起,突起之间有黑褐色斑点,一年两代,以蛹在茧内越冬,第一代幼虫6月孵化,第二代幼虫发生危害在9~11月,防治同上。

绿尾大蚕蛾（见图 3-29）主要分布在江苏、浙江、上海、福建、台湾、湖南、湖北、广东、广西、河南、河北、辽宁、江西等地区，为害对象有枫杨、柳、月季、木槿、枫香、乌桕、喜树、核桃、白榆等花木。以幼虫蚕食叶片，造成穿孔和缺刻，严重时，可将整株叶片食光。第一代幼虫 6 月孵化，第二代幼虫发生危害在 9～11 月，防治同上。

图 3-29　绿尾大蚕蛾

10 月份

北方天气已入晚秋，已至寒露霜降，此时天气少雨晴朗，上海正是秋高气爽的好天气，公园游客激增，此时病虫害逐渐进入越冬状态，如重阳木锦斑蛾、美国白蛾幼虫在 10 月份下树寻找越冬场所结茧越冬，天牛已钻入木质部深处，蛀道已很长，蚜虫、网蝽、叶螨等刺吸性害虫在 10 月初有一个为害小高峰，到 10 月末逐渐减轻，但危害症状则是越来越明显，如香樟受叶螨危害，叶片变红，紫薇、香樟、广玉兰等植物叶片发生霉污等等。此时落叶植物即将落叶，无需防治，只要对常绿植物进行防治，地下害虫蛴螬要引起重视。

图 3-30　蛴螬

园林中蛴螬以危害草坪为主，蛴螬（见图 3-30）是金龟子的幼虫，金龟子在中国大约有 1800 种，主要的蛴螬约有 30 种，昆明地区草坪金龟子有 17 种，上海也有近 10 种。植物地下部分受害 80% 以上是由蛴螬造成的。蛴螬一般一年一代，幼虫始终在土中活动，当土温降到 5℃ 时，幼虫向深层土转移，蛴螬咬断草坪根系，使地上草坪出现枯黄现象，草坪可用手如地毯状提起，草坪下泥土松如沙地，严重时 1 平方米可有蛴螬 50 头以上。上海地区草坪下蛴螬数量以 8、9 月份最多，但此时虫体幼小，危害症状不明显，进入 10 月份，虫体渐大，食量日甚，所以蛴螬严重危害症状一般从 10 月份开始，可晚至 12 月初。防治方法有利用秋冬翻地把越冬幼虫翻到地表使其风干、冻死或被天敌捕食，防止使用未腐熟有机肥料，以防招引成虫来产卵，金龟子趋光性很强，设置黑光灯可以诱杀大量成虫，蛴螬危害期可使用泼新快克或硫磷乳剂或乐斯本 1000 倍液，也可每亩撒施施乐斯颗粒剂 1～3 kg。

11 月份

除华南外，天气已凉，大江南北有霜，华北有雪，东北已冻。对于病虫害来说，为害已近尾声，所以 11 月的植保主要工作是阻止病虫害越冬，对可防治的病虫害要抓住时机防治，如上海樟巢螟幼虫从 10 月下旬起就开始入土结茧化蛹，至 11 月底，树上虫巢中幼虫已不多见，华北地区，危害黑松的赤松毛虫幼虫下树比较晚，一般在 11 月份下树到树干基部表土中,树皮缝隙或者枯草丛中越冬。可以在赤松毛虫下树前,在树干的1.2 m处缠绕草绳,阻止松毛虫下树,11月份天牛仍在为越冬做准备而危害严重,可以根据危害症状,在蛀孔中插毒棒或者注入药液,杀灭越冬前的天牛幼虫,减少天牛的越冬基数,减轻来年的危害。蛴螬此时虫体已较大,食量大增,危害症状明显的要防治,在上海地区,竹茎扁蚜可以终年为害,没有明显的越冬现象,严重时仍然可以引起竹丛表面的煤污,如有必要需进行防治,药剂以采用吡虫啉类、啶虫脒类药剂为佳。如果人工能够安排过来,11月份可以开始修剪工作,去除严重的病虫为害枝,也可以进行击打、挖除或者刮除越冬虫茧(如刺蛾越冬茧、斑衣蜡蝉越冬卵)等冬防工作。

对于日夜温差大的地区,可以采用树干涂白,降低树干上越冬害虫的越冬率,涂白剂可以增加阳光反射,避免因白天树干阳面温度升高细胞解冻,而晚上受冷细胞结冻。引起"日灼"冻害,涂白剂的配方如下:50 kg水+15 kg生石灰+1.5 kg硫磺+2 kg盐。此法对于日夜温差不大的地区,效果不明显,可以不采用。

12月份

天气寒冷,病虫害为害基本停止,在防治上可以利用对植物进行修剪时重点剪除病虫枝。总结一年病虫害防治情况,整理病虫害档案,总结经验,根据今年的病虫害防治中出现的问题,制定明年病虫害防治计划。

实训操作

一、花灌木(以红叶李为例)修剪

1. 操作准备

(1) 工具准备:剪枝剪、手锯、梯子(修剪较大树时使用)。工具要注意保养,并保持锋利。

(2) 植物准备:花灌木红叶李

时间要求:红叶李春天3月底到4月初开花,花着生在侧枝。修剪时间可以在花后2周。

2. 修剪要求

一般作多枝闭心型修剪(适合此类修剪的花灌木还有石榴、木槿、桂花、山茶等),修剪成卵形或倒卵形树冠。新梢过密过强的要疏剪,较强而需要留下的轻短截(剪去一年生枝条的五分之一至四分之一),弱的长放。二年生枝条回缩为主(回缩后,营养不上去了,7、8月份形成花芽时量就多),疏剪、长放为辅。剪口平整,回缩二年生枝条时要留弱剪口枝。萌蘖枝一般疏剪,短枝疏剪或长放。

3. 操作步骤

修剪的操作,应按照"先大后小,先下后上,先内后外"的步骤进行。

(1) "先大后小"即先剪大枝后剪小枝。疏枝时先将过密的大枝剪掉,然后再剪过密的中枝与小枝。

(2) "先下后上"即先剪下部枝,再剪上部枝。首先观察树势是否平衡,枝叶过于外延时,采用短截或缩剪的方法压低树冠高度;如主枝间生长不平衡,则将强势的主枝进行缩剪,以求树势的平衡。

(3)"先内后外"即先剪内膛枝后剪外围枝。疏枝时先将树冠内部的过密枝条剪去,最后再剪去外围的过密枝。

4. 注意事项

修剪后树冠整体比较完整,树势平衡,从疏密程度来讲,内部枝条分布较均匀,下部枝条无脱节(剥芽时留一部分小枝条点缀不要露出光的树干),无病虫枝和枯桩烂头。

二、树木带土球移植(大掘)

1. 操作准备

(1)工具准备

铁锹、手锯、敲板、弹簧剪、插刀、冲棍、浇水用具、麻绳、杠棒、运输工具等。

(2)植物准备

香樟、广玉兰、罗汉松、柳杉、枇杷、女贞、夹竹桃、茶花、茶梅等树种。

2. 大掘移植要求

球形规格符合标准、球面平整光洁,完好无损,断根截面平滑,无外露现象。绑扎的草绳嵌入土球(草绳与土球间无缝隙),种植穴规格符合标准要求上下通直,"酒酿潭"无漏水缺口,浇透水。

3. 操作步骤

(1)铲浮土

先铲除根际四周的浮土,以见须根为度,使球面呈馒头形。铁锹要紧靠树干,铁锹紧靠树干的一边高。

(2)确定规格

乔木类带土球的直径标准,一般以距干基15 cm处周长为土球半径。灌木类带土球直径标准,一般为树冠冠幅的二分之一到三分之一。挖环沟。沟宽25 cm左右,环沟深度是球面直径的四分之三,(土球的厚度是球面直径的三分之二),环沟挖成后,按土球直径要求的规格垂直切下修光并修整土球表面。土球圆整,腰要垂直。

(3)挖环沟

25～30 cm圆柱体,环沟上下通直(铁锹面向外),锹柄压底圆柱体变小。

(4)打腰箍

肩下2～3 cm打小木棍(粗约0.8 cm长约15 cm的树枝),站环沟里顺时针方向后退,草绳一端在小木棍左边向下4～5 cm,顺时针方向一圈圈往下绕扎,绕扎时要求草绳排列紧密而没有空隙,绕扎时一人将草绳拉紧,一人用敲板顺着拉绳的方向拍打,腰箍间没缝隙。最后一圈上来处(可在第一根小木棍前面10 cm下方),最后一道腰箍处再用一根树枝打入土球,将草绳沿下桩下方向上绕,紧贴上桩压过绳头拉上来,临时绑扎在树干上。

（5）修球面

铁锹向上,锹刃由外向内(向树干方向)修整球面。

（6）出底泥

人逆时针方向前进,左脚向前一步,铁锹面向树干倾斜出锹,用锹沿最后一道腰箍下 2 cm 向轴心方向斜向挖土,使土球底部逐渐收小,最后锹挖不到的土,也可用插刀代替,土球的底面应是球面直径的三分之一。

（7）绑扎

网络包扎一般需要两人配合,一人根据包扎的速度逐渐放绳,一人边包扎草绳边用敲板拍打草绳,使草绳与土球紧密结合。从腰箍拉上来的草绳,沿着树根基部的直线为准往左移 7 cm 左右作为第一道绳的定位,然后斜拉至球底,再从球底斜拉上来,第二道绳子上来的位置在第一道球面绳子的另一半直线上,与第一道的间距 7 cm 左右。第二道绳子从球面斜拉至球底再从底部斜拉上来,第三道绳子位置在第二道球面绳子的另一半直线上。如此循环包扎,并不断用敲板拍打,使其草绳紧贴土球,直到草绳均匀布满土球,包扎第二层则将草绳自动交叉成网络状即可。倒球,挖掉底根。第一圈最后一道绑到第二圈的第一道,肩上和腰箍下十字交叉(出现菱形),后面一道压着前面一道(土球底部的绳子)。

（8）起穴

可以先铲好斜坡再把土球拉到穴外。

（9）修剪

树木挖掘后,为了使地下根系吸收水分与地上树冠蒸腾水分平衡,必须进行修剪。花灌木、果树、针叶树类修剪树冠时必须修去病虫枝、枯弱枝,并修去过密、过长、重叠、交叉等不相适应的侧枝,阔叶常绿树应进行适度抽枝、摘梢、摘叶等修剪工作。一般可剪去全株四分之一的叶量,干旱天热时还可多摘一些。可修去全株三分之一至二分之一的叶量,落叶树在带叶出圃时也可参照进行。有些树木可根据需要的高度进行截干,以确保成活种植。

（10）运输

通过人力或机械方法及时运输到种植地。

（11）种植

① 挖种植穴:挖种植穴要求上下通直,穴比球面直径至少大约 20～30 cm 左右。深度是球面直径的三分之二,或根据球的厚度来挖穴。挖种植穴后在种植穴底部放入营养土,也可以放入挖穴时挖出的表层的泥土但要拍松再用,堆成馒头形。

② 定位:树木放在种植穴中间,栽培阴面向阳,作绿化种植阳面朝向观赏面。

③ 加土夯实:一人扶住树干保持树木与水平垂直,另一人边加土边用冲棍把球四周的土夯实,作"酒酿潭",用疏松细粒土在种植穴边缘周围做成土围,土围高度、宽度约为 10 cm 左右。

④ 浇水:树木栽植后必须浇透水,使土壤与土球紧密结合。

（12）清场

清理现场，收好工具。

4. 注意事项

树木移植过程中注意安全，上述步骤按要求完成，挖掘过程中突遇下雨，要尽快完成，不能让树木泡在雨水中。

三、规则式绿篱修剪

1. 操作准备

（1）工具准备：大草剪和剪枝剪。

（2）植物准备：规则式绿篱。

2. 操作步骤

（1）在用篱剪或草剪修剪之前，先用剪枝剪剪去比较粗壮的枝条，然后依次从绿篱的一端向另一端循序渐进地进行修剪，不能跳剪。剪去枝条的桩头要比绿篱表面低5 cm左右。

（2）修剪成矩形的绿篱，修剪面有三个，即一表面两侧面，修剪时应先表面后侧面。在修剪表面时身体重心必须稍向前倾，通过剪刀口有节奏的开合剪去枝叶，操作熟练时能使剪尖产生自然而有节奏的跳动，可使剪下的枝叶不至于残留在绿篱表面。也可用手拿去或用剪刀拨去残留在表面的残枝断叶。如绿篱表面不平整时，修剪时需加以调节，即对高处进行压低高度，而对低处稍加修剪甚至不修剪，以使绿篱通过数次修剪后达到平整。

（3）在修剪侧面时，人应接近侧面，双脚前后分开，双眼向左下方侧视，同时左手在下右手在上，侧握住剪刀，刀片与绿篱侧面贴近并平行，视线与贴近绿篱侧面的刀片侧面成一直线。在修剪时左手控制直线前进，右手负责修剪，身体沿修剪的侧面平行移动。

（4）修剪好后要清理现场，清除场地剪下的枝叶。

3. 注意事项

规则式绿篱修剪的质量要求：三面平整，无起伏现象，面上无断枝残叶，剪口平整光滑。桩头下陷5 cm，不许外露。棱角清晰，线条挺直。

在修剪时人体要松弛，站立要自然，手握在剪把的中间部位并端平剪刀，前臂摆动时，手腕用力要均匀。

在修剪时，如刀片过紧或过松而影响操作时，可通过螺帽调节剪刀的松紧，直至剪时不至于吃力，又能轻松剪去枝叶为宜。

练习题

一、判断题

1. 杂草结实前清除杂草。　　　　　　　　　　　　　　　　　　　（　　）

2. 选地适树与改地适树都是做到适地适树的基本途径。　　　　　　（　　）

3. 短截枝条的剪口应在叶芽上方 0.8～1 cm 的适宜之处。　　　　　（　　）

4. "酒酿潭"的土围高度、宽度约为 20 cm 左右。　　　　　　　　　（　　）

5. 对酸度过高的土壤一般可每年每亩施入 20～25 kg 的石膏,达到适合作物生长的土壤酸度。　　　　　　　　　　　　　　　　　　　　　　　　　　（　　）

6. 移植树木后及时恢复根部与地上部的代谢平衡是树木栽植成活的关键。（　　）

7. 树木带土球大掘时铲浮土只要铲去泥土表面的浮土和杂草就可以确定土球规格了。　　　　　　　　　　　　　　　　　　　　　　　　　　　　　　（　　）

8. 紫薇与木槿应在花后重剪,有利于促发壮条,促使当年分化好花芽并多开花。

（　　）

9. 修剪的程序概括起来就是"一看、二剪、三拿、四处理"。　　　　　（　　）

10. 灌木一般采用两种修剪方法,一种是疏枝,另一种是短截。　　　　（　　）

11. 有机肥一般用做植物的追肥。　　　　　　　　　　　　　　　　　（　　）

12. 一般来说沙质土紧实,黏质土疏松;团粒结构的土壤紧实,块状结构的土壤疏松。

（　　）

13. 观叶植物施磷、钾肥要比氮肥多。　　　　　　　　　　　　　　　（　　）

14. 尿素是氮肥中最易挥发的肥料。　　　　　　　　　　　　　　　　（　　）

15. 为提高植物抗寒能力,应多施磷、钾肥。　　　　　　　　　　　　（　　）

16. 草木灰与过磷酸钙可以混合使用。　　　　　　　　　　　　　　　（　　）

17. 园林植物害虫一般分为食叶性害虫、刺吸性害虫、蛀干性害虫和食根性害虫等。

（　　）

18. 园林植物上的介壳虫均 1 年发生一代。　　　　　　　　　　　　（　　）

19. 我国当前的植保方针是"预防为主,综合防治"。　　　　　　　　（　　）

20. 白粉病是一种白粉细菌性病害。　　　　　　　　　　　　　　　　（　　）

二、单选题

1. 土球球面直径 30～35 cm,腰厚度为_____cm。

　　A. 6～8　　　　　　B. 7～8　　　　　　C. 8～9　　　　　　D. 8～10

2. 绿篱养护修剪,每年需修剪 2～4 次;一般一至三季度剪 2～3 次,四季度 1 次,为迎节日,应在"五一"劳动节、"十一"国庆节前_____天修剪为宜。

　　A. 5　　　　　　　B. 7　　　　　　　C. 10　　　　　　　D. 15

3. 施追肥的方法有两种,一种是根外追肥,另一种方法是_____。

　　A. 条施法　　　　　B. 根施法　　　　　C. 穴施法　　　　　D. 放射状沟施法

4. 带土球挖掘出底泥时用铁锹与地面成_____的倾斜角度向土球中心挖掘。

　　A. 35 度　　　　　B. 45 度　　　　　C. 40 度　　　　　D. 50 度

5. 对于土壤碱性过高时,施_____见效快,但作用时间不长,需经常施用。

　　A. 硫酸铝　　　　　B. 硫酸亚铁　　　　C. 腐殖酸肥　　　　D. 硫磺粉

6. 树根有较强的趋肥性,为使树根向深广处发展,施基肥要适当深一些,不得浅于_____cm。

　　A. 30　　　　　　　B. 40　　　　　　　C. 35　　　　　　　D. 45

7. 植物体内_____元素充足有利于组织充实,木质化程度高,抗寒能力就强。

    A. 氮   B. 磷   C. 钾   D. 钙

8. 红蜡蚧属园林植物_____害虫。

    A. 食叶性   B. 刺吸性   C. 食根性   D. 蛀干性

9. 生长期修剪的主要方法是_____。

    A. 疏枝、短截   B. 强剪、弱剪   C. 除芽   D. 短截

10. 下列园林害虫中,不属于昆虫的是_____。

    A. 介壳虫   B. 蚜虫   C. 粉虱   D. 螨类

11. 徒手捕杀害虫属于_____法。

    A. 物理及机械防治   B. 化学防治

    C. 生物防治   D. 园艺防治

12. 常绿树生长特征是_____。

    A. 不落叶   B. 叶片冬天常绿 C. 冬天落叶   D. 叶片常绿

13. 落叶树冬季处于_____。

    A. 生长期   B. 休眠期   C. 停止期   D. 恢复期

14. 乔木有效土层应大于_____cm。

    A. 25   B. 30   C. 80   D. 100

15. 上海地区最适合移植树木的季节是_____。

    A. 春季   B. 梅雨季节   C. 秋季   D. 冬季

16. 胸径 10 cm 树木穴的大小需比土球直径增大_____cm。

    A. 10～15   B. 15～20   C. 20～25   D. 30～40

17. 下列不采用带土球方法掘苗的是_____。

    A. 休眠期水杉   B. 海棠花   C. 紫藤   D. 白玉兰

18. 下列冬季移植可裸根移植的是_____。

    A. 香樟   B. 杜英   C. 桂花   D. 白玉兰

19. 移植修剪的主要目的是_____平衡。

    A. 保持通风、透风   B. 保持营养生长与生殖

    C. 保持水分代谢   D. 保持地下部分与地上部分

20. 正常季节移植树木修剪应控制在_____。

    A. 1/4～2/5   B. 1/2～3/5   C. 3/4～4/5   D. 3/5～3/4

三、多选题

1. 夏季高温绿地浇水时间一般在_____。

    A. 下午五点以后   B. 晚上十点以后   C. 早上五点以前

    D. 早上十点以前   E. 任何时间都可以

2. 树木可以栽植的季节有_____。

    A. 春季   B. 冬季   C. 梅雨季节

    D. 秋季   E. 夏季栽植

3. 常用防台措施有_____。

　　A．培土　　　　　　　B．地桩　　　　　　　C．架风障

　　D．修剪树冠　　　　　E．施肥

4．植物栽植包括的基本环节有_____。

　　A．种植　　　　　　　B．假植　　　　　　　C．搬运

　　D．掘起　　　　　　　E．修剪

5．绑扎土球的方法以网络形绑扎为主,还有_____是常见的绑扎形式。

　　A．米字形包扎　　　　B．五角形包扎　　　　C．井字形包扎

　　D．三角形包扎　　　　E．十字形

四、简答题

1．目前常用防寒措施有哪些?

2．植物修剪的方法有哪几种?

3．自然式绿地定点放样的方法有哪几种?

4．居住区绿化中常见的绿化形式有哪几种?

5．简述花坛植物的养护要点。

第四章
花卉植物的室内外应用技术

本章导读

1. 学习目标

通过教学使学生了解花卉室内外应用的特点及应用形式;理解花坛、花境、容器花卉、地被和草坪的概念及类型,掌握花坛、花境、容器花卉、地被和草坪等的建植技术;了解室内植物装饰的配置原则和处理手法,掌握室内各种装饰形式的基本造型手法和技术;同时掌握室内场所花卉应用的特点与技巧。

2. 学习内容

花卉植物室外各应用形式的概念、类型以及建植技术。花卉植物室内应用的特点、配置原则、处理手法及材料形式,以及几种室内场所的花卉应用方法。

3. 重点与难点

重点:花卉植物室内各应用形式的类型及建植(种植)技术。花卉植物室内应用的处理手法与材料形式。

难点:熟练掌握插花技术及室内场所花卉应用的手法。

随着经济的迅速发展和物质文化生活水平的不断提高,人们对改善工作、学习生活环境的要求越来越迫切。在园林绿地中应用花卉创造出五彩缤纷、花团锦簇、绿草如茵、香气宜人的景观;在公共场所、机关厂矿用花卉进行布置和装饰,使环境轻松,气氛活跃,人们迫切希望把具有观赏价值的绿色植物引入室内,用于点缀居室,美化厅堂及公共交际场所,以增加自然风光情趣,益于身心健康。花卉进入千家万户,使生活更加充实、舒适美好。

花卉植物的应用是一门综合艺术,它充分表现出大自然的天然美和人类匠心的艺术美。它又是一门专业技术,必须熟练掌握花卉的性状,并通过各种手法表现加以扬长避短才能使其达到最完美的程度。

目前,许多国家都在建设"花园城市",花卉广为人们所喜爱,它最终将成为日常生活中必需品,因此花卉植物的应用在满足人们不断提高精神和文化需求方面有着广阔的前景。

第一节　花卉植物的室外应用

在园林绿地中除了栽植一些乔、灌木外,建筑物周围、道路两旁、疏林下、空旷地等,都是栽种花卉的场所,为环境添色。为此,花卉的室外应用是园林绿地重要的不可缺少的组成部分。花卉在室外应用的常见方式即是利用其丰富的色彩变化及多姿的形态来布置出不同的景观。

一、花坛

1. 花坛的概念

花坛(flower bed)是一种古老的花卉应用形式,源于古罗马时代的文人园林,16世纪在意大利园林中广泛应用,17世纪在法国凡尔赛宫达到了高潮。花坛指绿地中应用花卉布置最精细的一种形式,用来点缀花园。其将同期开放的多种花卉,或不同颜色的同种花卉,根据一定的图案设计,栽种于特定规则式或自然式的苗床内,以发挥其群体美的效果。植物材料多以一、二年生花卉为主,也可应用部分球根、宿根花卉。花坛花卉需随季节而更换。

花坛的平面可以是单独的几何图形,也可以是几个几何图形的连续带状或成群组合。布置要求所用花卉的花期、花色、株形及株高等,要配置协调,具有规则的、群体的、有图案(色块)效果的特点。它是公园、广场、街道绿地以及工厂、机关、学校、居住区等绿化布置中的重点。

花坛的植物材料要求经常保持鲜艳的色彩与整齐的轮廓,并随季节的变化而进行更换,因此一般常选用一、二年生花卉。

2. 花坛的作用

(1) 美化环境

有生命的花卉组成的花坛,有较高的装饰性,是美化环境的一种较好的方式。在住宅小区、写字楼等高密度建筑楼群间,设置色彩鲜艳的花坛,可以打破建筑物造成的沉闷感,增加色彩,令人赏心悦目。

(2) 标志、宣传

市花是城市的象征,以市花组成的花坛可成为城市的标志。一个单位、一件事物结合其标徽或吉祥物,配以相应的花坛,也可起到标志的作用。而用花卉组合成的字体,标语图示更能直接起到宣传作用。

(3) 基础装饰

以花坛作配景,用以装饰和加强园林景物的,称为基础装饰。一座雕像如果以花坛装饰基座,会使雕像富有生命感;山石旁的花坛,可使山石与鲜花产生刚柔结合、相得益彰的效果;喷水池旁的花坛,不仅能丰富水池的色彩,还可作为喷水池的背景,使园林水景更显亮丽;建筑物的墙基、屋角设置花坛,不仅美化了建筑物,而且使硬质的墙体与地面连接的线条显得生动有趣,又加强了基础的稳定感觉。

(4) 分隔、屏障

花坛的形状、大小,特别是花木枝叶的浓密度、花卉栽植的密度及其生长的高度等等,可作为划分和装饰地面,分隔空间的手段,还可起到一种隐隐约约、似隔非隔、隔而不死的生物屏障的作用。

(5) 组织交通

城市街道上的安全岛、分车带、交叉口等处,设置花坛或花坛群(或称带状花坛,连续花坛),可以区分路面,提高驾驶员的注意力,增加人行、车行的美感与安全感;火车站、机场、码头的广场花坛,往往是一个城市环境的标志和橱窗,对一个城市的艺术面貌起着十分重要的作用。

(6) 增加节日的欢乐气氛

五颜六色、鲜艳夺目的各色花坛,往往成为节假日欢乐气氛最富表现力的一种形式。近年我国南北方城市,每到节假日都是广设各式花坛,气氛热烈,色彩缤纷,游人赏之雀跃,纷纷拍照留影,故节假日的花坛(尤其是有一定主题的花坛)往往是城市环境美化的主角,成为最受游人欢迎的一项生态形式。

3. 花坛类型

(1) 依照花坛形式及组合分类

① 立体中心式花坛(见图 4 - 1):一般位于园路的叉口、草坪中央。花坛通过整地和选择花卉相结合,组成中间较高、四周渐低,便于四周观赏的花坛。

② 模纹式花坛:利用不同品种镶嵌成各种曲线、图案,或文字,形似毛毡,故又称毛毡式花坛。采用的花卉种类要求枝叶细密,分枝性强的植物。也可用植株矮小,多花性的花卉,一般要求株高整齐一致。

图 4 - 1　立体中心式花坛

③ 整形式花坛(见图 4-2):常见于我国北方地区,设在路口、街头的重要景点。一般以动物造型为多,也有小的亭子、人物、吉祥物等。采用耐修剪、分枝性强的植物,如:红绿草等,植物的养护要求较高。

图 4-2　整形式花坛

图 4-3　移动式花坛

④ 移动式花坛(见图 4-3):利用一些可移动的容器,栽植花草,布置于平时不设置花坛的地方制成花坛。这样的花坛布置,特别适合城市绿化、广场绿化及为一些特殊的节庆活动而设置。

图 4-4　组合式花坛

⑤ 组合式花坛(见图 4-4):由几个小型花坛组合成一个整体的花坛。各小花坛往往可以立体的上下分布,组成一定的造型,达到既允许花坛轮廓的变化,又有统一的规律,观赏者移动视点,才能欣赏花坛的整体效果,这种利用连续景观,来表现花坛的艺术感染力,是花坛美的延续。其中的花卉只要满足花坛的总体要求,可以用不同种类或品种。最重要的是观赏期一致,体现整体效果。

⑥ 对称式花坛群(沉床式花坛):一般在较大的绿地中要求有大面积花坛,而用一个花坛又难以办到,可以通过一组花坛以对称布置的方式来完成,花坛间可铺石筑路,以便游人步入其间;各小花坛的花卉材料也应注意对称布置,强调整体性;中央的主花坛可以设置喷泉、雕塑等。周围的花坛材料,不限于草本、木本,可以多样化,使整个花

坛群的观赏期尽量延长,利用不同花期的材料达到目的。

(2) 依照花坛空间位置分类

由于环境的不同,花坛所处位置不一,设置花坛的目的各异,因此在园林中可根据空间位置设置以下不同形式的花坛。

① 平面花坛:花坛与地平面基本一致,为观赏和管理上的方便,花坛与地面可构成小于30°的坡度,既便于观赏到整个花坛的整体,又利于花坛的排水,其外部轮廓线,则应依照环境需要采取各种不同的几何形轮廓。

② 斜坡花坛:坡地可设置斜坡花坛,但坡度不宜过大,否则水土流失严重,花材、花纹不易保持完整和持久,斜坡花坛多为一面观赏,可设在道路的尽头,面积大小、形状依照实际环境、面积而定。

③ 台阶花坛:坡度过大或台阶两边,可设置台阶花台,层层向上,有斜面和平面交替,成为台阶两边的装饰,除利用开花花材外,也可适当加入持久的观叶材料,使之更富变化。

④ 高台花坛:在园林中,为了某种特殊用途,如为了分隔空间,或者为了与附近建筑风格取得协调统一的效果,或受该处地形的限制,可设置高于地面的花台,其形状、大小、高度依照所在地的环境条件而定。

⑤ 俯视花坛:俯视花坛指花坛设置在低于一般地面的地块上,必须从高处向下俯视,才能欣赏到花坛的整体纹样和色彩。在地形起伏的庭园中,利用低地设置,显示最美的俯视效果,俯视之余,可由小路走近花坛细赏。

⑥ 立体花坛(见图4-5):又称整形花坛。是将一年生或多年生的小灌木或草本植物种植在二维或三维的立体构架上,形成植物艺术造型的一种花卉布置技术。它通过塑造出的各种具体、生动的形式,来传递丰富的信息,表达鲜明的主题。其按结构区分有构架式、嵌盆式、堆叠式三种构建方式;按空间表现形式分为二维和三维两种形式。

图4-5 立体花坛

4. 花坛建植技术

花坛指绿地中应用花卉布置最精细的一种形式,花坛外形布置以几何形为主,花材应选用花期、花色、株型、株高整齐一致的花卉,配置协调。花坛具有规则的、群体的、讲究图案(色块)效果的特点。

(1) 花坛建植的关键技术

① 花坛与绿地的关系

明确花坛是绿地的重要组成部分,即花坛与绿地的关系是互相衬托且需要融为一体。花坛设计要符合街道绿地中花卉的种植面积比例要求,可按绿地类型及花坛设置位置充分考虑花坛与绿地环境的协调性。花坛的设计应配置合理,主题突出,具有独创性。

② 花坛的设计

良好的花坛设计应该为提高花坛施工和养护质量提供完整的技术支持。花坛设计文件必须包括:图纸(平面图、剖面图、施工详图)、经费预算表和文字说明,并附花卉的种类、品种、规格和数量,必要时附上效果图。

③ 花坛类型的选择

要按绿地和环境的特点,选用合适的花坛类型,更好地体现花坛景观效果。

a. 模纹式花坛通常采用的花卉种类要求枝叶细密,分枝性强,耐修剪,如红绿草等。利用不同品种镶嵌成各种曲线、图案或文字,形似毛毡,故又称毛毡式花坛。也可用植株矮小、多花性的花卉品种,要求枝高、花色、花期等整齐一致,组成图案。

b. 立体式花坛设在路口、街头的重要景点。利用钢筋等材料造型后,用带土的花卉拼成花坛。常用红绿草等枝叶细密的花卉材料为主,需要修剪、整形。一般以动物造型为多,也有小的亭子、人物、吉祥物等,养护要求高。

c. 移动式花坛是用木框等容器,在一些平时不宜设置花坛的场所,如广场等硬地上为了某些活动等需要而建植的花坛,因此必须用人工配置的土壤,花卉材料要求同其他花坛。这样的花坛布置,特别适合城市绿化、广场绿化等为一些特殊的节庆活动而设置的临时花坛。

d. 组合式花坛由几个小型花坛组合成一个整体的花坛。各小花坛往往可以上下立体分布,组成一定的造型。其中的花卉只要满足花坛的总体要求,可以用不同种类或品种,最重要的是观赏期一致,以体现花坛整体效果。

e. 对称式花坛群又称沉床式花坛,一般在较大的绿地中要求有大面积花坛,而用一个花坛又难以办到,可以通过一组花坛以对称布置的方式来实现。花坛间可铺石筑路,以便游人步入其间,同时也有利于日常花卉的养护;各小花坛的花卉材料也应注意对称布置,强调整体性;中央的主花坛可以设置喷泉、雕塑等。

(2) 花坛花卉的选择

① 花卉质量:建立全过程跟踪与沟通的工作机制,准备高质量的花卉材料是花坛成功的前提。由于花卉材料的生产具有严格的季节性,因此加强计划意识尤为重要。从花坛的方案设计到花坛的施工,有关人员都要熟悉花坛花卉材料,并随时与花卉生产单位保持沟通,必要时作些调整与优化才能确保花坛的质量。花坛设计应至少附上两季(本季和下一季)花卉品种的名称、数量和种植时间等,并作出具体要求和说明。

花卉质量的把握需要设计与施工负责人员按设计的要求准备花卉材料,即从设计阶段开始就需要与花卉生产单位沟通,并在花卉的生产过程中对所选的花卉种类、品种、数量特别是质量进行跟踪,确保花坛栽植的花卉符合下列质量要求:

a. 花卉的主干矮,具有粗壮的茎干;基部分枝强健。

b. 花卉根系完好,生长旺盛,根部无病虫害。

c. 开花及时,花蕾显露。用于绿地时能体现最佳效果。

d. 花卉植株的类型标准化,如花色、株高、开花期等的一致性。

e. 植株应无病虫害和机械损伤。

f. 观赏期长,在绿地中有效观赏期应保持 45 天以上。

g. 花卉苗木的运输过程及运到种植地后必须有有效措施保证其湿润状态。

② 花卉种类的选择:花坛中花卉种类宜采用规格整齐的草花,种类不宜杂乱,尽量采用同种花卉的不同品种(花色),能较好地体现花坛的协调一致性。花坛以展示图案效果的群体美为特点,要求高度的一致性和协调性,因此不同花色用同类花卉品种较易做到,上海东安公园内的花坛,用的是何氏凤仙的不同花色,使得花坛的图案清晰,效果良好。

有些大型的花坛,需要花色较为丰富,同时希望采用最佳的花色,这时一种花卉无法做到,如上海古城公园内的大花坛。当需要采用不同种类时,实现各种花卉间的协调一致性则要求有较高的专业知识。

③ 花坛的花色配置:花坛花卉的花色宜采用对比色,以形成较强烈的视觉效果,表现出花坛的图案美。花坛设计中花卉的配置,其花色的应用有着鲜明的特点,即宜采用对比强烈的色彩,这样容易体现花坛的规则性和图案效果。常采用强烈的对比色。

黄色和金黄色在实际中被经常用到,白色可以使整体的色彩增加明度,白色和粉红色可丰富花坛的图案层次。

(3) 花坛的地形与土壤改良

花坛的立地条件即地形与土壤改良是花坛成功的基础。地形处理和种植土壤的改良必须在设计和施工文件中提出明确的要求,花坛种植表层土(30 cm)必须采用疏松、肥沃、富含有机质的培养土,必须清除土壤中的杂草根、碎砖、石块等杂物,严禁含有有害物质和大于 1 cm 以上的石块等杂物。

对不利于花卉生长的土壤必须用富含有机物质的培养土加以更换改良。土壤改良时,必须采用充分发酵的有机物质。土壤必须经过消毒,严禁含有病菌或对植物、人、动物有害的物质。

二、花境

1. 花境的概念

花境(flower border)是园林中从规则式构图到自然式构图的一种过渡的半自然式的带状种植,它利用露地宿根花卉、球根花卉及一二年生花卉,栽植在树丛、绿篱、栏杆、绿地边缘、道路两旁及建筑物前,以带状自然式栽种,表现植物个体所特有的自然美以及它们之间自然组合的群落美为主题。它是根据自然风景中林缘野生花卉自然分散生长的规律,加以艺术提炼,而应用于园林景观中的一种方式。它一次设计种植,可多年使用,并能做到四季有景。另外,花境不但具有优美的景观效果,尚有分隔空间和组织游览路线之功能。

2. 花境的特点

(1) 花境有种植床,种植床两边的边缘线是连续不断的平行的直线或是有几何轨迹可循的曲线,是沿长轴方向演进的动态连续构图。这正是与自然花丛和带状花坛的不同之处。

(2) 花境种植床的边缘可以有边缘石也可无,但通常要求有低矮的镶边植物。

(3) 单面观赏的花境需有背景,其背景可以是装饰围墙、绿篱、树墙或格子篱等,通常呈规则式种植。

(4) 花境内部的植物配植是自然式的斑块式混交;所以花境是过渡的半自然式种植设计。其基本构成单位是一组花丛,每组花丛由5～10种花卉组成,每种花卉集中栽植。

(5) 花境主要表现花卉群丛平面和立面的自然美,是竖向和水平方向的综合景观表现。平面上不同种类是块状混交;立面上高低错落,既表现植物个体的自然美,又表现植物自然组合的群落美。

(6) 花境中各种花卉的配置比较粗放,不要求花期一致。但要考虑到同一季节中各种花卉的色彩、姿态、体型及数量的协调和对比,整体构图必须严整,还要注意一年中的四季变化,使一年四季都有花开。

(7) 一般花境的花卉应选花期长、色彩鲜艳、栽培管理粗放的宿根花卉为主,适当配以一二年生草花和球根花卉,或全部用球根花卉配置,或仅用同一种花卉的不同品种、不同色彩的花卉配置。

3. 花境的类型

(1) 依照花境的轮廓分类

① 直线形花境:花境的边缘为笔直的线条,具有规则式的风格。一般其在布置时常将植物排列成某种图案。

② 几何形花境:花境外形为几何图形,如方形、圆形等。建造几何形的花境通常是为了突出它们的外形,为此,种上低矮的植物或边缘围种低矮的花篱能突显外形。

③ 曲线形花境:花境的边缘为曲线形,具有自然有趣的风格。一般在布置时边缘曲线要柔和舒展。

(2) 依照设计形式分类

① 单面观赏花境(见图4-6):为传统的应用设计形式,多临近道路设置,并常以建筑物、矮墙、树丛、绿篱等为背景,前面为低矮的边缘植物,整体上前低后高,仅供一面观赏。

图4-6　单面观赏花境

② 双面观赏花境(见图4-7):多设置在道路、广场和草坪的中央,植物种植总体上以中间高两侧低为原则,可供两面观赏。这种花境没有背景。

图4-7　双面观赏花境

③ 对应式花境(见图4-8)：在园路轴线的两侧、广场、草坪或建筑周围设置的呈左右二列式相对应的两个花境。在设计上统一考虑，作为一组景观，多用拟对称手法，力求富有韵律变化之美。

图4-8　对应式花境

4. 花境的建造技术

（1）花境的设计

花境的设计文件包括：图纸（平面图、剖面图、施工详图）、经费预算表和文字说明。附植物的种类（包括品种）、规格、数量等，同时还要对花境的立地条件作具体的分析，对地形处理、土壤改良等作出详细的要求说明。重要的花境还需附上效果图。

花境设计的重点与难点是如何对花卉种类进行有效的配置，做到既符合花卉的习性又能体现花卉的观赏特点。同时要留有调整余地，充分考虑不同时期的效果。一个良好的花境需要时间来得到逐步完善的。

（2）花境的施工技术

花境的施工必须严格按照设计图纸及设计说明进行,施工前要求进行材料、场地、人工等的准备。施工如无法满足设计要求时,必须提前作出调整方案,并制定保证落实的措施。

① 土壤准备:因花境常采用多年生植物,故土壤要求含有较高的有机肥,以满足植物的生长所需,为此花境种植前土壤中要施足基肥。

② 花卉材料的准备:花境栽植的植物材料质量一定要达到最佳要求,即植株的根系发育良好,植株要带有 3 个以上的芽,观赏期要长,植株生长健壮,没有病虫害和机械损伤。

③ 花境花卉的种植:花境施工中,花卉种植技术的要求比其他花卉应用都要高。不仅要考虑花苗的株行距、种植深度等因素,还要按设计意图和花卉种类及其植株的状态进行合理的调整和优化,使花境的观赏效果更佳。

三、容器花园

1. 容器花园的概念

容器花园(container garder)是利用盆钵栽植各式各样的花卉,运用美学的原理,经过组合形成一个盆栽花园。容器花园不仅限于城市中心的公共场所,同样可以应用于家庭花园、居住区绿地等。特别是那些没有条件种植的硬地,如重要的中心广场、人们活动的休闲场所。总之,那些需要用花卉来装饰的重要的视觉点都可以采用容器花园。

这种形式至少有三大优点:首先,它比起传统的盆栽更有利于花卉生长;其次,经过配置组合,花卉的观赏性更强;再次,能因地制宜地摆放,装点各种环境,灵活方便。

2. 容器花园的基本形式

(1) 花箱

花箱是采用正方形或多边形的容器栽植花卉。其在城市公共场所应用的形式很广,花箱可以单个摆放,也可以几个组合形成景色。(见图 4-9)

花槽即小型的花箱,原来主要用于民居的窗台和阳台。在城市公共场所,花槽主要应用在道路的隔离栏杆上,分单挂式或骑挂式,作为人行道的隔离装饰,也有用作机动车道的隔离和人行天桥上靠挂装饰。

图 4-9　花箱

（2）花钵

花钵是容器花园中容器外形变化较多的形式，它可以与装饰的环境和所要表现的主题进行有机的配合，使得容器花园与布置的场景更好地融合，协调一致。与花箱一样，花钵可以单独使用（见图4-10），也可用大小不同的花钵摆放成一组装饰。

花钵常用于商业中心、居住区人流活动的休闲区域。许多道路的路口开阔地也是花钵应用的好场所。

图4-10　花钵

图4-11　花球

（3）花球

花球又称悬挂花篮，是利用各种悬挂容器，种植花卉后悬挂装饰，一般宜安置在高于视线的位置（见图4-11）。城市公共场所应用花球可以大大丰富空间花卉色彩的作用，因此被广泛采用，用得最多的是灯柱悬挂。花球以采用蔓性下垂的花卉种类为主，可以是单一花卉品种，也可以是几种花卉组合的；有四面观赏的，也有单面观赏的壁挂式花篮。

（4）其他大型容器花卉

由于有些场所的空间大，需要一些体量大的容器花卉装饰，专业人员为此设计出各种既适合花卉生长，又有较好的观赏效果的容器花卉，如花塔、花墙等。

3. 容器花园的制作技术要求

（1）容器的选择

容器花园的容器应避免使用过于花哨而喧宾夺主，却不能很好地保证其中的花卉植物正常的生长而影响效果，并且其大小、色彩应与布置环境相协调。

（2）花卉的配置

花卉材料的配置是容器花园设计的重点，应根据花卉的外形和习性来进行搭配，通常要注意以下几点：

① 应用的花卉材料数量不宜过多，组合要符合一般艺术的构图原理。体现主景材料

或陪衬材料等特点。

② 花卉材料不仅应有高、低的变化，还要有花色、花型、质感、花纹类型等方面的变化。

③ 同一容器中所用花卉种类的生长势必须保持一致。否则会影响整体效果。

四、篱垣及棚架

利用蔓性和攀缘类花卉可以构成篱栅、棚架、花廊；还可以点缀门洞、窗格和围墙。既可收到绿化、美化之效果，又可起防护、荫蔽的作用，给游客提供纳凉、休息的场所。

在篱垣上常利用一些草本蔓性植物作垂直布置，如牵牛花、茑萝、香豌豆等。这些草花重量较轻，不会将篱垣压歪压倒。棚架和透空花廊宜用木本攀缘花卉来布置，如紫藤、凌霄、络石、葡萄等，它们经多年生长后能布满棚架，有良好的荫蔽效果。特别应该提出的是攀缘类月季与铁线莲，具有较高的观赏性，它可以构成高大的花柱，也可以培养成铺天盖地的花屏障，既可以弯成弧形做拱门，也可以依着木架做成花廊或花凉棚，在园林中得到广泛的应用。

在儿童游乐场地常用攀缘类植物组成各种动物形象。这需要事先搭好骨架，并通过人工引导使花卉将骨架布满，装饰性很强，使环境气氛更为活跃。

五、岩石园

以自然式园林布局，利用园林中的土丘、山石、溪间等造型变化，点缀以各种岩生花卉，创造出更为接近自然的景色。

在园林中除了海拔较高的地区外，一般大多数高山岩生花卉难以适应生长，所以实际上应用的岩生花卉主要是由露地花卉中选取，选用一些低矮、耐干旱瘠薄的多年生草花，也需要有好阴湿的植物，如：秋海棠类、虎耳草、苦苣苔类、蕨类等。

露地花卉除上述几种布置方式外还常按不同景观的需要三、五成丛或成片地栽植于铺装的庭园、草坪上或道路拐弯处，形式为自然式，这种花卉或花群的布置方式给人以豪放开阔的感觉。

图4-12　水生园

六、水生应用

水生花卉可以绿化、美化池塘、湖泊等大面积的水域，也可以装点小型水池，并且还有一些适宜于沼泽地或低湿地栽植。栽种各种水生花卉使园林景色更加丰富生动，同时还起着净化水质，保持水面洁净，抑制有害藻类生长的作用。

根据不同的环境条件及景观要求，对水生花卉的选材有所不同，如沼泽地和低湿地常栽植千屈菜、香蒲等。静水的水池宜栽睡莲、王莲。水深 1 m 左右,水流缓慢的地方可栽植荷花,水深超过 1 m 的湖塘多栽植萍蓬草、凤眼莲等。在水深条件不能适应栽植的情况下,可按要求筑砌种植槽或用缸、盆架设水中栽植。

七、地被与草坪

地被植物是地面覆盖植物的统称。园林地被植物比植物学上所指的地被植物含义更广泛,除了覆盖在裸露地面上的附地植物(苔藓)外,主要包括一些成片种植的、茎叶密集低矮的草本植物以及少量灌木和蔓生植物。园林中的地被植物大多是人工种植的,也有自生能力较强的野生植物。在园林绿化部门,将草坪植物和其他地被植物区分开来,这是因为草坪植物在养护上自成体系,但性质上它仍应是地被植物的重要组成部分。

地被植物是花卉植物在园林中大面积应用的有效途径,具有改善环境、增加层次、形成完美立体景观等功能。

1. 地被

(1) 地被的类型

大力发展地被植物是园林绿化的方向之一。地被植物的应用面尚可大大拓宽。

地被植物按目前应用范围大致可分为以下几类:

① 空旷地被:指在阳光充足的宽阔场地上栽培的地被植物,一般可选观花类的植物。如美女樱、常夏石竹、福禄考等。

② 林缘、疏林地被:指树坛边缘或稀疏树丛下栽培的地被植物,可选择适宜在这种半荫蔽环境中生长的植物。如诸葛菜、石蒜、细叶麦冬、蛇莓等。

③ 林下地被:指在乔、灌木层基部、郁闭度很紧密的林下栽培的阴性植物。如玉簪、虎耳草、白芨等。

④ 坡地地被:指在土坡、河岸边种植的地被植物,主要起防止冲刷、保持水土的作用,应选择抗性强、根系发达、蔓延迅速的种类。如小冠花、苔草、香附(莎草)等。

图 4 - 13　地被

⑤ 岩石地被:指覆盖于山石缝间的地被植物,是一种大面积的岩石园式地被。如常春藤、爬山虎等可覆盖于岩石上;石菖蒲、野菊花等可散植于山石之间。若阳光充足,可选择色彩鲜艳的低矮宿根花卉,景观异常美丽,国外称其为高山地被。

(2) 地被植物的选择

地被植物种类繁多,生态习性也不同。城市园林绿化中地被植物通常有以下几方面的选择要求。

① 生长期长:地被植物要尽量采用多年生、绿叶期较长的常绿植物,在绿叶期外,植丛也能覆盖地表,具有一定保护作用。

② 高矮适度、耐修剪:地被植物一般为 30 cm 以下,最高不超过 70 cm,矮灌木类应选择耐修剪或生长慢的以便于控制高度。

③ 适应性强、抗逆性强:地被植物多为露地栽植,管理粗放,因此要选择抗逆性较强的种类,如抗寒、抗旱、抗病虫、抗瘠薄、抗环境污染、耐涝、耐盐碱、耐践踏等。可以节约管理费用,要注意从乡土植物中选择应用,效果较好。

④ 生长迅速、容易繁殖、管理粗放:地被植物与花卉不一样,要求繁殖的方法简便,如播种、分株、扦插等都易成活。苗期生长迅速,成苗期管理粗放。一次播种或栽植后能多年自行繁衍,如灌木、宿根和球根植物、自播能力较强的草花等,可以自成群落,常年只需稍加养护即可。

⑤ 具有观赏价值和经济价值:园林地被应具有美化园林的特色,应在花、果、叶等方面具有观赏价值,与环境中的其他景色相互协调。如能兼有药用、食用,或其他经济用途则更佳。

(3) 地被植物的种植技术

① 细致整地:要使地被植物显示良好效果,必须在栽植前重视整地工作。将土壤翻松,清除杂草,拣去砖石。尽可能多施有机肥料作基肥,然后平整土地,再进行播种或植苗。

② 适当密植、合理混栽:地被植物应尽早发挥其群体效果,故种植时应适当密植。密植程度要根据各种植物的生长速度、栽植时的大小及养护管理的条件而定。一般草本植物株行距 20～35 cm,矮生灌木 40～50 cm。过稀易生杂草,过密则生长不良。要防止空秃,一旦出现很不雅观,要及时补救,恢复美观。有些地被植物花繁叶茂,但生长期不长,可与其他植物轮流播种或混合栽植,可以收到延长观赏期的效果。

2. 草坪

草坪也常称为草地、草皮,是城市绿化的重要组成部分。草坪覆盖面积是评价现代化城市建设水平的重要标志之一。草坪植物是以具有匍匐茎的多年生草本植物为主,大多数是禾本科草类,少数是莎草科和豆科植物,用以覆盖地面,成为大面积的草地。

图 4-14

大面积草坪起源于 16 世纪的欧洲。18 世纪园林追求自然的牧场风格,以英国式园林为代表,大草坪是其主要标志之一。到 19 世纪 30 年代,草坪与一般地被植物区分开来,尤其是高档草坪出现后,草坪已成为现代园林中的要素之一,在园林中应用越来越广,成为花丛、花坛、树坛、花灌木的最佳陪衬物。

(1) 草坪的作用与类型

① 草坪的作用

草坪在园林绿地中常用以覆盖裸露空地,保持庭园整洁,与周围的树木、花卉、建筑等配合协调,构成美的空间。草坪对整个的环境还起防护作用,具有防尘护土、降低阳光辐射、调节气候等作用。地表覆盖草坪之后,可使空气中的尘土减少到 1/3～1/6;夏季草坪比裸露地温度低0.5～3.0℃；还能显著地增加空气中的氧含量和提高湿度。因此，草坪除在园林绿地中应用之外，学校、医院、运动场地等都广为铺设。

小块的、精致的草坪，有很高的观赏意义；开阔空间的草坪，常常是工作之余的一片理想的户外活动场地；利用草坪作运动场地、儿童游戏场地，可使场地更清洁、松软、优美，可防止雨后泥泞，减少意外摔伤，有益于身体健康。

② 草坪的类型

根据不同的区分形式，草坪类型有多种，其中根据草种的组合形式不同有单一草坪、混合草坪及缀花草坪之分；而依照草坪的功能可分为以下五种草坪。

a. 游息草坪：主要供人们休息活动之用，多选择一些低矮、匍匐而耐践踏的草种种植。这种草坪应用范围较广，多为自然式，可设置在公园、医院、学校内。

b. 运动草坪：主要作运动场地的草坪，如足球场、网球场、高尔夫球场、田径运动场、儿童游戏场等，可根据运动量及活动需要，选择特别耐践踏、耐修剪、低矮稠密等性能的草种栽培。

c. 观赏草坪：又称装饰性草坪。如铺设在广场雕像、喷泉周围和纪念物前等处，作为景前装饰或陪衬景观。以细叶草类为宜，栽培管理要求精细。多为封闭式，整齐美观。

d. 牧草草坪：以放牧为主，结合园林休憩的草坪，一般多在森林公园或风景区等处园林中应用。一般选用生长强健的优良牧草，利用地形排水，具有自然情趣。

e. 护坡护岸草坪：在坡地、水岸为保持水土而铺设的草坪。一般选择适应性强、根系发达、草层紧密、抗性强的草种。

（2）草坪植物的选择

良好的草坪植物应是：容易繁殖；有匍匐茎或分蘖性强，生长迅速，能在短时间内蔓生成草坪；株形低矮，叶片纤细，色泽均一，整齐美观；在一年内绿草期的时间长；耐践踏；耐重剪；抗性强，如抗旱、抗热、抗寒、抗病虫害等。

自然界中完全具备上述条件的草坪植物很少，常用的草坪仅能接近这些条件，有的仅能具备其中一、二点，因此常用混播法，集中各草种的优点。还可根据不同的用途，选择较为理想的草种加以种植。如游息草坪应选择耐践踏、绿草期长、耐重剪的草种；观赏草坪要求叶片纤细，生长发育均衡，平整美观；北方地区应选耐寒力强的种类，南方则要求耐高温、高湿等等。

（3）草坪的种植技术

① 土地整理

草坪施工首先要整理土地，根据草坪的类型进行地形整理。如自然式的游息草坪，可以有适当的地形起伏，而规划式草坪则要求地形平整。不论是哪种草坪，都需要有一定的坡度以利排水。

铺设草坪的土壤无严格的要求。首先要将土壤全面翻耕20 cm左右，并拣除瓦砾石块。视土壤状况结合翻耕施入适量的基肥然后耙细、整平、压实。切忌图省工，不全面翻耕，推平土壤后即建立草坪，往往生长不良，秃斑黑黑，难以补救。

② 草坪种植

种植草坪，可用有性繁殖和无性繁殖法。

　　a. 有性繁殖

　　即播种法。新鲜的草籽可直接播种,发芽困难的种子需在播种前进行催芽处理。播种时间春、秋皆可。北方只能在晚春;春季干旱地区常夏播;夏季酷热地区以秋播为佳。秋播可以避免夏季杂草繁茂,草籽经过一个冬季的生长发育,来年春季即可初步形成草坪,提高与杂草竞争的能力。为了尽快形成草坪,播种量宜密不宜太稀,具体的播种时期和播种量还要视草的种类和草籽质量而定。播种方法,多用撒播法,力求均匀。

　　目前流行于草坪业的,还有草坪植生带建坪法,简称"植生带"。所谓植生带就是将精选过的种子均匀排列或将种子浸渍于黏附剂中(例如甲基纤维素＋阿拉伯胶＋蔗糖的混合物等),然后均匀地铺粘于一定基质(例如无纺布、纱布或纸)上,成型为带状。长短、宽窄依照需要和操作方便而定。应用植生带建立草坪时,将植生带卷成圆筒,吸湿并保湿于适温条件下,促使种子萌发至大多数种子露白,或直播将植生带平铺在整好的地面上。精细覆土,喷水,保湿,很快而且整齐、均匀地出苗,形成幼苗坪。植生带的纸和布在腐烂之前有利于保湿和延迟杂草的发生。采用植生带,对于适宜播种建坪的草种,比种子直播法更有一定的优越性。但成本较高。

　　播种可用单一的草种,也可两、三种草种按一定比例混播。混合草坪不仅能延长草坪植物的绿色观赏期,而且能提高草坪的使用效果和保护功能。例如夏季生长良好的和冬季抗寒性强的混合;宽叶草种和细叶草种混合;耐磨性强的和耐修剪的混合等。

　　b. 无性繁殖

　　撒茎法多用于匍匐茎或根状茎发达的草种。将草皮的匍匐茎切成 5～10 cm 的小段,每段有节,然后将其均匀地撒播在整平、耙细的土面上,随即覆土、压实、浇水,以后每日早晚均需喷水,直到生根发芽。此法春、秋季均可进行。

　　分株法多用于丛生、分蘖性较强的草类如细叶结缕草、香附(莎草)、苔草的一些种。将草皮掘起然后按一定的株行距穴栽或行栽即可。栽后注意浇水保湿。分株法栽植密度宜大,否则成活后覆盖不均匀。

　　铺设法是将繁殖好的草皮用平板铲按厚度约 3 cm 铲下来,再切成 30 cm×30 cm 的方块,每块均匀一致,重叠堆起,铲起装车,运送到整理好的场地铺设。铺栽草块时,块与块之间应保留 0.5～1 cm 的间隙,防止遇水膨胀,边缘形成重叠。铺后用滚筒滚压,然后浇水,以后每隔一周进行一次,直到草坪完全平整为止。在国外,可使用起草坪机,将草坪按长条形起下,卷成卷,再装车运走。铺设法的优点是能很快形成草坪。施工季节宜于两季之前,有利于草皮的生长。

第二节　花卉植物的室内应用

　　花卉植物的室内应用,又称室内绿化装饰。主要指室内空间的绿化布置,即利用自然界各种各样的植物,依照科学、艺术规律,充分发挥其功能与美的作用,因时因地制宜地合理布局,以达到卫生、舒适、雅致、美观、实用的效果。所选用的材料,主要是对人有益无害的,适于室内生长的阴性、半阴性、湿生、中生、旱生及水生观赏植物。从欣赏特点来说,有色彩绚丽的观花植物,有形态奇特的仙人掌植物,有比作"无声的诗和立体的画"的盆景以及千姿百态的插花艺术等。

一、花卉植物室内应用的特点

1. 适应室内的环境条件

由于室内空间有限,通风与光照较差,装饰效果的好坏,首先取决于对植物生态习性,形态特征的认识与应用。

2. 具有一定的抗逆性,栽培容易,管理方便

鉴于室内环境条件所限,选用的植物对环境要有一定的适应能力,其栽培管理不需投入过多的人力、物力和时间。

3. 具有观赏价值及景观效果,并适于室内装饰

要求叶色苍翠或艳丽,叶形奇特,植物形体大小适量,枝型多变,易于修剪造型,不受季节限制,能够较长时间保持其观赏价值。兼有观花、观茎、观芽、观根及观果价值,闻香者更为理想。

根据这些特点,阴生观叶植物用作室内装饰,不论在生态上、形态上以及色彩上都最能适应其要求。

二、花卉植物室内应用的配置原则

1. 整体要和谐

指应根据室内其他陈设物的数量,色彩等不同的情况,进行全面考虑,做到合理布局。如果是多方位、多层次的空间绿化装饰,还必须使每一个单一的空间,统一在整体布局之中,避免在各个布局中,出现同类植物或等量的重复,以形成一个富有变化的自然景观,使人感到有节奏、韵律。

2. 主次要分明

指在同一方位内的空间,要有主景和配景之分。主景是装饰布置的核心,必须突出,而且要有艺术魅力,能吸引人,给人留下难忘的印象。配景是从属部分,有别于主景,但又必须与主景取得协调。

3. 中心要突出

主景在选材上通常是利用珍稀植物,或形态奇特姿色优美,色彩绚丽的典型植物,以加强主景的中心效果。在一个建筑单元内,有卧室、厨房、卫生间及会客室等许多空间,重点装饰会客室,以展示主人的风貌,并反映其文化素养,也可谓之突出中心。在机关大楼里突出装饰门厅及会议室,以代表单位的精神面貌,同样为突出重点。

4. 比例要协调

观赏植物的室内装饰布置,植物本身和室内空间及陈设之间都有一定的比例关系。大的空间中装饰小的植物,就无法显示出气氛,也很不协调;小空间装饰大的植物,则显得臃肿闭塞,缺乏整体感。因此,装饰布置时,首先根据室内建筑空间的组成大小,形状及门窗的方位、尺度,然后依照其性质、用途及内部设施,选择相应尺度的植物种类进行布置,

使其彼此之间比例恰当,尺度适当,色彩和谐,主次分明,富有节奏感与整体感,以创造出优美的环境。

三、花卉植物室内应用的处理手法

室内绿化装饰一般以不占用太多面积为准则,没有一定的模式,也不可能千篇一律。方式上大致有:

1. 规则式

这种形式是以图案或几何图形进行设计布局,即利用相同体形,同等大小和高矮的植物材料,以行列及对称均衡的方式组织分隔和装饰室内空间,使之充分体现图案美的效果,显示庄严、雄伟、简洁、整齐。

2. 自然式

这种形式学习中国园林设计手法,以突出自然景观为主进行布局设计。在有限的室内空间内,经过精巧的布置,表现出大范围的景观。也是把大自然精华经过艺术加工,引入室内,自成一景。

3. 镶嵌式

在墙壁及柱面适宜的位置,镶嵌上特制的半圆形盆、瓶、篮、斗等造型别致的容器,栽上一些别具特色的观赏植物,以达到装饰目的。或在墙壁上设计制作不同形状的洞柜,摆放或栽植下垂或横生的耐阴植物,形成具有壁画生动活泼的效果。

4. 悬垂式

利用金属、塑料、竹、木或藤制的吊盆或吊篮,栽入具有悬垂性能的植物,悬吊于窗口、顶棚或依墙依柱而挂,枝叶婆娑,线条优美多变,点缀了空间,增加了气氛。

5. 组合式

指灵活地把各种手法混用于室内装饰,利用植物的高低、大小及色彩的不同把它们组合在一起,如同插花一样,随意构图,形成一个优美的图画,但要遵循高矮有序,互不遮挡的原则。(见图4-15)

图4-15　组合盆栽　　　　　图4-16　瓶栽式

6. 瓶栽式

即在各种大小，形状不同的玻璃瓶、金鱼缸、水族箱内种植各种矮小的植物以供观赏，装饰室内。通常的栽培方法有袖珍花园，玻璃瓶花园等等。在容器内，除瓶口及顶部作为通气孔外，大部分是封闭的，其物理性状稳定，受光均匀，气温变化小，水分循环吸收利用，适宜小植物的生长，病虫害少。（见图4-16）

四、花卉植物室内应用的材料形式

1. 盆花

盆花具有布置更换方便、种类形式多样、观赏期长等优点，它除了可以配合露地花卉布置花坛、花境，更是用于装饰陈设的主要材料。

（1）盆花的分类

供陈设的盆花按其应用大致可分成四类：

① 大型常绿类：翠柏、棕榈、苏铁、南洋杉等。

② 小型常绿及观叶类：黄杨、蜘蛛抱蛋、天门冬、变叶木、蜈蚣草等。

③ 大型观花类：以木本为主，如扶桑、杜鹃、叶子花、夹竹桃等主要供就地摆设。

④ 小型观花类：以草本为主，如瓜叶菊、兰花、仙客来、扶郎花等主要供台架、几案上布置。

（2）按环境选材

作装饰陈设用的盆花首先要求在盆栽条件下生长良好，观赏价值较高，而作为室内布置用的盆花，还要能适应阳光不足，通风不良，湿度较小等室内不良条件。选材时首先考虑其耐阴程度，然后再考虑对其他环境条件的适应性，可作以下分类：

① 耐阴：能适应室内条件，可供较长期的观赏，主要为常绿观叶类花卉。如苏铁、罗汉松、万年青、常春藤、蕨类植物等。这类盆花如在休眠期，虽然室内光线不足仍可陈设2～3个月之久，若室内阴暗，陈设数周即应更换。

② 较耐阴：大部分季节都不需直射阳光，唯冬季仍需相当的阳光照射，其对室内环境的适应性比第一类差，一般可供室内陈设1～2个月。如南天竹、绣球（八仙花）、山茶花、日本五针松、天门冬等。

③ 不耐阴：要求阳光非常充足，并且在空气新鲜条件时才能保持观赏效果。这类花卉多数为观花类及少数观叶类植物。如簕杜鹃（三角花）、茉莉、米兰、扶桑、天竺葵等。均不宜在室内长期陈设。

④ 不适应于室内环境：不宜作室内陈设或仅供室外布置的花卉。露地花卉上盆栽培的均不适用于室内栽培，必要时如矮鸡冠、一串红、大丽花、玉簪、百合等仅可供室内应用3～5天。而另外一些虽然上盆栽培也只可室外布置用，如半支莲、牵牛花、美人蕉、金光菊、荷花等。

2. 切花

植物的茎、叶、花、果实，无论其色彩还是其气味、姿容，凡是具有观赏价值的都可被切取下来作为装饰材料，统称为切花。切花比盆花应用起来更为方便，可被加工成插花、花

图4-17　室内插花应用

束、花篮、花圈、佩花等多种装饰物。

（1）插花

插花是以切取植物可供观赏的枝、叶、花、果、根为材料，插入容器中，经过一定的技术和艺术加工，组成一件精致美丽，富有诗情画意的花卉装饰品，艺术地再现自然美和生活美。所以插花既是一门技术，又是一种艺术创作活动。

插花作品被称为富有生机的艺术品。除此之外，它还具有装饰性强：插花艺术品极宜渲染烘托气氛，富有强烈的艺术感染力，也就是说最容易美化环境；作品精巧美丽：插花作品一般体积小，造型比较简洁，常以质取胜，是精、巧、美的艺术品；随意性强：插花艺术的随意性、灵活性比较大，也就是说插花的创作和作品的陈设布置都比较简便和机动灵活；时间性强：要求构思，造型迅速而灵活等特点。（见图4-17）

① 分类

a. 依照花材性质分类：鲜花插花、干花插花、干鲜花混合插花、人造花插花（面包花插花）等。

b. 依照用途分类：礼仪插花，这类插花的主要目的是为了喜庆迎送、社交等礼仪活动，用来增添团结友爱、表达敬重、欢庆等快乐气氛，因此要求插花造型简单整齐，色彩鲜艳明亮，体形较大；艺术插花，主要是为美化装饰环境和艺术欣赏，既用来渲染烘托气氛，又供艺术享受，使人产生美感的插花。

c. 依照插花艺术的风格分类：西方式插花，有时也称密集式插花，以欧美各国为代表，注重花材外形表现，注重追求插花作品的块面和群体的艺术效果，而不太讲究花材的个体线条美或姿态美，它主要表现图案美，造型简单、大方、凝炼，构图比较规则对称，色彩多数艳丽浓厚繁多，花材种类多，数量大，所以插花作品形体也比较高大，花材稠密，五彩缤纷，表现出热情奔放、雍容华丽、端庄大方的风格；东方式插花，有时也称线条式插花，以我国和日本为代表。它强调崇尚自然，师法自然并高于自然，不仅注重花材的形体美和色彩美，而且更注重花材所表达的内容美，即意境美，讲究借物寓意，以形传神，表现诗情画意。

② 插花容器

供插花使用的容器比较广泛，除花瓶外，凡能容纳一定水量，满足切花水养要求的容器均可选用，如生活中使用的盆、碗、碟、罐、杯子，以及其他能盛水的工艺装饰品等。从质地上讲有瓷器、陶器、玻璃、金属和塑料制品、木制容器、竹编、大理石的、水磨石的和漆制容器等。天然的容器更富有自然美，如竹筒、竹篮、藤篮、果壳、贝壳等。西方人常用茶壶，烟缸来插花，也很别致。

容器的形状有多种，大体上可归纳为两类：一类是高身小口的瓶类容器，使用这类容器插花，一般不用花插或花泥，而将花枝直接插入瓶内，稍加扶持固定即可；另一类是浅身阔口的浅盆类容器，用它们插花就必须使用花插或花泥才能固定和支撑花材。

③ 基本构图形式

a. 自然式构图形式:也称不对称式构图。这种花型不拘泥于一定的形式,强调突出自然情调,再现自然美。其选材十分广泛,着重于模仿自然生长姿态,让花枝之间基本上处于对称平衡,使插花体看上去很自然。

b. 规则式构图形式:又称图案式插花。这种花型强调圆形对称,呈整齐的圆形、半圆形、长圆形、塔形、柱形及放射形等构图。

c. 盆景式构图形式:这种花型主要采用我国制作盆景的章法与技巧插成,多表现大自然的优美景观,着重意境构思,强调有物有情、情景交融。

d. 野味式构图形式:又称趣味式插花。多以自然界野生植物和田园果、蔬为素材,创作出富有淳朴、清新乡土气息的作品。它突破了以花枝为主的传统手法,所用的容器也不拘一格,使整个插花体更接近野趣,从而丰富了插花的艺术形式,形成了一个新的流派。

无论采用何种插花形式,都必须掌握画面韵律的变化,遵循对比与统一,对称与平衡的构图规律和美学原理来进行,才能使插花成为具有高度观赏价值的艺术装饰品。

④ 延长插花观赏期的方法

a. 热处理法:将草本花枝末端浸入热水中浸烫数分钟,取出后用清水漂净,经处理后再水养,可延长观赏期。

b. 深水急救法:当花枝出现萎缩,立即将花枝末端剪去1~2寸,然后将花枝浸入盛满冷水的桶中,仅将花头露出水面,浸1~2小时,花头又会苏醒过来。

c. 折枝法:对一些花梗脆嫩的花枝,不要用剪刀剪断,而改用手来把它们折断,这样它们伤口的导管不曾受到挤压,吸水能力较强,能延长水养时间。

d. 末端击碎法:对一些花木如玉兰、牡丹等,均可将花枝末端一寸左右击碎,这样可以扩大吸水面积,延长水养时间。

e. 使用鲜花保鲜剂:鲜花保鲜剂的作用在于灭菌防腐,促进吸水增强营养,抑制枝叶水分蒸腾及防止花瓣脱落等。因此,合理的使用保鲜剂,是延长切花寿命的一项重要措施。

(2) 花束

又名手花。即把切取下来的花枝,通过艺术构思,经过整扎制成束,再加以精心装饰而成。它是一种高雅的礼品,在各种礼仪活动中应用最广泛,国际交往、迎送贵宾、大型庆典、宴会、祝贺、慰问等均可使用。

花束的制作过程中选材较重要,一般选用花柄挺直、叶片刚强、花冠硕大、色彩艳丽、香气浓郁、花朵初放的花枝。花束的形状大小要根据用途及风俗习惯不同而异。在花色品种搭配上,既可选用由几种多色花卉组成,也可选用由单一品种多色或单一品种的单一花色的花卉组成。

扎制花束时要将选定的花枝茎上的小枝和刺剪去,同时除去杂叶。随后挑选一些花朵大、色彩艳丽的花枝放于中央作主体,四周再配以其他的花枝和装饰叶,使整个花束具有层次感。然后再用细线或细铁丝将基部扎紧,花枝基部用水浸湿,外包蜡纸或保鲜塑套,以延长观赏时间。握手处不宜太粗,整理后用锡纸、铝箔等包在外面,并饰以彩带,可增加其美感。

（3）花篮

花蓝是艺术插花中的特殊造型之一。通常采用竹、藤、柳等材料编织成篮状,内插以鲜花而成为花篮。它既可以作为祝贺礼品,又可以作为装饰品进行室内布置用,还可应用于丧事寄托哀悼。花篮的形状多样,不拘一格,一般为圆形、椭圆形或长方形等。其大小差异悬殊。

为维持花篮所插花卉之新鲜,篮内常置一盛水的容器,内竖立花泥,以便扶持插入的花枝。供花篮用的切花如过于细弱或姿态不适时,可用铅丝缠绕扶持,花枝过短可绑于细竹签上。在插入花枝之前,先插一些配叶对篮体加以遮挡和填补。花篮的提把也用配叶装饰或用彩带缠绕,可插一些不宜干枯的花朵。最后插入主要花枝,为防止篮内花枝倾倒,应将花枝与提篮相应固定,并将固定物隐藏起来,制成的花篮应花朵茂盛,姿态丰满。

花篮扎制完成后还需要进一步加以装饰。如提手上打个蝴蝶结,做些长短不一的飘带,送时再插上自己的名片或贺卡,写上几句贺词,就更显亲切了。

（4）花圈和花环

花圈和花环是用竹片或树枝作成环形,外包稻草,用绳捆紧成一草环,其外包以绸布或绑扎上绿色枝叶,上插鲜花构成。花圈多用于表示哀悼及祭奠活动。花环较花圈小,欧美国家常用作圣诞节的门上及壁面上的装饰用,还可戴于被迎送的贵宾,以表示尊敬和爱戴。

花圈的选材一般以花朵素雅的为宜。对于茎枝柔软的草本花卉,因插入不便,应先扎成小束绑在竹签上,然后再插入草环上。花环的选材则丰富多样,常配以观果植物,最好选用香花材料,但需注意所选材料是不会污染衣服的。

（5）佩花

是用细金属丝或线将花朵绑扎,串连编制而成,佩戴于胸前作服饰或戴于鬓发处作头饰。

我国传统的佩花是茉莉、白兰、玳玳花等。颜色素雅,香气袭人并且扎制精细,常有多种造型。现代流行的佩花,色、香并重,常用亚香石竹、月季等颜色艳美的香花再配以文竹等纤细柔软的叶片构成饰物佩戴。其选材当以质地轻柔,花叶纤细美观,不易凋萎,不污染衣服且具芳香味的为佳。

五、几种室内场所的花卉应用方法

1. 大门口的花卉应用

大门是人们进出的必经之地,是迎送宾客的场所,花卉应用要求朴实、大方、充满活力,并能反映出单位的明显特征。布置时通常采用规则式对称布置,选用体形壮观的高大植物配置于门内外两边,周围以中小型植物配置2～3层形成对称整齐的花带、花坛,使人感到亲切明快。

2. 门厅的花卉应用

宾馆称大堂，个人居家称客厅，是迎接客人的重要场所。对整体景观的要求，要有一个热烈、盛情好客的气氛，并带有豪华富丽的气魄感，才会给人留下美满深刻的印象。因此在植物材料的选择上，应注重珍、奇、高、大，或色彩绚丽，或经过一定艺术加工的富有寓意的植物盆景。为突出主景，再配以色彩夺目的小型观叶植物或鲜花作为配景。

3. 走廊的花卉应用

此处的景观应带有浪漫色彩，使人漫步于此，有着轻松愉快的感觉。因此可以多采用具有形态多变的攀缘或悬垂性植物，此类植物茎枝柔软，斜垂盆外，临风轻荡，具有飞动飘逸之美，使人倍感轻快，情态宛然。

4. 楼梯的花卉应用

楼梯是连接上下的垂直走廊，其转角平台处，是装饰的理想地方，靠角可摆放体形优美、苗条的植物加以遮挡，或不等高地悬挂一些悬垂性植物。在楼梯上下踏步平台上，靠扶手一边交替摆放较低矮的小盆花，上下楼梯时，给人一种强弱的韵律感、轻松感。也可利用高矮不同的盆花，自上而下，由低到高地摆放，以示高度差的变化，既缓和人们的心理感觉，又达到装饰的目的。

5. 书房的花卉应用

书房是人们工作和学习的地方，所以植物布置不宜华丽、雕琢，应反映清静文雅的气氛。一般在书柜或博古架上安放小型盆栽花草，也可放置水培花卉和陈列微型盆栽，在构图、色彩上做到与书籍和谐一致，并使书房更显雅致。书桌上一般可放置一盆观叶植物，可在主人长时间工作之余调节人的神经系统，使人疲劳消散。大小以不影响案头工作为限。

6. 卧室的花卉应用

有利于睡眠是对卧室的基本要求，因此应通过绿色植物创造一个安逸的氛围。不能选择香味浓郁、色彩艳丽和枝叶过于高大的花木，否则会刺激人的大脑皮层，使人兴奋，从而影响正常睡眠。宜放置纤巧优美、色彩淡雅的观赏植物，特别适合选择一些多浆植物布置，因这些植物在夜晚能更多地释放白天光合作用生成的氧气，改善了卧室夜间的空气质量。

卧室布置的植物数量宜少不宜多，一般主要在床头和梳妆台可放一盆插花或小型盆栽，或在镜框上、柜顶和墙面空间较大的地方悬挂一些垂吊植物。另外，卧室还可根据主人的不同爱好进行植物布置。喜欢沉稳安详的，可布置颜色清新淡雅的盆栽和盆景，还可选用一些具有良好寓意的观赏植物，如松、竹、梅、兰等。讲究浪漫情调的，则可以选择颜色鲜亮的观叶植物和清新淡雅的观花植物，结合新颖的植栽容器。活泼好动的主人则卧室色彩可以适当地鲜艳明快一些。

在儿童卧室和老年人卧室中不宜采用垂吊植物和布置枝叶坚硬或带刺的植物，以及有毒、有异味的植物，以免产生不安全的隐患。

7. 办公室的花卉应用

办公室通常是桌椅，办公文柜等规则的摆放，给员工带来无形的压力，影响工作效率。而绿色植物会给人带来轻松愉快、心情舒畅的感觉，因此在办公室里进行恰当的绿化布置是非常重要的。绿化布置要突出清静幽雅、美观朴素的特点,使办公室更富有生机和人情味。

办公室一般人流量较大,工作繁忙,故绿化布置不宜过多,一般选择易养护且维持时间长的植物种类,尤以各类观叶植物用得较多。植物摆放的位置以不易为人们所经常碰触为度。要突出清静幽雅、美观朴素的特点。

为此大型盆栽植物一般放置在角落中,在窗台、墙角等处可布置小型盆栽植物点缀,而在办公桌上可以放置具有一定韵味和含义的插花作品或盆景,不宜在个人办公桌上放置大型或繁花型作品。

8. 会议室的花卉应用

在布置时要因室内空间大小而异。大型会议室常在会议桌上摆上几盆插花或小型盆花,在会议桌前整齐地摆放1～2排盆花,可以是观叶与观花植物间隔布置,也可以是一排观叶植物一排观花植物。后排要比前排高,其高矮以不超过主席台会议桌为宜,形成高矮有序、错落有致,观叶、观花相协调的景观。

(1) 中小型会议室绿化布置:其一般多以中央的条桌为主进行布置,桌面上可摆放插花和小型观叶、观花类花卉,数量不能过多,品种不宜过杂。盆栽植物体量大的宜放在墙角、桌边,尽量不要妨碍房间的功能。

(2) 大型会议室的绿化布置:在带有主席台的会议室内可在会议桌前整齐地摆放1～2排盆花,用观叶与观花植物间隔布置,也可一排观叶植物一排观花植物。后排要比前排高,其高矮以不超过主席台会议桌为宜,形成高矮有序、错落有致,观叶、观花相协调的景观。

在布置带有中心花池的圆形会议桌时,植物的高度应以不阻挡人们的视线、不妨碍相互交流为度。盆栽植物的选择与放置格式都应与室内建筑风格及办公室特点相协调,同时应注意和会议的气氛相协调。如一般性会议、庆功会等可适当选一些盛开的盆花,以烘托愉快的气氛。如果会议内容是关于严肃问题的谈判或会晤,中心花池则不宜用色彩艳丽的盆花,而应以姿态端庄的观叶植物为主,以表达认真的态度和严肃的精神。

9. 各种会场的花卉应用

(1) 严肃性的会场:要采用对称均衡的形式布置,显示出庄严和稳定的气氛,选用常绿植物为主,适当点缀少量色泽鲜艳的盆花,使整个会场布局协调,气氛庄重。

(2) 迎、送会场:要装饰得五彩缤纷,气氛热烈。选择比例相同的观叶、观花植物,配以花束、花篮,突出暖色基调,用规则式对称均衡的处理手法布局,形成开朗、明快的场面。

(3) 节日庆典会场:选择色、香、形俱全的各种类型植物,以组合式手法布置花带、花丛及雄伟的植物造型等景观,并配以插花、花篮等,使整个会场气氛轻松、愉快、团结、祥和,激发人们热爱生活、努力工作的情感。

(4) 悼念会场:应以松柏常青植物为主体,规则式布置手法形成万古长青、庄严肃穆的气氛。与会者心情沉重,整体效果不可过于冷感,以免加剧悲伤情绪,应适当点缀一些白、蓝、青、紫、黄及淡红的花卉,以激发人们化悲痛为力量的情感。

(5) 文艺联欢会场:多采用组合式手法布置,以点、线、面相连装饰空间,选用植物可多种多样,内容丰富,布局要高低错落有致。色调艳丽协调,并在不同高度以吊、挂方式装饰于空间,形成一个花团锦簇的大花园,使人感到轻松、活泼、亲切、愉快,得到美的享受。

(6)音乐欣赏会场:要求以自然手法布置,选择体形优美,线条柔和、色泽淡雅的观叶、观花植物,进行有节奏的布置,并用有规律的垂吊植物点缀空间,使人置身于音乐世界里,聚精会神地去领略那和谐动听的乐章。

实训操作

一、花坛布置实训

1. 目的要求

为了更好地掌握花坛布置的基本技法,通过花坛布置的实训,使学生能了解花坛设计的基本方法,掌握花卉放样施工过程。

2. 材料准备

(1)场地:30~50 m² 空旷种植地。

(2)花材:时令草本花卉 1000~1800 盆。

(3)花坛设计图(如由学生设计的则准备绘图工具及纸)。

(4)种植工具及浇水设备等。

3. 操作方法

(1)现场勘察:了解场地情况及周边环境。

(2)分析图纸(花坛设计):了解设计意图,熟悉所选花卉材料特性,制定花坛布置方案。(如由学生设计则需根据现场情况及花材情况,构思设计绘制花坛种植设计图,并编写简要的设计说明。)

(3)现场放样:根据花坛设计图纸进行现场放样。

(4)花坛布置:根据放样进行种植。

(5)整理及浇水:种植完成后进行场地整理,并为花坛植物充分浇水。

4. 提交实训报告

对花坛布置过程中的得失进行分析、总结。

5. 实训说明

(1)布置花坛花材可事先进行准备,也可由学生根据设计图纸分析后,提出材料要求进行准备。有条件的还可以由学生进行花坛设计。

(2)可根据具体情况将学生分组(5~8 人)进行实训。

6. 附:花坛设计图(仅供参考)

二、组合盆栽制作实训

1. 操作准备

准备 2 个大小不一的提篮、植物材料 5~7 种、薄膜、培养土(介质)、剪刀、浇水壶、装饰品(蜡制水果)等。

2. 操作步骤(如左图示,供参考)

(1)在篮内敷上薄膜,放入适度的培养土(介质)。

(2)先在小篮中种上一高一低的主干植物,再配上中间层次的植物和一株下垂披散状植物,并加土固定种植好。

(3)在大篮中也种上 3～4 株大小不等、高低不同的植物,加土固定。

(4)给植物浇足水。

(5)将 2 个篮子前后交叉摆放,并配上装饰品(蜡制水果等)。

3. 注意事项

植物种植时要有高低、前后的错落,植物色彩要有呼应且又有变化。所选植物在习性上要尽可能的一致。

三、东方式传统插花造型(盆插或瓶插)实训

1. 实训要求

通过东方式瓶插的实践,使学生理解东方式插花的构思要求,了解东方式瓶插的基本创作过程,掌握制作技法、花材处理技法、花材固定技法。

2. 材料准备

(1)容器

花瓶(盆)。

(2)花材

创作所需的时令花材。包括:线条花,如龙爪柳、银芽柳及其他木本枝条;焦点花,如牡丹、百合、月季等团状花;补充花,如小菊、补血草等散状花;叶材,如龟背、肾蕨等。

(3)辅助材料

铁丝、绿胶布、铁钉等。

(4)工具

剪刀、美工刀(盆插需准备固定材料花插)。

3. 操作方法

(1)教师示范

① 运用固定技法制作瓶口固定架。有"井字形"、"十字形"、"Y 形"等。

② 按顺序插线条花、焦点花、补充花、叶材等花材。

③ 整理、加水等

(2)学生模仿

按操作顺序进行插花。

4. 注意事项

（1）作品整体要求放置稳定，枝叶插制牢固，不松动。

（2）符合东方式插花的造型要求。

（3）作品完成后及时加水，保证每一种花材都能浸到水，同时要求清理场地，做到工完场清。

四、室内植物装饰(设计)实训

1. 场地准备

居家或办公场所等。

2. 操作准备

居家（或办公场所）现场环境平面图，制图工具（如有条件的可准备植物材料进行实物现场摆放）等。

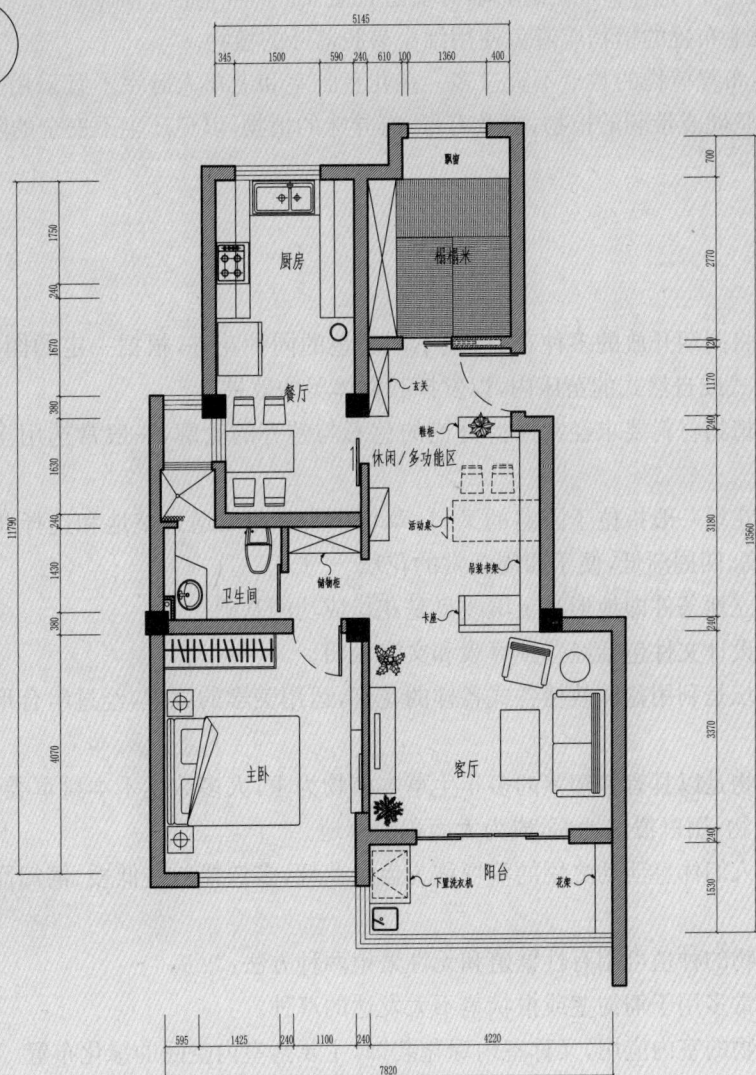

平面布置图

比例 1:75（A3）

3. 操作步骤(以居家为例)

(1) 首先与客户沟通,了解客户要求。

(2) 现场勘测,了解室内装饰情况。

(3) 各居室环境绿化设计布置(植物布置点在图中表示出来)。

① 客厅、餐厅绿化设计,包括玄关的处理。

② 卧室绿化设计(包括主、次卧室)。

③ 阳台的绿化设计。

④ 厨房与卫生间的绿化设计。

(4) 列出植物目录、数量及规格表。

(5) 根据设计要求,安排进行现场布置。(有条件的可进行)

4. 注意事项

① 所选植物要与室内环境相协调,并要适合生长。

② 在餐桌上布置的植物应避免使用细小易脱落叶的植物。

③ 卧室内布置植物的数量不宜过多。在儿童卧室和老年人卧室不宜采用垂吊植物和布置枝叶坚硬或带刺的植物,以及有毒、有异味的植物,以免产生不安全的隐患。

练习题

一、判断题

1. 花坛是将同期开放的多种花卉,或不同颜色的同种花卉,根据一定的图案设计,栽种于特定规则式或自然式的苗床内,以发挥其群体美的效果。　　　　　　(　　)

2. 花坛的植物材料要求经常保持鲜艳的色彩与整齐的轮廓,一般常选用多年生花卉。　　　　　　　　　　　　　　　　　　　　　　　　　　　　　　　　　(　　)

3. 整形式花坛一般指位于园路的叉口、草坪中央。花坛通过整地和选择花卉相结合,组成中间较高、四周渐低,便于四周观赏的花坛。　　　　　　　　　　　(　　)

4. 花坛的立地条件即地形与土壤改良是花坛成功的基础。　　　　　　(　　)

5. 花境的设计文件包括经费预算表和文字说明。　　　　　　　　　　(　　)

6. 组合花坛是利用盆钵栽植各式各样的花卉,运用美学的原理,经过组合形成一个盆栽花园。　　　　　　　　　　　　　　　　　　　　　　　　　　　　　　(　　)

7. 草坪植物是以具有匍匐茎的多年生草本植物为主,大多数是禾本科草类,少数是莎草科和豆科植物,用以覆盖地面,成为大面积的草地。　　　　　　　　　(　　)

8. 主要供人们休息活动之用的草坪称为运动草坪,多选择一些低矮、匍匐而耐践踏的草种种植。　　　　　　　　　　　　　　　　　　　　　　　　　　　　　(　　)

9. 草坪植物的种植可用有性繁殖和无性繁殖两种方法。　　　　　　　(　　)

10. 撒茎法常多用于匍匐茎或根状茎不太发达的草种。　　　　　　　(　　)

11. 花卉植物的室内应用,又称室内绿化装饰,主要指室内空间的绿化布置。(　　)

12. 植物的茎、叶、花、果实,凡是具有观赏价值的都可被切取下来作为装饰材料,统

称为切花。　　　　　　　　　　　　　　　　　　　　　　（　　）

13. 主要用来渲染烘托气氛,供艺术享受,使人产生美感的插花形式称为礼仪插花。
　　　　　　　　　　　　　　　　　　　　　　　　　　　（　　）

14. 为维持花篮所插花卉之新鲜,篮内常置一盛水的容器,内竖立花泥,以便扶持插入的花枝。　　　　　　　　　　　　　　　　　　　　　（　　）

15. 在儿童卧室和老年人卧室宜放置一些色彩鲜艳且香味浓郁的植物。　（　　）

16. 办公室人流量较大,工作繁忙,故花卉布置宜多放些植物,以提高室内的空气含量。　　　　　　　　　　　　　　　　　　　　　　　　（　　）

17. 花坛花卉质量要求中包括高低错落。　　　　　　　　　　　　（　　）

18. 花境布置时,同一品种的花卉尽量集中在一起。　　　　　　　（　　）

19. 书房的花卉应用多采用具有形态多变的攀缘或悬垂性植物。　　（　　）

20. 西方式插花不仅注重花材的形体美和色彩美,即意境美,讲究借物寓意,以形传神,表现诗情画意。　　　　　　　　　　　　　　　　　　（　　）

二、单项选择题

1. 花境依照设计形式可分为单面观赏花境、双面观赏花境和_____三类。
   A. 对应式花境　　B. 直线形花境　　C. 几何形花境　　D. 曲线形花境

2. 以下不属于花境栽植的植物材料质量要求的是_____。
   A. 带有 3 个以上的芽　　　　　B. 植株生长健壮
   C. 没有机械损伤　　　　　　　D. 保持叶色常绿

3. 下列不适合使用花钵容器花园装饰的是_____。
   A. 商业中心　　　　　　　　　B. 民居的窗台和阳台
   C. 道路的路口开阔地　　　　　D. 人流活动的休闲区域

4. 下列不属于城市园林绿化中地被植物选择要求的是_____。
   A. 生长期长　　　　　　　　　B. 花色鲜艳
   C. 高矮适度、耐修剪　　　　　D. 生长迅速、容易繁殖

5. 下列不属于地被植物种植技术的是_____。
   A. 细致整地　　B. 适当密植　　C. 高度一致　　D. 合理混栽

6. 草坪类型根据草种的组合形式不同分为:单一草坪、混合草坪、_____。
   A. 游息草坪　　B. 运动草坪　　C. 观赏草坪　　D. 缀花草坪

7. 花卉植物以图案或几何图形进行室内应用的处理手法称为_____。
   A. 自然式　　B. 悬垂式　　C. 组合式　　D. 规则式

8. 插花依照艺术的风格可分为_____。
   A. 东方插花和西方插花　　　　B. 干花插花和人造花插花
   C. 瓶插和盆插　　　　　　　　D. 礼仪插花和艺术插花

9. 强调突出自然情调,再现自然美的插花构图形式称为_____。
   A. 规则式　　B. 自然式　　C. 盆景式　　D. 野味式

10. 下列不属于花坛花卉质量要求的是_____。
    A. 植株健壮　　B. 花期整齐　　C. 高低错落　　D. 观赏期长

11. 下列属于花坛花卉的是_____。

    A. 玉簪   B. 美人蕉   C. 三色堇   D. 萱草

12. 室内应用植物光照差的地方应选择_____。

    A. 报春花   B. 袖珍椰子   C. 凤梨   D. 马拉巴栗

13. 下列属于阳性地被的是_____。

    A. 虎耳草   B. 萱草   C. 地被菊   D. 八仙花

14. 下列属于室内花卉布置中小型观花类盆花的是_____。

    A. 棕榈   B. 蜘蛛抱蛋   C. 南洋杉   D. 瓜叶菊

15. 在栽植 6 m^2 花坛中，用蓬径为 16 cm 的花卉需_____株。

    A. 64   B. 100   C. 150   D. 216

16. 花坛养护花谢后需在_____天内更换。

    A. 7   B. 10   C. 15   D. 20

17. 花境多采用_____花卉。

    A. 一年生   B. 二年生

    C. 多年生宿根、球根   D. 木本

18. 以下可做花境的花卉为_____。

    A. 矮牵牛   B. 一串红   C. 美人蕉   D. 紫荆

19. 冷地型草坪不适合生长的季节为_____季。

    A. 春   B. 夏   C. 秋   D. 冬

20. _____草坪属于混合型草坪。

    A. 百慕大   B. 马尼拉

    C. 高羊茅   D. 百慕大＋黑麦草

三、多项选择题

1. 花坛作用除了有标志、宣传和增加节日的欢乐气氛外，还有_____。

    A. 美化环境作用   B. 基础装饰作用   C. 分隔、屏障作用

    D. 标志、宣传作用   E. 组织交通作用

2. 花坛依照空间位置分为：平面花坛、高台花坛、俯视花坛、_____等。

    A. 斜坡花坛   B. 台阶花坛   C. 立体花坛

    D. 组合花坛   E. 俯视花坛

3. 花坛栽植的花卉应确保质量需符合_____要求。

    A. 花卉的主干矮，具有粗壮的茎干；基部分枝强健。

    B. 花卉根系完好，生长旺盛，根部无病虫害。

    C. 开花及时，花蕾显露。用于绿地时能体现最佳效果。

    D. 花卉植株的类型标准化，如花色、株高、开花期等的一致性。

    E. 植株应无病虫害和机械损伤

4. 容器花园花卉材料不仅应有高、低的变化，还要有_____等方面的变化。

    A. 花色   B. 花型   C. 质感

    D. 花纹类型   E. 开花时间

5. 地被植物按目前应用范围大致可分为空旷地被、林下地被和_____。
   A. 广场地被　　　　　B. 坡地地被　　　　　C. 岩石地被
   D. 林缘、疏林地被　　E. 林下地被

6. 花卉植物室内应用的配置原则除了要求整体要和谐,还包括_____。
   A. 比例要协调　　　　B. 主次要分明　　　　C. 中心要突出
   D. 色彩要鲜艳　　　　E. 花期要持久

7. 延长插花观赏期的方法除了有热处理法、深水急救法外,还有_____。
   A. 弱酸浸泡法　　　　B. 折枝法　　　　　　C. 末端击碎法
   D. 使用鲜花保鲜剂　　E. 涂抹法

8. 下列_____最适合花境应用。
   A. 万寿菊　　　　　　B. 美人蕉　　　　　　C. 玉簪
   D. 水葱　　　　　　　E. 矮牵牛

9. 室内植物应用中常用的植物有_____。
   A. 绿萝　　　　　　　B. 垂叶榕　　　　　　C. 千屈菜
   D. 巴西铁　　　　　　E. 茉莉花

10. 室内花卉应用中光照较好的地方应选择_____。
    A. 报春花　　　　　　B. 杜鹃　　　　　　　C. 富贵竹
    D. 马拉巴栗　　　　　E. 吊兰

四、简答题

1. 简述组合式花坛的特点。
2. 简述花境的特点。
3. 简述花境的施工技术。
4. 简述花卉植物配置注意事项。
5. 简述花卉植物室内应用的特点。

第五章
物业绿化规划设计

本章导读

1. 学习目标

掌握造园要素常用图示方法,园林设计图和工程施工图纸绘制要求和识读方法。理解园林规划设计基本原理,掌握居住区规划设计的要求和方法。熟悉园林植物的观赏特性,掌握居住区绿地种植设计的要求和方法,从而独立完成小型绿地的植物配植。

2. 学习内容

园林设计制图基础知识;园林绿地的物质要素;园林规划设计基础知识;园林种植设计知识。

3. 重点与难点

重点:园林绿地图纸阅读和理解;园林植物的配置方法。

难点:园林图纸的制作;园林规划设计要求和方法。

第一节 园林设计制图基础知识

一、概述

图纸是按一定规则和方法绘制的,它是准确表达空间物体形状、大小,并说明有关技术要求的图样。现代园林建设过程,都必须依据设计图纸进行,因此,它是工程界的技术语言。

园林设计图是在掌握园林艺术理论、设计原理、有关工程技术及制图基本知识的基础上所绘制的专业图纸,它可表达园林设计人员的思想和要求,是施工与管理的技术文件。为此,园林设计图的绘制和识读是园林技术人员业务能力的体现,是必须掌握的基本技能。

园林设计图不同于机械图和建筑图,这是由于它所表现的内容广泛,表达的对象复杂。如千姿百态的花草树木、形态奇特的山石、水体、自然曲折的园路,大都没有统一的形状和尺寸。

1. 图纸幅面

图纸幅面及图框尺寸,应符合表 5-1 的规定及图 5-1 的格式。

表 5-1　幅面及图框尺寸(mm)

幅面代号	A0	A1	A2	A3	A4
b * 1	841×1189	594×841	420×594	297×420	210×297
c	10			5	
a	25				

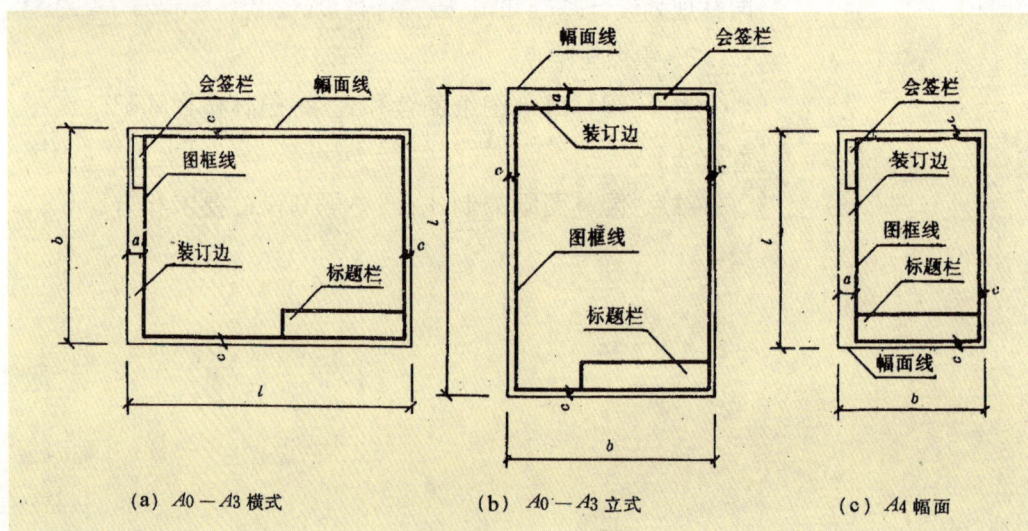

(a) A0—A3 横式　　(b) A0—A3 立式　　(c) A4 幅面

图 5-1　图纸幅面

图纸的短边不得加长，长边可加长，但应符合表5-2的规定。

表5-2　图纸长边加长尺寸(mm)

幅面代号	长边尺寸	长边加长后尺寸							
A0	1189	1338	1487	1635	1784	1932	2081	2230	2337
A1	841	1051	1261	1472	1682	1892	2102		
A2	594	743	892	1041	1189	1338	1487	1635	1784	1932
A3	420	631	841	1051	1261	1472	1682	1892		

2. 比例

图样的比例是图形与实物相对应的线性尺寸之比。比例的大小指比值的大小，如1：50大于1：100。

比例应以阿拉伯数字表示，如1：100、1：500等。绘图所用的比例，应根据图样用途与被绘对象的复杂程度。

3. 指北针

表示图样的方位。

4. 线型

图线宽度 b 宜从下列线宽系列中选取：2.0、1.4、1.0、0.7、0.5、0.35 mm。

每个图样应根据复杂程度与比例大小先选定基本线宽 b，再选用其他线型宽度。(见表5-3)

图5-2　指北针

表5-3　线型

名称		线型	线宽	用　途
实线	粗	——	b	1. 平、剖面图中被剖切的主要建筑构造(包括构配件)的轮廓线 2. 建筑立面图或室内立面图的外轮廓线 3. 建筑构造详图中被剖切的主要部分的轮廓线 4. 建筑构配件详图中的外轮廓线 5. 平、立、剖面的剖切符号
	中	——	0.5 b	1. 平、剖面图中被剖切的次要建筑构造(包括构配件)的轮廓线 2. 建筑平、立、剖面图中建筑构配件的轮廓线 3. 建筑构造详图及建筑构配件详图中一般轮廓线 4. 总平面图中新建构筑物、道路、桥涵、边坡、围墙、挡土墙等设施的可见轮廓线以及场地、区域分界线、用地红线、建筑红线、河道蓝线等 5. 尺寸起止符号
	细	——	0.25 b	1. 总平面图中新建道路路肩、人行道、排水沟、树丛、草地、花坛的可见轮廓线 2. 原有(包括保留和拆除的)建筑物、构筑物、铁路、道路、桥涵、围墙的可见轮廓线 3. 坐标网线、图例线、尺寸线、尺寸界线、引出线、索引符号、标高符号、较小图形的中心线等

续 表

名称		线型	线宽	用 途
虚线	粗	▬ ▬ ▬	b	1. 总平面图中新建筑物、构筑物的不可见轮廓线 2. 结构图中不可见的钢筋、螺栓线
	中	▬ ▬ ▬ ▬ ▬	0.5 b	1. 建筑构造详图及建筑构配件不可见轮廓线 2. 平面图中的起重机(吊车)轨道线 3. 总平面图中计划扩建建筑物、构筑物、预留地、铁路、道路、桥涵、围墙的不可见轮廓线
	细	- - - - -	0.25 b	1. 总平面图中原有建筑物、构筑物、铁路、道路、桥涵、围墙的不可见轮廓线 2. 基础平面图中的管沟轮廓线、不可见的钢筋混凝土构件轮廓线 3. 图例线及其他不可见轮廓线
点划线	粗	▬ · ▬ · ▬	b	1. 起重机(吊车)轨道线 2. 总平面图中露天矿开采边界线 3. 结构图中的柱间支撑、垂直支撑、设备基础轴线图中的中心线
	中	▬ · ▬ · ▬	0.5 b	土方填挖区的零点线
	细	-·-·-·-·-	0.25 b	分水线、中心线、对称线、定位轴线

二、园林图例

由于园林设计平面图的比例较小,设计者不可能将构思中的各种造园要素以其真实形状表达于图纸上,而采用简单、形象的图形来概括表达其设计意图,这些简单而形象的图形称为"图例"。

1. 地形:地形的高低变化及其分布情况通常用等高线表示。地形图必须标明高程,设计平面图中等高线可以不注高程。设计地形等高线用细实线绘制,原地形等高线用细虚线绘制。

2. 园林建筑:在大比例图纸中,对有门窗的建筑,可采用通过窗台以上部位的水平剖面图来表示,对没有门窗的建筑,采用通过支撑柱部位的水平剖面图来表示。对花坛、花架等建筑小品画出投影轮廓。

在小比例图纸中(1∶1000 以上),只需画出水平投影外轮廓线。

3. 水体:水体一般用两条线表示,外面的一条粗线表示水体边界线(即驳岸线),里面一条细线表示水面(可多条表现)。

4. 山石:山石均采用其水平投影轮廓线概括表示,以粗线绘出边缘轮廓,以细线概括出皱纹。

5. 园路:园路用细线画出路缘,对铺装路面也可按设计图案简略示出。

6. 植物:园林植物由于种类繁多,姿态各异,平面图无法详尽地表达,一般用"图例"做概括表达。(见图 5-3)

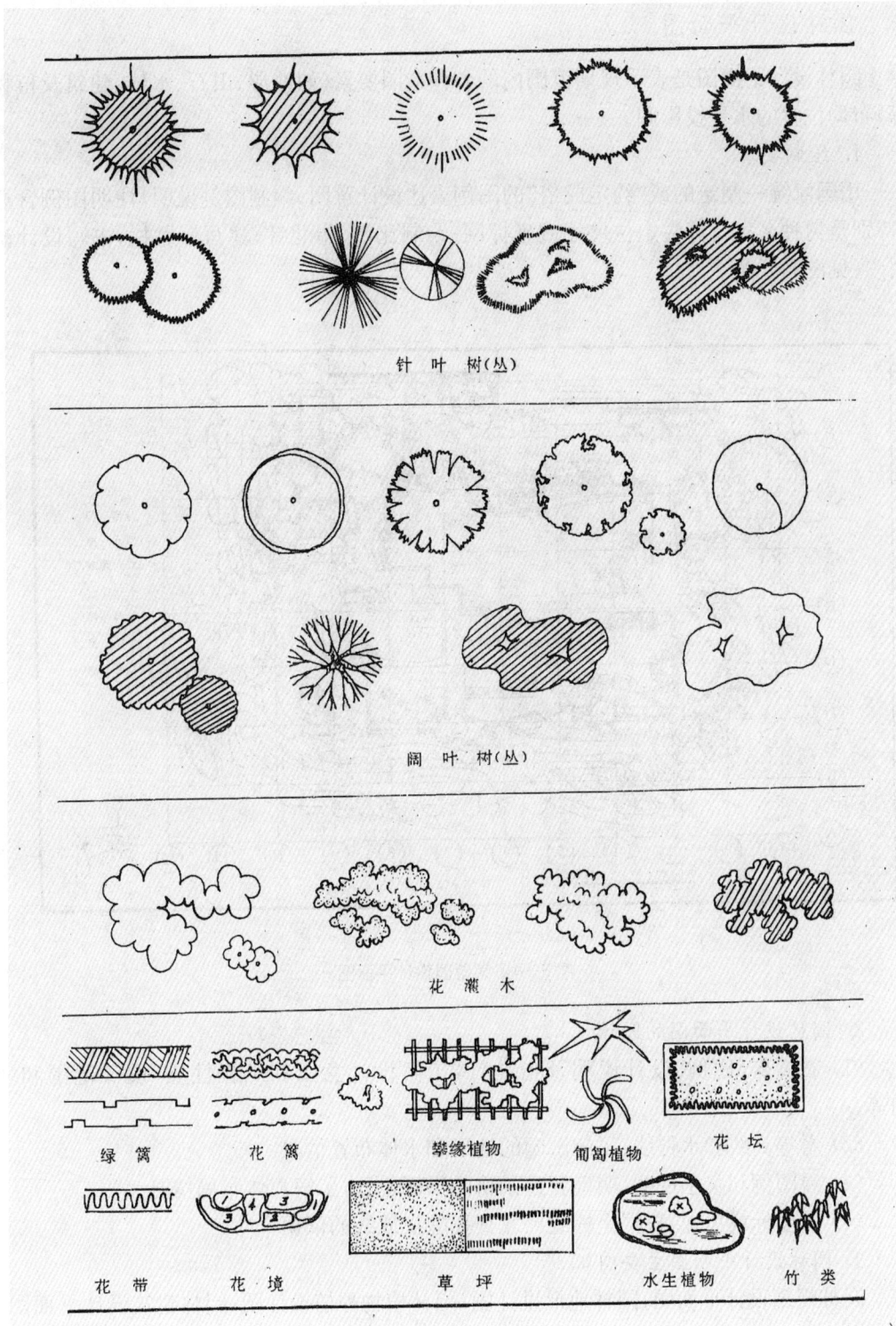

针 叶 树(丛)

阔 叶 树(丛)

花 灌 木

绿 篱　　花 篱　　攀缘植物　　匍匐植物　　花 坛

花 带　　花 境　　草 坪　　水生植物　竹 类

图 5-3　园林设计常用平面图例

三、园林设计平面图

园林设计平面图是表示规划范围内的各种造园要素(如地形、山石、水体、建筑及植物等)布局位置的水平投影图。

1. 绘制要求

用国家统一制定的或"约定成俗"的图例表达设计意图;编制图例说明,注明图例含意(特别是树种名称);标注定位尺寸或坐标网;绘制比例、指北针;注写标题栏;书写设计说明。(见图5-4)

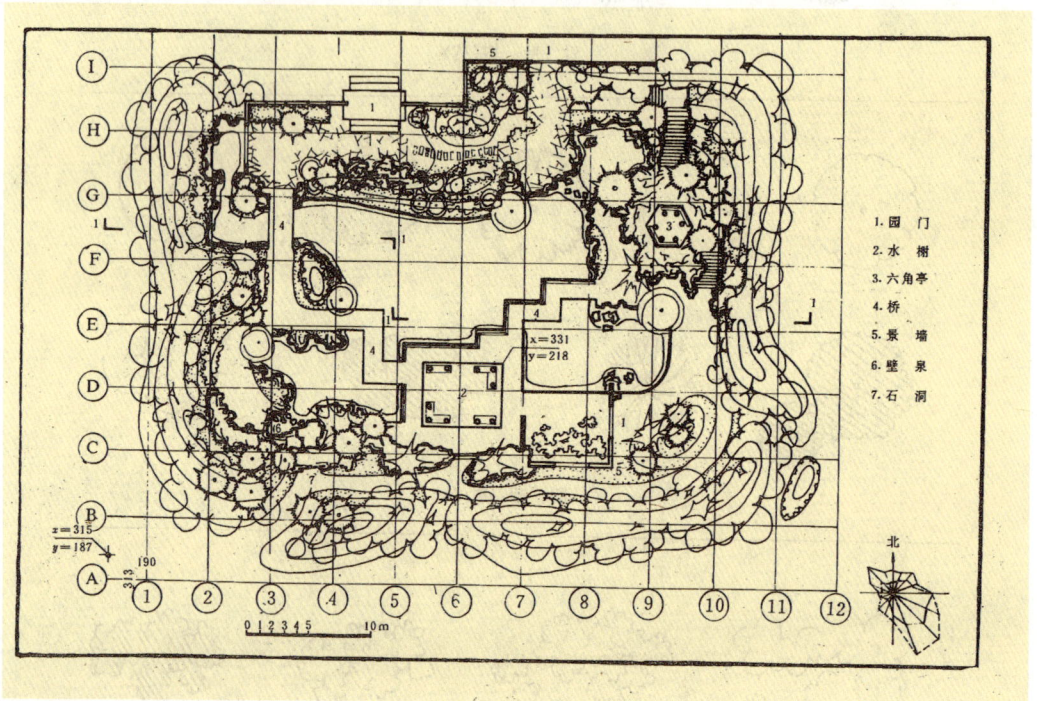

1. 园 门
2. 水 榭
3. 六角亭
4. 桥
5. 景 墙
6. 壁 泉
7. 石 洞

图5-4 某游园设计平面图

2. 园林设计平面图的阅读

(1)看图名、比例、设计说明及指北针:了解设计意图和工程性质,设计范围和朝向等。

(2)看等高线和水位线:了解游园的地形和水体布置情况。

(3)看图例和文字说明:明确新建景物的平面位置,了解总体布局情况。

(4)看坐标或尺寸:根据坐标或尺寸查找施工放线的依据。

3. 园林设计平面图主要图纸

园林规划设计平面图;园林地形设计图;园林植物种植设计图;园林建筑设计平面图;园林道路系统平面图;园林水电布置平面图等。

四、园林施工图阅读

1. 地形设计图阅读（见图 5-5）

（1）看图名、比例、设计说明及指北针：了解工程名称，设计内容，所处方位和设计范围。

（2）看等高线的含义：看等高线的分布及高程标注，了解地形高低变化，水体深度及与原地形对比了解土方工程情况。

（3）看建筑、山石和道路高程：了解设计中各主要景物立地条件，全园的最高、最低点，各景物之间的高程关系。

（4）看排水方向。

（5）看坐标，确定施工放线依据。

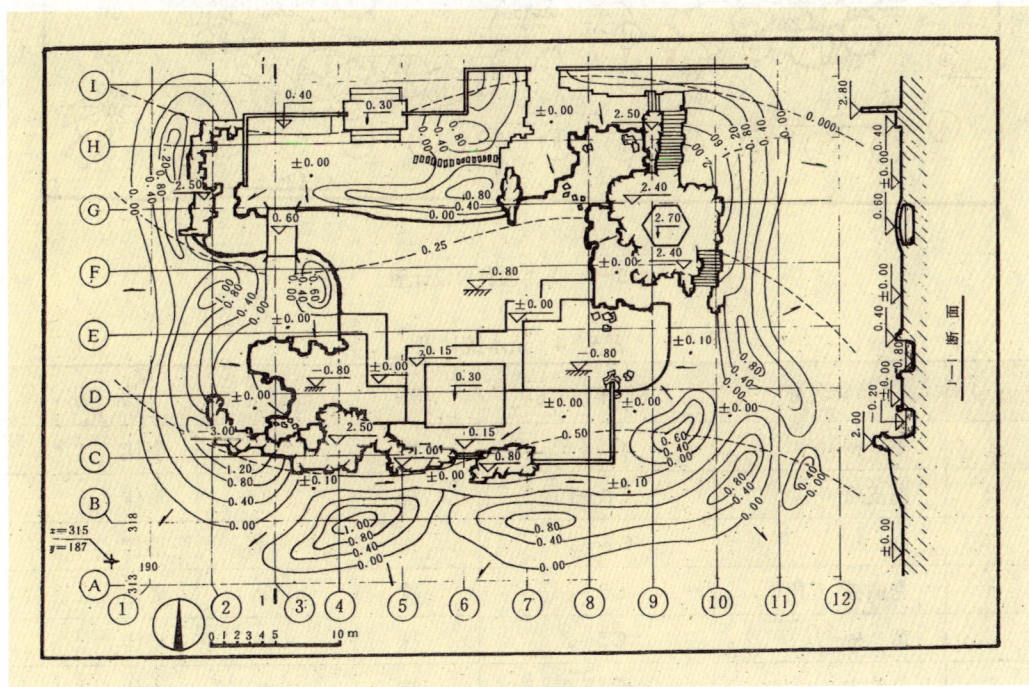

图 5-5 某游园地形设计图

2. 园林种植设计图阅读

阅读园林种植设计图用以了解工程设计意图、绿化目的以及所达效果、明确种植要求，以便组织施工和作出工程预算。

（1）看标题栏、比例、指北针：明确工程名称，所处方位和工程范围。

（2）看图中索引和苗木统计表：根据图示各植物索引（或编号），对照苗木统计表及技术说明，了解植物种植的种类、数量、苗木规格和配置方式。（见表 5-4 苗木表举例）

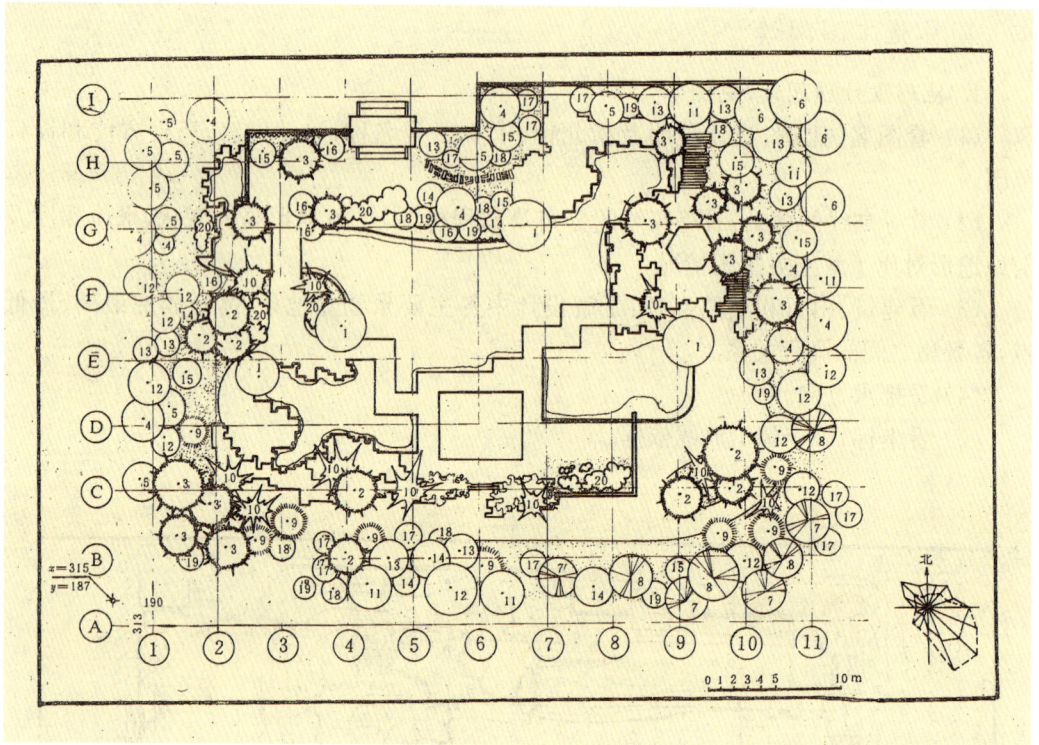

图 5-6 某游园种植设计图

表 5-4 苗木统计表

序号	植物名称	规格(单位:cm)	单位	数量	备注
1	垂柳	C̶5～8	株	4	姿佳
2	白皮松	C̶8～10	株	8	形佳
3	油松	C̶8～10	株	14	形佳
4	秀丽槭(五角枫)	D5～6	株	9	姿佳
5	黄栌	C̶5～8	株	9	姿佳
6	悬铃木	C̶4～5	株	4	姿佳
7	红皮云杉	C̶8～10	株	4	姿佳
8	冷杉	C̶10～12	株	4	姿佳 丰满
9	紫杉	C̶6～8	株	8	姿佳 丰满
10	铺地柏	D3～5	株	100	每丛10株
11	卫矛	P100～120	株	5	姿佳
12	银杏	C̶8～10	株	11	3级分叉以上
13	紫丁香	H100～120	株	100	每丛10株
14	月季	三年生	株	60	每丛10株

续 表

序号	植物名称	规格(单位:cm)	单位	数量	备 注
15	黄刺玫	P60～80	株	56	每丛8株
16	连 翘	P60～80	株	35	每丛7株
17	黄 杨	P30～50	株	11	丰满
18	蜡 梅	P150～180	株	7	丰满
19	珍珠花	P30～40	株	84	每丛12株
20	五叶地锦	D1～2	株	122	
21	四季草花		m²	1	64株/m²
22	结缕草		m²	200	满铺

注:本表为图5-6之苗木表,其中C表示植物的胸径;D表示植物的地径;H表示植物的高度;P表示植物的蓬径。

(3)看植物种植定位尺寸:明确植物种植的位置及定点放线的基准。

(4)看种植详图:了解对特殊规格的树种,有特别要求的种植要求。

3. 园林建筑施工图阅读

建筑施工图包括建筑平面图、建筑立面图、建筑剖面图及建筑详图(见图5-7)。建筑施工图反映出建筑物各部的形状、构造、大小及做法。

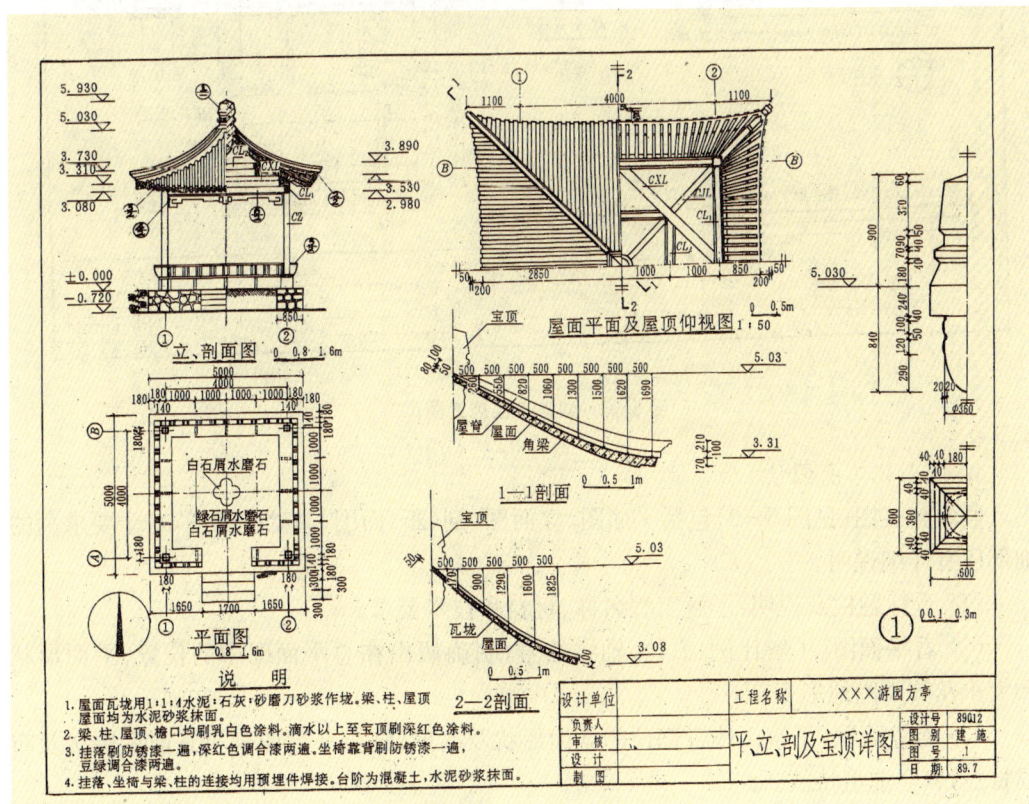

图5-7 建筑工程施工图(一)

以方亭为例(见图5-8)。

(1)看平面图:了解图名、比例及方位,明确平面形状和大小,轴间尺寸,柱的布置及断面形状,坐椅的位置,台阶布置,室内地面装修等。

(2)对照平面图看立面图、剖面图:明确亭的外貌形状和内部构造情况及主要部位标高。由立、剖面图中可见该亭为攒尖顶方亭,结构形式为钢筋混凝土结构。

(3)看屋面平面及屋顶仰视图:明确屋面及屋顶的形状和构造形式。由图可见,屋面瓦垄上、下平行排列并形成曲线,屋脊位于对角线上伸至最外端。

(4)看详图:明确各细部的形状、大小及构造。

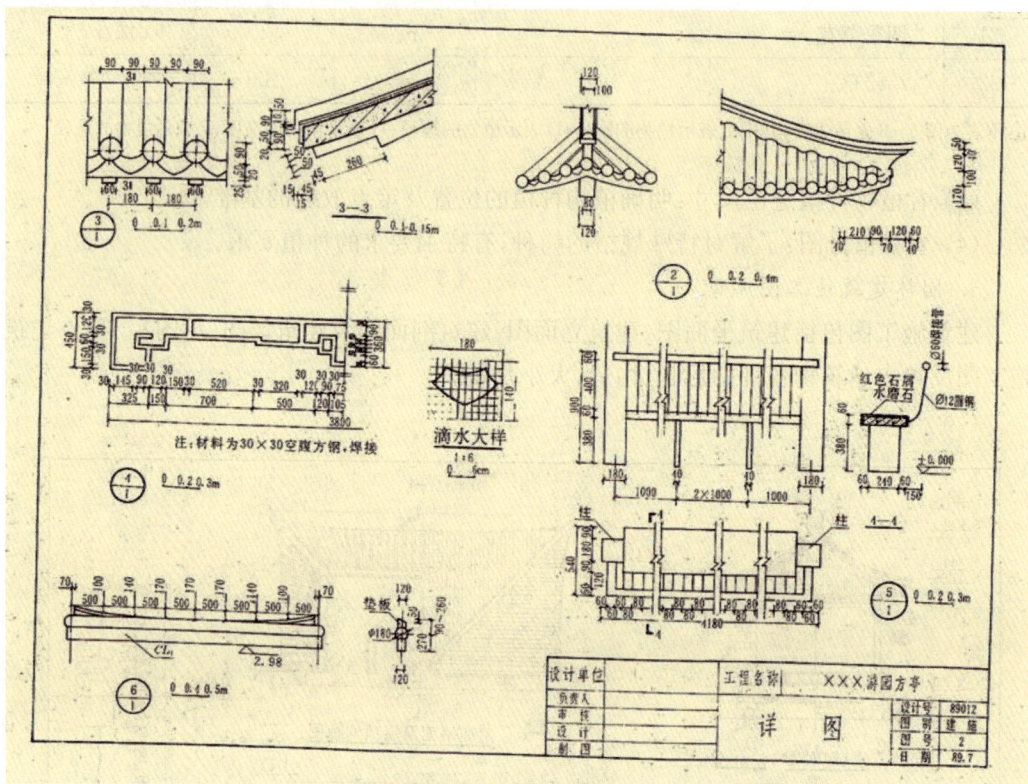

图5-8　建筑工程施工图(二)

4. 假山施工图阅读

假山施工图(见图5-9)包括平面图、立面图、剖(断)面图、基础平面图,对于要求高的细部还有详细说明。

(1)看标题栏及说明:了解工程名称、材料和技术要求。

(2)看平面图:了解比例、方位、轴线编号,明确假山在总平面图中的位置、平面形状和大小及其周围地形等。

(3)看立面图:了解山体各部位的立面形状及高度,结合平面图辨析其前后层次及布局特点,领会造型特征。

(4)看剖面图:对照平面图的剖切位置、轴线编号,了解断面形状、结构形式、材料、做法及各部高度。

（5）看基础平面图和基础剖面图：了解基础形状、大小、结构、材料、做法等。

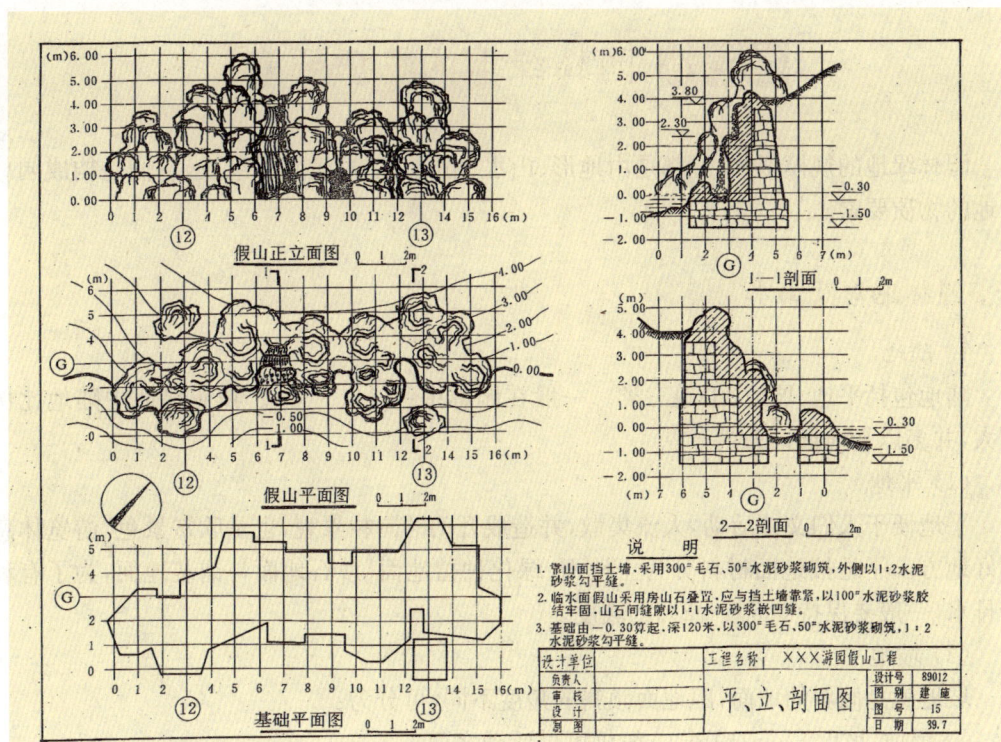

图5-9　假山工程施工图

五、园林效果图

园林效果图直观反映了设计景观的效果，通常有：手绘透视图、电脑透视图、全景鸟瞰图、立面效果图等。图5-10为茶室透视图。

图5-10　茶室透视图

效果图一般有一定的渲染成分,故绘制中要充分运用美学原理,表现出最佳效果,但是也不能过分渲染,失去真实性。

第二节 园林绿地的物质要素

园林绿地的规模不同,但都是由地形、山水、植物、建筑、道路等组成,它们是构成园林绿地的物质要素。

一、园林地形及山水

1. 陆地

陆地包括平地、坡地、山地三类。一般在园林中占 $2/3\sim3/4$。物业绿地中陆地比例更大,并多以平地形式为主。

(1) 平地

平地便于人们文体活动,人流集散,并造成开朗的园林景观,也是欣赏景色、游览休息的好地方。平地按地面材料分为土地面、绿化种植地面、沙石地面与铺装地面,为了有利于排水,一般要保持 $0.5\%\sim2\%$ 的坡度。

(2) 坡地

坡地就是倾斜的地面,因地面倾斜的角度不同,可分为:

① 缓坡:坡度 $8\%\sim10\%$,一般仍可供活动之用。

② 中坡:坡度 $10\%\sim20\%$。

③ 陡坡:坡度 $20\%\sim40\%$,作为活动场地比较困难,做景观之用。

变化的地形可以从缓坡逐渐过渡到陡坡与山体连接,在临水的一面以缓坡逐渐深入水中。

(3) 山地

一般山地的坡度大于或等于 50%,构成风景,组织空间,丰富园林的景观。主要类型有:土山、石山、土石山等。堆土山最忌成坟包状,山丘的设计要求蜿蜒起伏、有断有续,立面高低错落,平面曲折多变,避免单调和千篇一律。

(4) 地面覆盖类型:

① 土地面

林中空地,供人们游憩和活动,在物业绿地中尽量减少裸露的土地面。

② 石地面

天然的岩石、卵石等覆盖,可用作活动场地或风景游息地等。

③ 铺装地面

用砖、碎石、水泥、预制板、大理石等人工迹象明显的材料铺成,可用作集散广场、观赏点、活动场所等。

④ 绿化种植地面

种植各种树木、花卉、草皮、藤本等植物,形成不同景观,是现代物业绿化地面的主要形式。

2. 假山工程与置石

(1) 假山

假山是以天然真山为蓝本,加以艺术提炼和夸张,用人工再造山的景观。它是以造景、游赏为主要目的,可观可游。

① 三大流派

a. 北派:以黄石为山石材料。叠石造山规模巨大,造型雄伟、庄重,讲究对称,具有磅礴气势。

b. 苏派:以太湖石为主要材料。用石精到,手法细腻,力求表现山石的玲珑剔透与婀娜多姿的造型。

c. 扬派:主要石种有湖石、黄石、石笋和花岗岩条石。兼备南秀北雄的特色。

② 拼叠手法

a. 拼:将石料立起来组合。注意高低错落。

b. 接:将石料横向成条状组合。注意弯曲变化自然。

c. 垒:应注意石纹和石缝之间的交叉,防止生硬和规律状。

d. 叠:层层上铺为叠。注意错落有致中掌握重心。

e. 盖:下竖上横、下窄上宽。注意横纹和竖纹过渡变化自然。

f. 竖:直式站立。用于表现峰石造型。

g. 埋:下段在土中,上部露出土外者。必须下重上轻,有下沉之势。

h. 挑:将横长形山石伸出山体之外。

i. 压:为保持挑石的平衡,在挑石的尾部压上一块山石。

j. 飘(挑头):在挑石上再用山石而成。

k. 卡:两块石之间夹较小的石。

l. 斗:两石并立而内成空洞或弯势,其势相对。

m. 挂:卡石时下悬者。

n. 收:叠石逐渐向内形成凹势。

o. 出:叠石逐渐向外形成凸势。

p. 环:斗势相接。

q. 架:两石之间用长石相搭头。

r. 做缝:用水泥使山石成为一体。

③ 叠山要求:二宜、四不可、六忌

a. 二宜:造型宜有朴素自然之趣;手法宜简洁。

b. 四不可:石不可杂;纹不可乱;块不可匀;缝不可多。

c. 六忌:忌似香炉蜡烛;忌似笔架花瓶;忌似刀山剑树;忌似铜墙铁壁;忌似城郭堡垒;忌似鼠穴蚁蛭。

（2）置石

用山石零星布置，作独立或附属的造景布置，称为置石。

置石时山石半埋半露，别有风趣，以点缀局部景点。如建筑的基础、抱角镶隅、土山、水畔、护坡、庭院、墙角、路旁、树下、代替桌椅、花台等。

① 特置（见图5-11）

由玲珑、奇巧或古拙的单块山石立置，成为园中局部构图中心。

位置多设在入口、路旁、小径的尽头，树下等，作为对景、障景、点景之用。

图5-11　特置

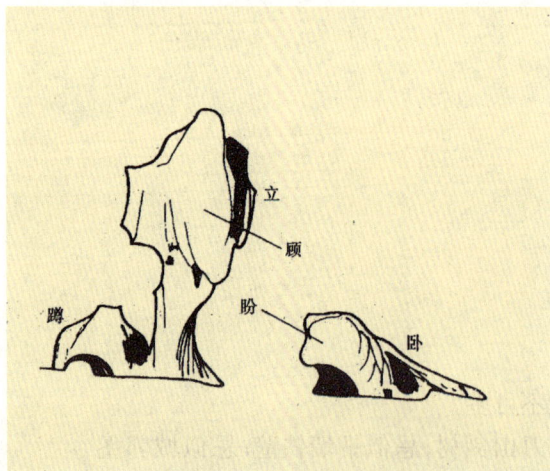

图5-12　散置

② 散置（见图5-12）

大小不等的山石，若断若续，连贯而成一个有机整体的表现。

要求有聚有散、有立有卧、主次分明、顾盼呼应。散置的布局无定式，通常布置在廊间、粉墙前、山脚、山坡、水畔等处。

③ 群置（见图5-13）

几块石成组摆列一起，作为一个群体表现。

石块大小不一、疏密相间、错落前后、左右呼应、高低不一、错综结合。

3. 水体工程

（1）水体的类型

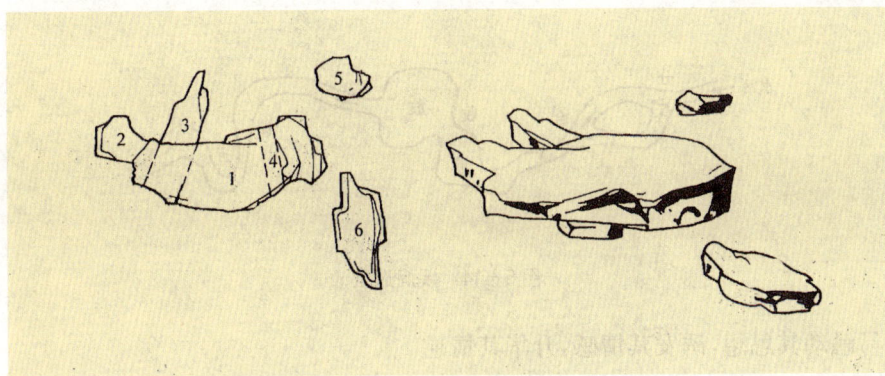

图 5-13 群置

① 按水体的形式分类：自然式水体、规则式水体、混合式水体。

② 按水流的状态分类：静态水景（湖、池、潭、井等）、动态水景（瀑布、喷泉、溪流、涌泉等）。

③ 按水体的使用功能分类：观赏水体、活动水体。

（2）园林常见水景形式

① 湖、池

多按自然式布置，水岸曲折多变，沿岸设景，湖池常作为园林构图中心。小水宜聚，大水宜分。

小水面通常用平桥分割，大水面用拱桥分割。可用曲桥划分水面，但必须步移景移，曲之有理。同时桥不宜等分水面。

② 岛

岛既可以划分水域空间，又可以增加层次变化，还增添游人情趣，打破水面的单调感，符合虚实对比的构图原理，同时岛也可以成为赏景点。

岛的平面位置应在水面的构图重心，切记放置于中心。形状宜自然。

a. 山岛：突出水面，可以成为水面的主景。有土山岛和石山岛之分。土山岛可以植树，小岛设计可以类似盆景。

b. 平岛：水陆之间非常接近，以植物和建筑表现。平岛一般岸线圆润，曲折而不重复，岸线平缓地深入水中，使水陆之间非常接近。

c. 半岛：半岛有一面连接陆地，三面临水，其地形高低起伏，可设置石矶眺望远景，现代采用亲水平台作为观赏点。

d. 群岛：有几个或许多岛屿，注意位置、大小、形状的处理。

③ 溪涧

溪浅而阔，涧狭而深。溪涧应左右弯曲，迂回山间，有分有合，有收有放，水流有急有缓，岸边可配置不同树木。（见图 5-14）

溪涧应力求创造出多变的水形，水流有缓有急，缓时潺潺流水洗石而过，急时水激浪花石间潜流，使得溪涧水体富于忽急忽缓、忽隐忽现、忽聚忽散的形态变化，加之悦耳的水声及参差的石岸、覆盖的土坡、配置的花木等。这些都大大加深了游人在视听上的感受，

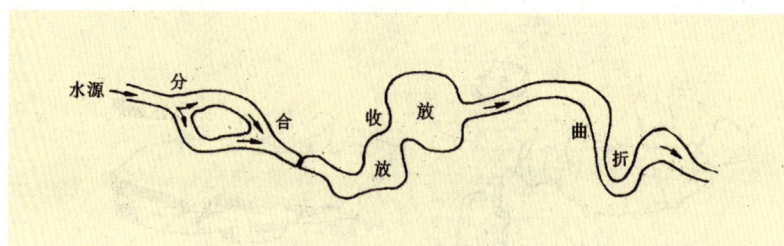

图 5-14 溪涧造型

从而更易触动其思想,诱发其情感,升华其情趣。

④ 瀑布

从河床横断面陡坡或悬崖处倾泻而下的水,称为瀑布。瀑布是优美的动态水景,气势磅礴,通常的做法是将石山叠高,水自高泻下,激石喷溅,飞流直下三千尺之势。

瀑布有五个部分组成:上水流、落水口、瀑身、受水潭、下水流。

瀑布的下落方式有:直落、阶段落、线落、溅落、左右落等。(见图 5-15)

瀑布附近的绿化,不可阻挡瀑身,因此瀑身高度 3~4 倍距离内,应空旷处理,瀑布两侧不宜配置树形高耸和垂直的树木。

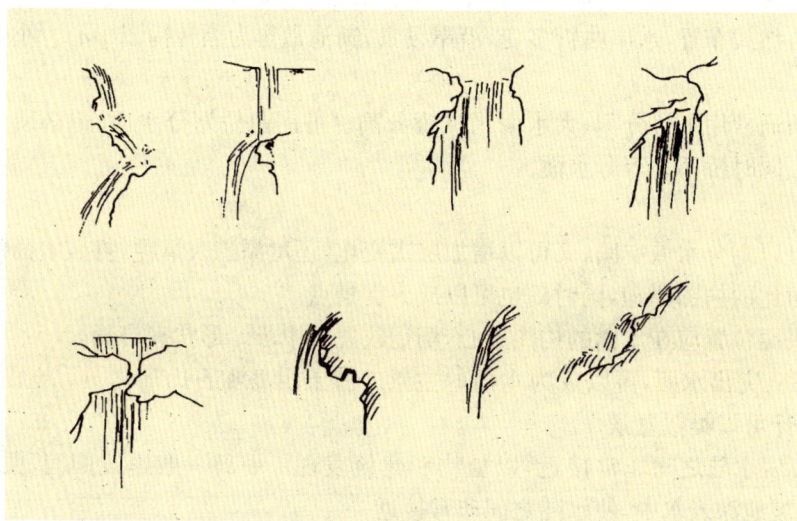

图 5-15 瀑布形式

⑤ 喷泉

喷泉往往与水池相联系,布置在建筑物前、广场的中心或封闭空间内部,作为局部构图的中心。

为使喷泉线条清晰,常以深色景物为背景。它常以水池、灯光、雕塑、花坛等组合成景。

喷泉的喷头是形成千姿百态水景的重要因素。喷泉的形式多种多样,有蒲公英形、球形、涌泉形、扇形、莲花形、牵牛花形、直流水柱形等。(见图 5-16、17)

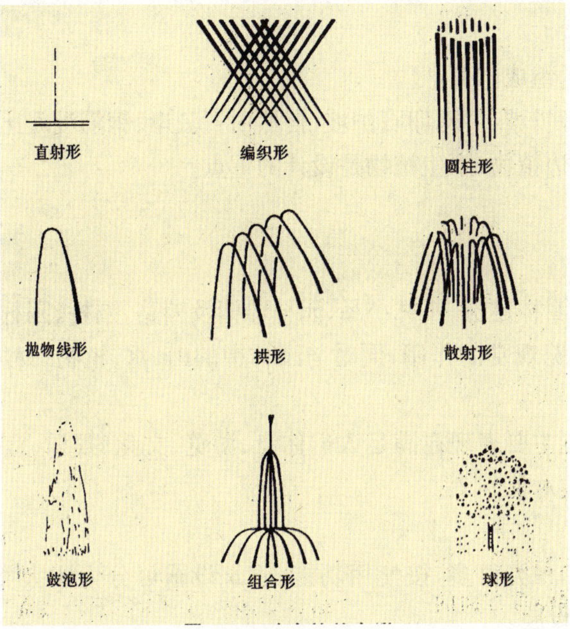

图 5-16 喷泉的基本形式

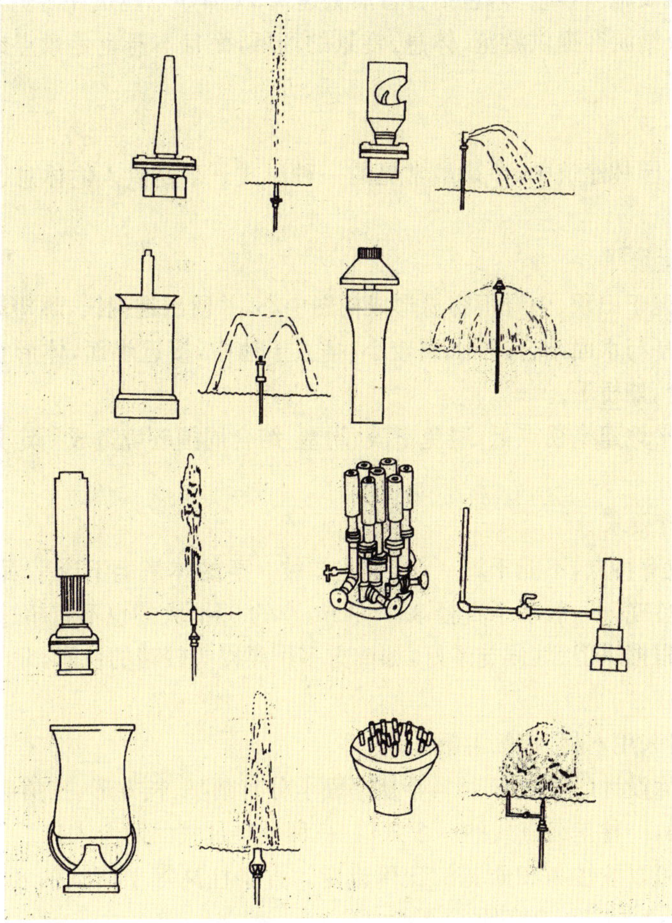

图 5-17 喷头的水姿

⑥ 驳岸

驳岸也是园景的组成部分。

驳岸有土基草坪护坡、沙砾卵石护坡、自然山石驳岸、钢筋混凝土驳岸、木桩护岸等。

驳岸的形状、岸边植物、水生植物是设计的重点。

二、人工设施

在园林绿地中,园林建筑、园林小品、园林雕塑及园路、园桥、园林广场等,既有使用功能,又有可供人们游览观赏的作用,同时与园林中的山、水、植物一样,是园林景观的重要构成因素。

它们的使用功能主要表现在满足人们休息、游览、文化、娱乐、宣传等活动要求,同时本身也成为被观赏的对象。

1. 园林建筑

园林建筑形式和种类很多,按使用功能,建筑设施可分为四大类:游憩设施、服务设施、公用设施和管理设施。

（1）游憩设施

游憩类建筑设施内容很多,包括科普展览建筑、文体娱乐建筑和游览观光建筑等。游憩类建筑不仅仅给游客提供游览、休息、赏景的场所,而且本身也是景点或成为景的构图中心。

① 亭

在我国传统园林建筑中,亭是最常见的一种形式。亭是供人们休息、观景之用;又是园中景色。

a. 亭的位置选择

山地设亭:设于山顶、山脊很容易形成构图中心,并留出透视线,眺望周围风景。

水边设亭:亭与水面结合,若水面较小,亭立于池中,接近水面,体形宜小。大水面可与其他景物配合,如桥等。

平地设亭:平地建亭视点低,避免平淡、闭塞,结合周围环境造成一定景观效果。考虑安排对景。

b. 亭的设计要求

每个亭都应有特点,不能千篇一律,观此知彼。亭的体量上不论平面、立面都不宜过大过高,宜小巧玲珑。一般亭子直径 3.5~4 m,小的 3 m,大的也不宜超过 5 m。

亭的色彩,根据风俗、气候与爱好,如南方多用黑褐等较暗的色彩,北方封建帝王多用鲜艳色彩。

亭的材料可采用木材、钢筋混凝土、竹等。

亭的平、立面设计(见图 5-18):亭从平面上分有圆亭、长方形、三角形、六角形等。

平面的布局,一种是终点式的一个入口,一种是穿过式的两个入口。

亭的立面,可以按柱高和面宽的比例确定。方亭柱高等于面宽的 8/10;六角亭等于 15/10;八角亭等于 16/10 或略低。

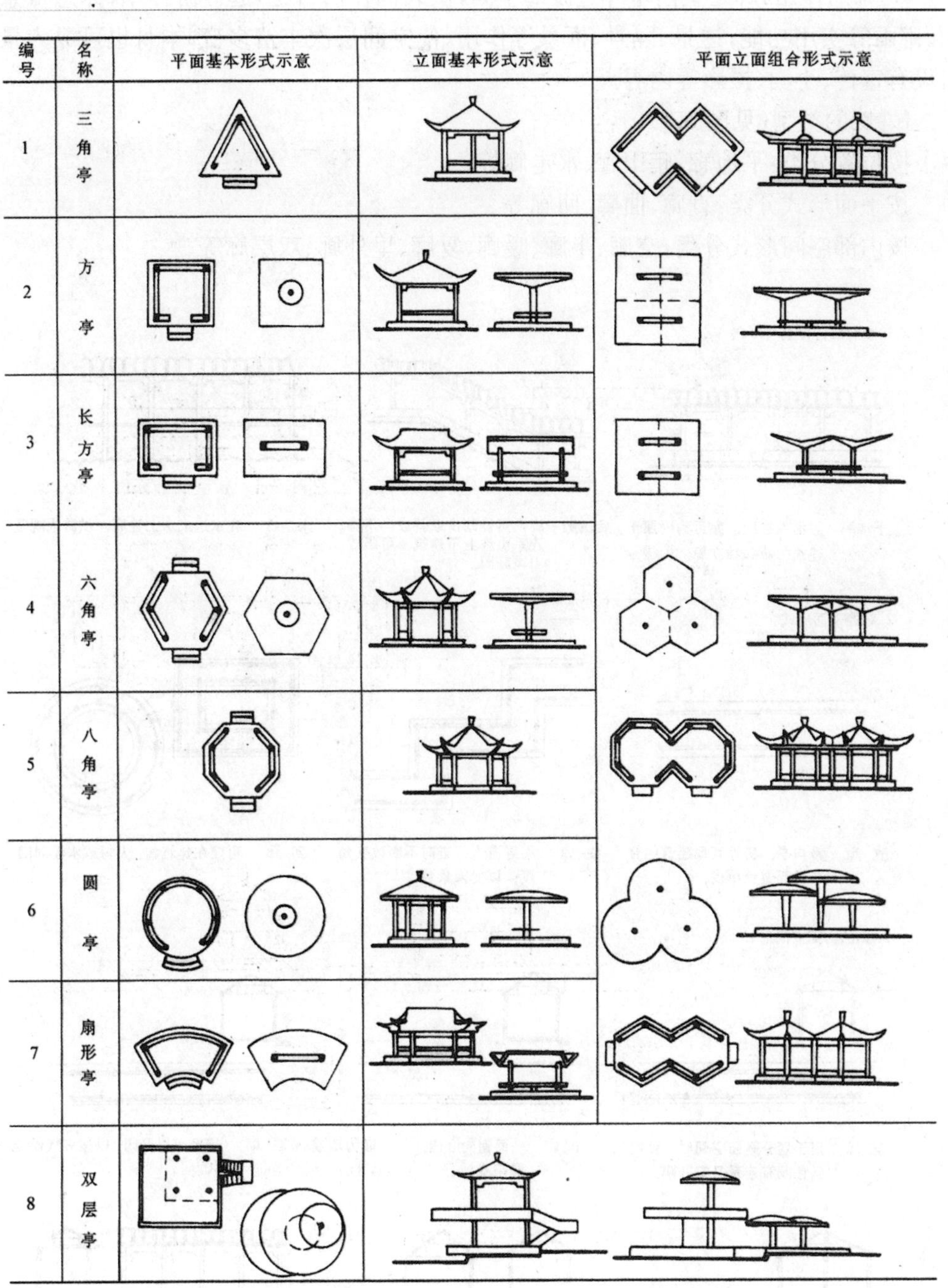

编号	名称	平面基本形式示意	立面基本形式示意	平面立面组合形式示意
1	三角亭			
2	方亭			
3	长方亭			
4	六角亭			
5	八角亭			
6	圆亭			
7	扇形亭			
8	双层亭			

图 5 - 18　亭的各种形式举例

屋顶形式有攒尖（古亭的主要形式）、平顶等，并有单檐和重檐之分。

亭群是将若干单亭组合在一起，具有很好的观赏效果。注意亭的大小、形式变化。

② 廊

廊在传统园林中被广泛应用，是长形观景建筑物。

　　a. 廊的作用:廊是室内室外过渡的空间,供人们在内行走,起导游作用;休息赏景;遮阳、避雨等实用功能;透景、隔景、框景等作用,使空间层次丰富多变;本身也可成为景物;可设有宣传、小卖、摄影等内容。

　　b. 廊的类型(见图 5 - 19):

　　按位置分类:平地廊、爬山廊、水走廊等。

　　按平面形式分类:直廊、曲廊、回廊等。

　　按内部空间形式分类:空廊、半廊、暖廊、复廊、里外廊、双层廊等。

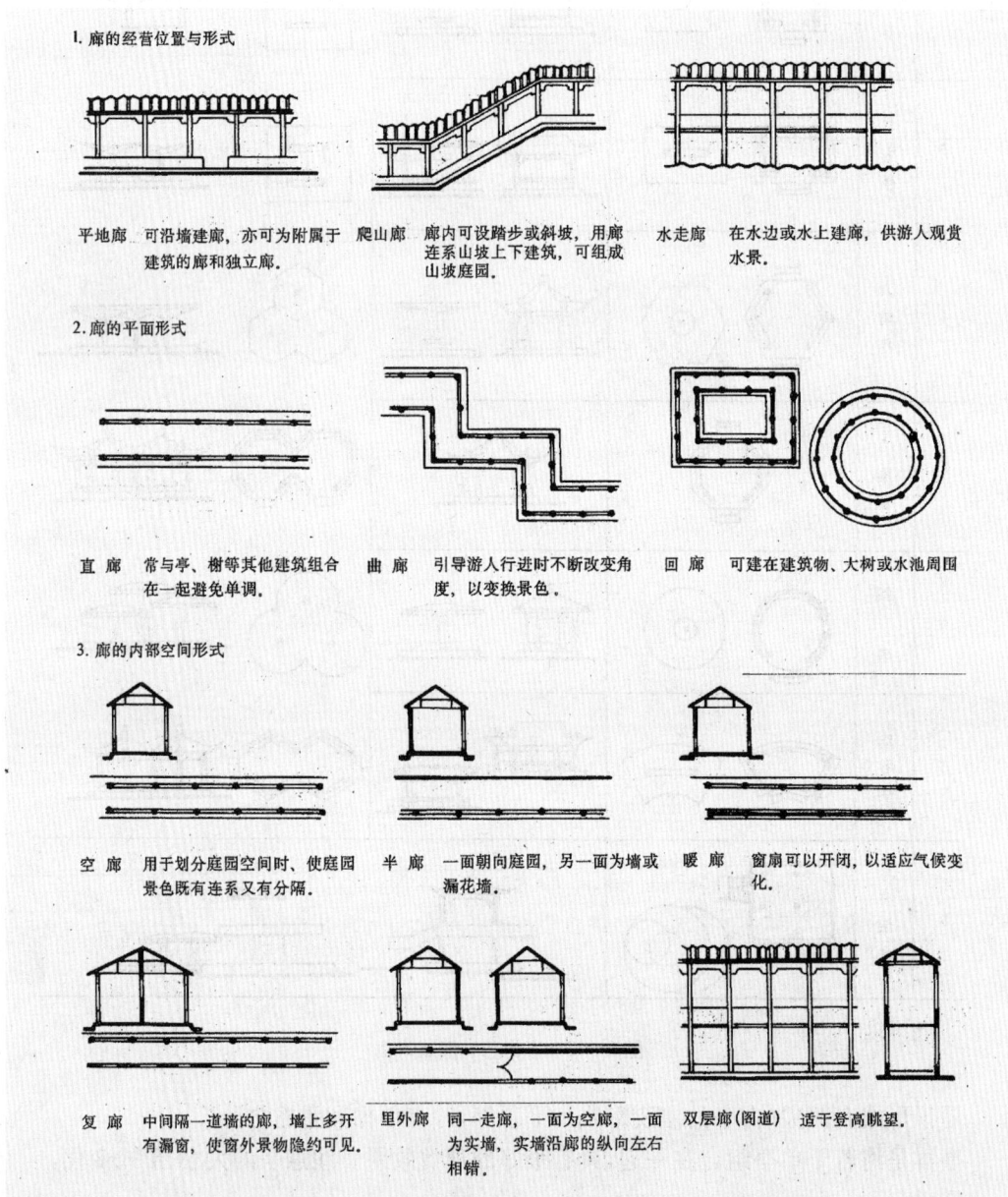

1. 廊的经营位置与形式

平地廊　可沿墙建廊,亦可为附属于建筑的廊和独立廊.

爬山廊　廊内可设踏步或斜坡,用廊连系山坡上下建筑,可组成山坡庭园.

水走廊　在水边或水上建廊,供游人观赏水景.

2. 廊的平面形式

直廊　常与亭、榭等其他建筑组合在一起避免单调.

曲廊　引导游人行进时不断改变角度,以变换景色.

回廊　可建在建筑物、大树或水池周围

3. 廊的内部空间形式

空廊　用于划分庭园空间时,使庭园景色既有连系又有分隔.

半廊　一面朝向庭园,另一面为墙或漏花墙.

暖廊　窗扇可以开闭,以适应气候变化.

复廊　中间隔一道墙的廊,墙上多开有漏窗,使窗外景物隐约可见.

里外廊　同一走廊,一面为空廊,一面为实墙,实墙沿廊的纵向左右相错.

双层廊(阁道)　适于登高眺望.

图 5 - 19　廊的几种传统形式

c. 廊的设计:从总体上说,自由开朗的平面布局,活泼多变的体型。曲廊要曲之有理,曲而有度;廊是长形观景建筑物,要考虑动态观赏的景物安排;廊是"间"的重复,要充分注意这一特点,有规律地重复,有组织地变化,形成韵律;立面上注意虚实对比,似隔非隔,隔而不挡。

③ 水榭

一般指平台挑出水面观赏风景的园林建筑。

水榭临水而建。其主要功能是以观赏为主,兼有休息社交活动等功能。

水榭形式:水岸边架起一平台,部分伸出水面,平台常以低栏杆相围,其上还常有单体长方形建筑,四面开敞通透或做落地长窗。(见图 5 - 20)

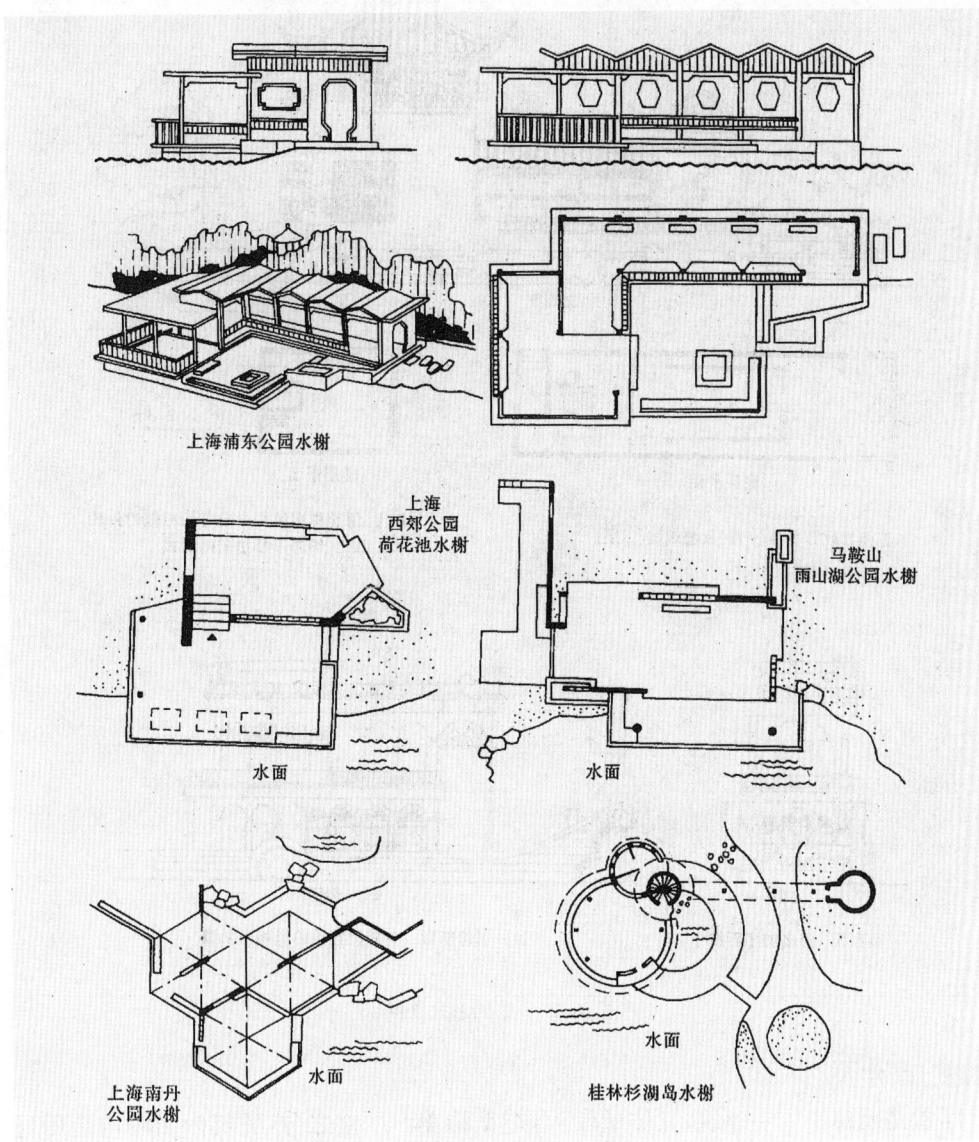

上海浦东公园水榭

上海西郊公园荷花池水榭

马鞍山雨山湖公园水榭

水面

水面

上海南丹公园水榭

水面

桂林杉湖岛水榭

水面

图 5 - 20 水榭形式举例

现代园林中水榭,有的功能简单,体型简洁,仅供游客观赏之用,有的功能丰富,可作为茶室、接待室、游船码头等。

④ 舫

舫是一种类似船形的建筑,不能划动,故又名"不系舟",供人们游赏、饮宴、观景、点景之用。

舫一般由三部分组成,船头、中舱和尾舱。船头设眺台,似甲板,作赏景用;中舱常做成下沉式,是舫的主要空间,供休息和宴客,两侧设长窗;尾舱做两层,下实上虚,设楼梯,上层有休息、眺望功能。(见图5-21)

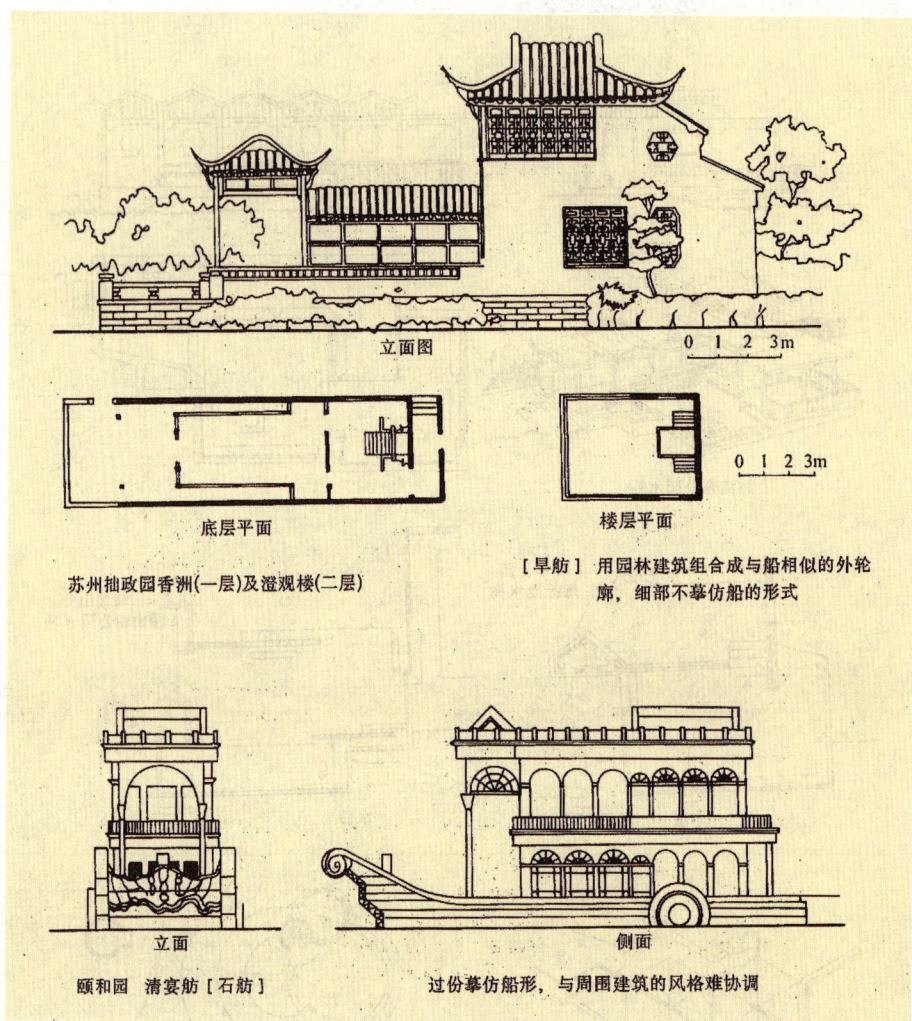

立面图
0 1 2 3m

底层平面

楼层平面
0 1 2 3m

苏州拙政园香洲(一层)及澄观楼(二层)

[旱舫] 用园林建筑组合成与船相似的外轮廓,细部不摹仿船的形式

立面
颐和园　清宴舫[石舫]

侧面
过份摹仿船船形,与周围建筑的风格难协调

图5-21　舫的形式举例

⑤ 厅、堂

厅堂是园林中主要建筑,其体量较大,造型精美。厅堂之分,凭其内四界构造用材不同,用扁方料者曰厅,用圆料者曰堂。

厅堂是议事、会客的场所,一般位于居屋与园林的交界处,既与生活起居部分联系方便,又有良好的观景条件。

⑥ 其他园林建筑:楼、阁、殿、斋、馆、轩等。

(2) 服务类建筑设施

园林中的服务性建筑包括餐厅、酒吧、茶室、小吃部、接待室、小宾馆、小卖部、摄影部等,居住小区中的会所也属于服务性建筑。

① 饮食业建筑设施:餐厅、食堂、酒吧、茶室、小卖部、野餐烧烤地设施等。为游客提供休息场所,并为赏景、会客提供方便。

② 商业性建筑设施:商店或小卖部、购物中心等。主要提供游客所需物品,同时还为游客创造一个休息、赏景之所。

③ 住宿建筑设施:招待所、宾馆等。较大规模的园林才有此类设施,并非必须设有。

④ 摄影部、售票处

(3) 公用类建筑设施

① 导游牌、路牌:在各路口,设立标牌,协助人们顺利到达目的地,尤其在道路系统较复杂,楼房较多的大型居住区。导游牌、路牌还起到点景的作用。

② 停车场:停车场必须结合绿化设计,注意遮荫和汽车尾气的影响,一般采用植草砖铺设,增加绿化面积。

③ 供电及照明:供电设施主要包括道路照明、造景照明(包括草坪灯、泛光灯、水下灯、埋地灯等)、生活、生产照明、广播、游乐设施等用电。园林照明除了创造一个明亮的环境,满足夜间活动,以及保卫工作等要求外,更是创造现代化园林景观的手段之一。

④ 供水、排水设施:用水有生活用水、生产用水、养护用水、造景用水和消防用水。一般水源有引用河湖的地表水,有直接用城市自来水。消防用水为单独体系,有备无患。园林用水可设循环水系统设施,以节约用水。园林排水主要靠地表排水和明沟排水。暗沟埋设管线只是局部使用,为了防止地表冲刷,需固坡及护岸。

⑤ 厕所:厕所是维护环境卫生不可缺少的,既要有其功能特征,外表美观,又不能过于装饰,喧宾夺主。

(4) 管理类建筑设施

① 大门、围墙:大门在园林中突出醒目,给人第一印象,应从功能需要出发,创造出反映使用特点的形象来。大门可分为以下几种形式:柱墩式、牌坊式、门廊式、墙门式、门楼式等。大园林的大门空间可以开敞的,小园林则封闭为好。大门的形式可分为对称与不对称两种。园子边界四周通常建有围墙。主要功能是防护和保卫,也有装饰和丰富园林景色的作用。围墙既要美观,又要坚固耐久。常用材料有砖、混凝土花格围砖、石材、铁花格等。

② 办公室、广播室、宿舍、食堂、医疗卫生、治安保卫、温室阴棚、变电室、垃圾筒等。

2. 园林建筑小品

园林建筑小品指园林中体量小巧、数量多、分布广、功能简明、造型别致,具有较强的装饰性,富有情趣的精美设施。

园林小品包括两个方面,一是园林的局部(如花架)和配件,二是园林小品建筑的局部和配件(如景窗、栏杆等)。

（1）花架

花架是园林中以绿化材料作顶的廊,可以供人们休息、赏景,还可以划分、组织空间,同时为藤本植物创造生长条件。（见图 5-22）

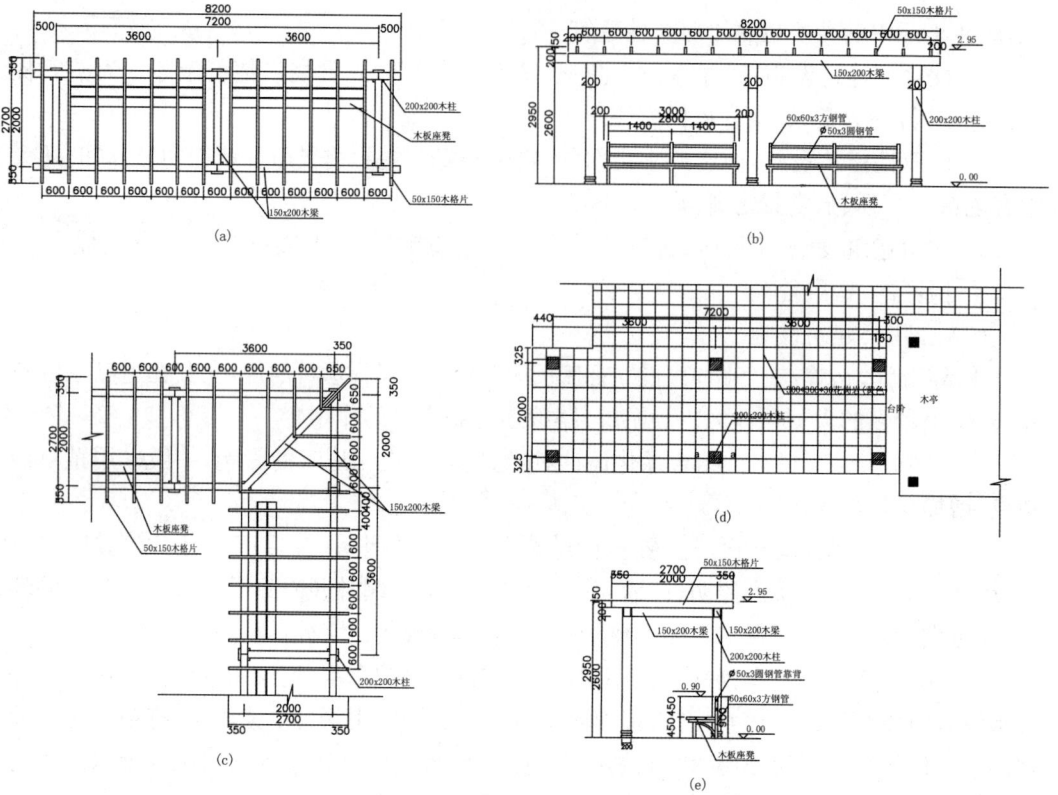

(a) 花架(直线)平面图；(b) 花架正立面图；(c) 花架(折线)平面图
(d) 花架立柱平面图；(e) 花架侧立面图

图 5-22　花架举例

各类花架设计不宜太高、不宜过粗、不宜过繁、不宜过短。要做到轻巧、花纹简单。花架高度一般 2.5~2.8 m,太高就显得空旷而不亲切,花架开间不能太大,一般 3~4 m。

花架四周不宜闭塞,除少数作对景墙面外,一般宜开畅通透。花架本身亦应具有观赏性。

花架常用的材料有竹、木、混凝土等。

（2）园桌、园椅、园凳

园桌、园椅、园凳（见图 5-23 和 5-24）是为了游客歇脚、赏景、游乐所用的设施,经常布置在小路边、水边树阴下、建筑物附近等。要求风景好,可安静休息,夏能遮阴,冬能避风。

如座椅围绕大树,既可遮阴,又可保护大树,增添园林景色。又如利用挡土墙压顶做凳面,用栏杆做靠背。

园桌、园椅、园凳设计要求,坐靠舒适,造型美观,构造简单,使用牢固,易清洁,色彩、

图 5-23　各式园椅举例

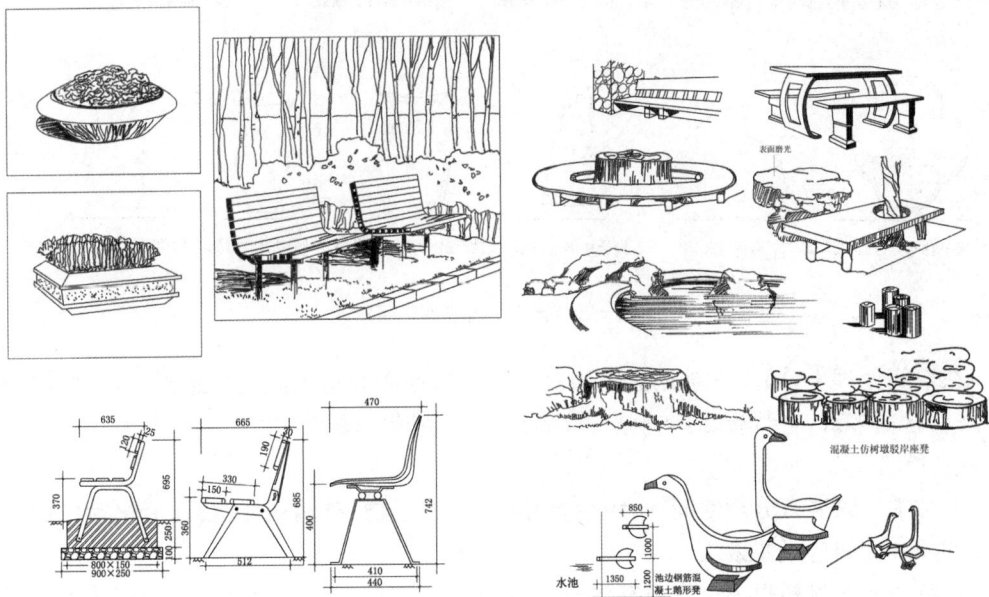

图 5-24　各式园椅园凳举例

风格与环境协调。

（3）园门、景墙、景窗

① 园门

园门有两种类型：一类是小游园或景区的门，其体量小，主要引导出入和造景功能；另一类是公园大门，其体量大，功能复杂。

　　小游园的园门设计追求自然、活泼,门洞的形式多用曲线、象形的形体和一些折线的组合,如圆门、月门、梅花门、汗瓶门等(见图5-25)。在空间体量、形体组合、细部构造、材料与色彩选用方面应与环境相协调。如儿童游园的园门设计宜活泼新颖,色彩宜鲜艳,体量、尺度适宜儿童。街道绿化小游园的园门,形式宜简洁,色彩宜素雅,给人安宁、祥和的感觉。

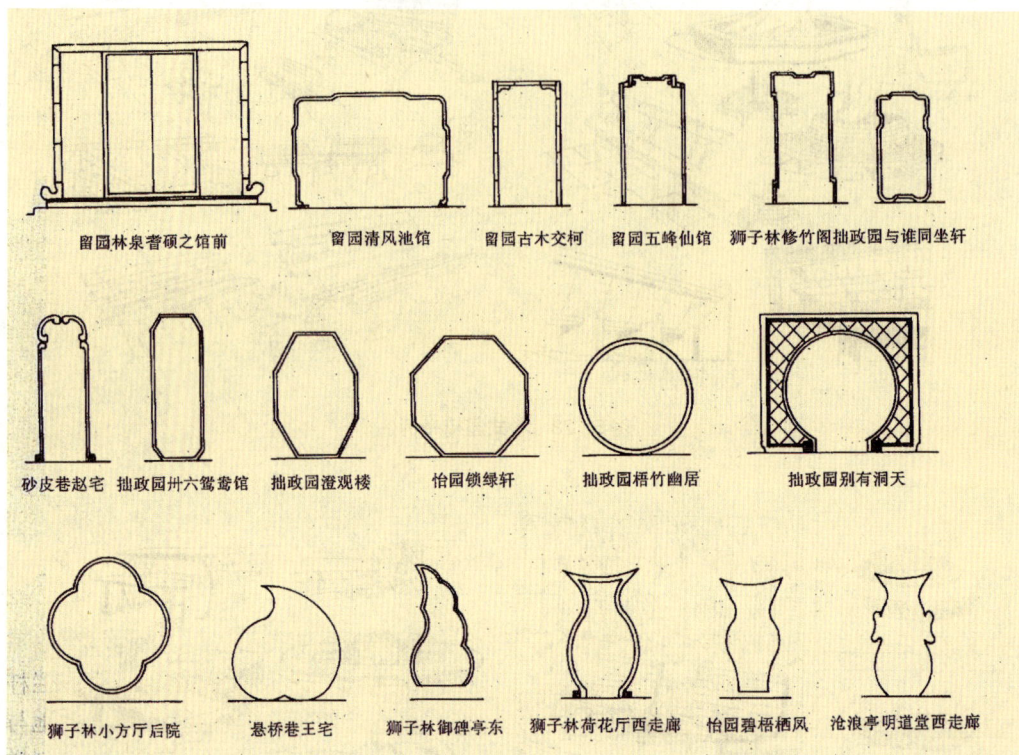

图5-25　园门的各种形式示例

　　在空间处理上,园门常被用来组织对景、借景,使游客进入园门后感到"涉门成趣,触景生情,含情多致,轻纱碧环,弱柳窥青,伟石迎人,别有一壶天地"。

　　② 景墙

　　园林中的景墙有分割空间、组织游览路线、衬托景物、遮挡视线、装饰美化等作用,是重要的园林空间构成要素之一。

　　构造景墙的材料很多,"宜石宜砖、宜漏宜磨、各有所制"。也就是说:土石、砖木、竹等均可,对不同质地色彩的材料的灵活运用,可产生墙面景观丰富多彩的效果。景墙的形式很多,根据材料、断面的不同,有高矮、曲直、虚实、光洁、粗糙、有檐与无檐等。

　　③ 景窗

　　景窗又称透花窗,既可分割空间,又可使墙两边的空间互相渗透,似隔非隔,若隐若现,达到虚中有实,实中有虚,隔而不断的艺术效果。而景窗自身成景,窗花玲珑剔透,造型丰富,装饰性强,起画龙点睛作用。

　　景窗有空窗和漏窗两种形式。其后可布置石峰、竹林、芭蕉、花木等,形成框景。

（4）栏杆

栏杆主要起防护作用，也起装饰美化、分隔作用，坐凳式栏杆还可供游客休息。

栏杆的设计要求美观大方，节约材料，牢固易制。栏杆不宜多设，尤其小绿地。能用绿篱、地形变化、山石隔离的尽量不用栏杆。（见图5-26）

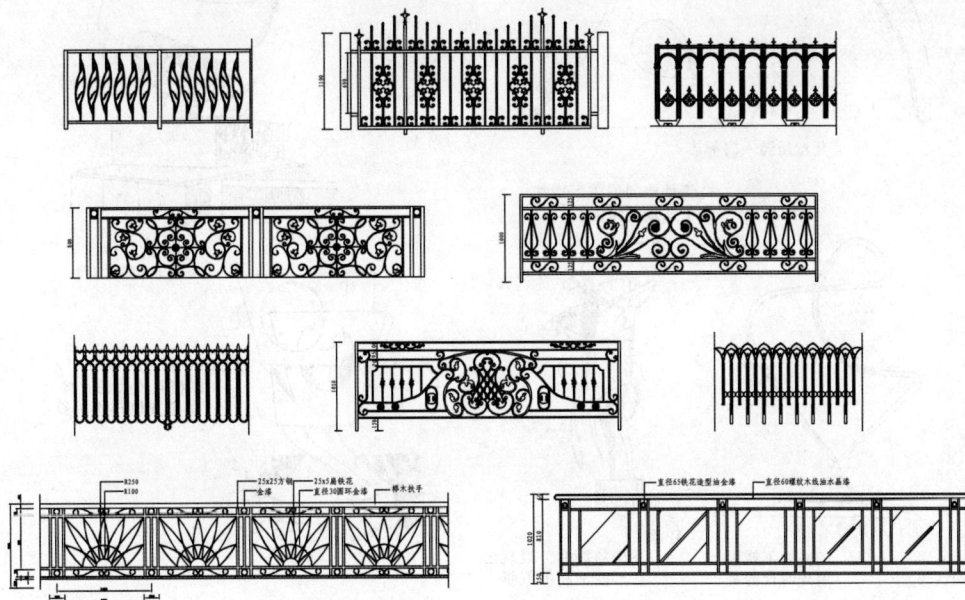

图5-26 栏杆举例

栏杆的高度：一般花坛、小水池、草地边缘的栏杆，高度在0.2～0.3 m。街道绿地、广场的座凳高往往在0.4 m左右，栏杆总高度可0.8 m。起围护作用的栏杆总高0.85～0.9 m，栏杆的格栅间距0.15 m。有危险的地方，栏杆高度在人的重心线1.1～1.2 m，栏杆格栅间距0.13 m，以防儿童头部伸出。

3. 园林雕塑

园林雕塑指园林中具有观赏性的小品雕塑，可配合园林构图，题材广泛，点缀风景，丰富游览内容。

雕塑按功能性质分为：纪念性雕塑、主题性雕塑和装饰性雕塑。（见图5-27）

园林雕塑的布置，应考虑到四周的环境条件，不仅要保持协调，而且应有良好的观赏距离与角度。园林雕塑与所在的空间大小、尺度要有恰当的比例，并需考虑本身的朝向、色彩及背景关系，使雕塑与园林环境互相衬托，相得益彰。

4. 园路、园桥、园林广场

（1）园路

① 园路的作用

a. 引导游览：组织园林景物的展开和游客的观赏线路，观赏到沿路展开的园林景观序列，获得步移景异、景观连续多变的感受。

b. 组织空间、构成景色：园路可以组织空间，成为园林的分界线，满足集散人流的要

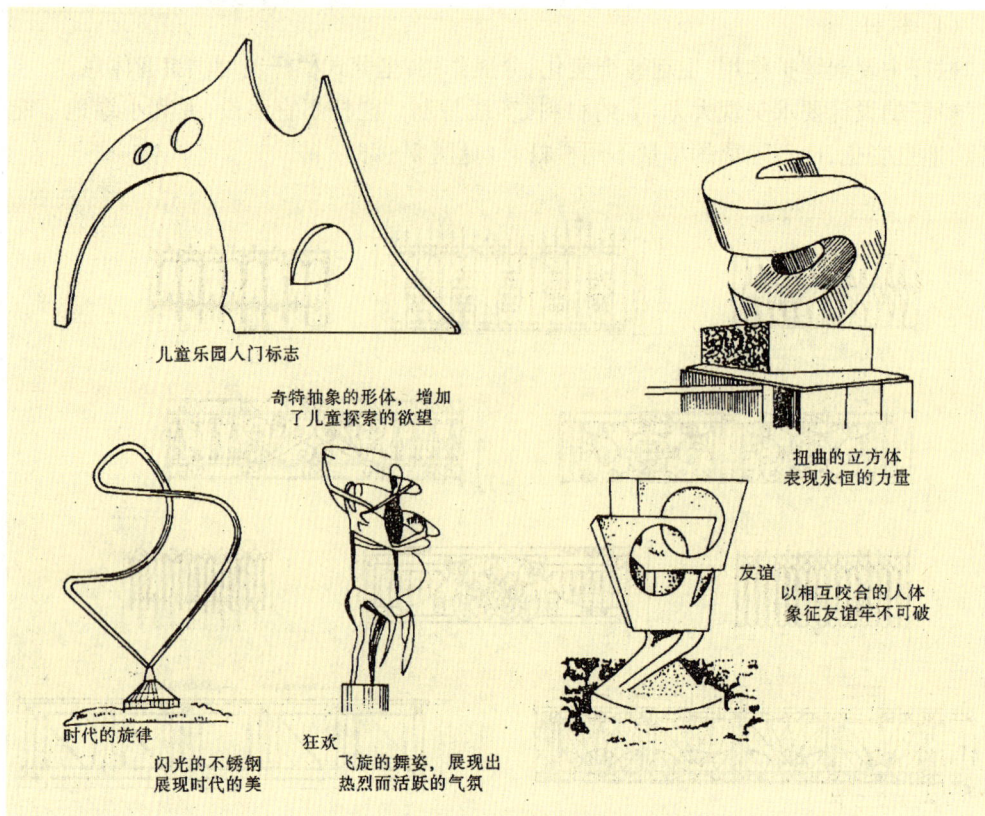

图 5-27　园林雕塑小品举例

求；园路的线形、铺装材料、图案色彩的精细设计，使园路本身就可以成为景色。

c. 为管理和水电工程服务。

② 园路的类型

a. 主路：从园林入口通向全园各景区中心、各主要建筑、主要景点、主要广场的道路。它是园林内大部分人通行的路线，必须考虑管理用车和紧急车辆的通行。主路的坡度不宜太大，一般不设台阶。道路两旁应充分绿化，路宽为 4～6 m，一般不超过 6 m。

b. 次路：分散在各景区，连接着景区内的景点。路宽为 2～4 m。

c. 小径：主要供游客散步休息之用，引导游客到达园林各景区的各个角落。路宽两人行走 1.2～2 m，单人行走 0.8～1 m。

d. 台阶：解决园林地形高差而设置。除使用功能外，也构成园林景色。踏面宽 30～38 cm，高度 10～15 cm，以 38 cm×12 cm 为常见。

③ 设计要求

a. 平面设计：园路宽度根据不同性质而定；小车转弯半径 6 m，卡车 9 m；自然式园路拐弯曲线不能相等，连续转弯不要太多，道路交叉口不要在 20 m 以内，分叉角度不要太小。

b. 竖向设计：尽量利用原有地形，园内外道路有良好衔接；有 3%～8% 的纵坡，有 1.5%～3.5% 的横坡；台阶的踏步有 1～2% 的向下方倾斜。

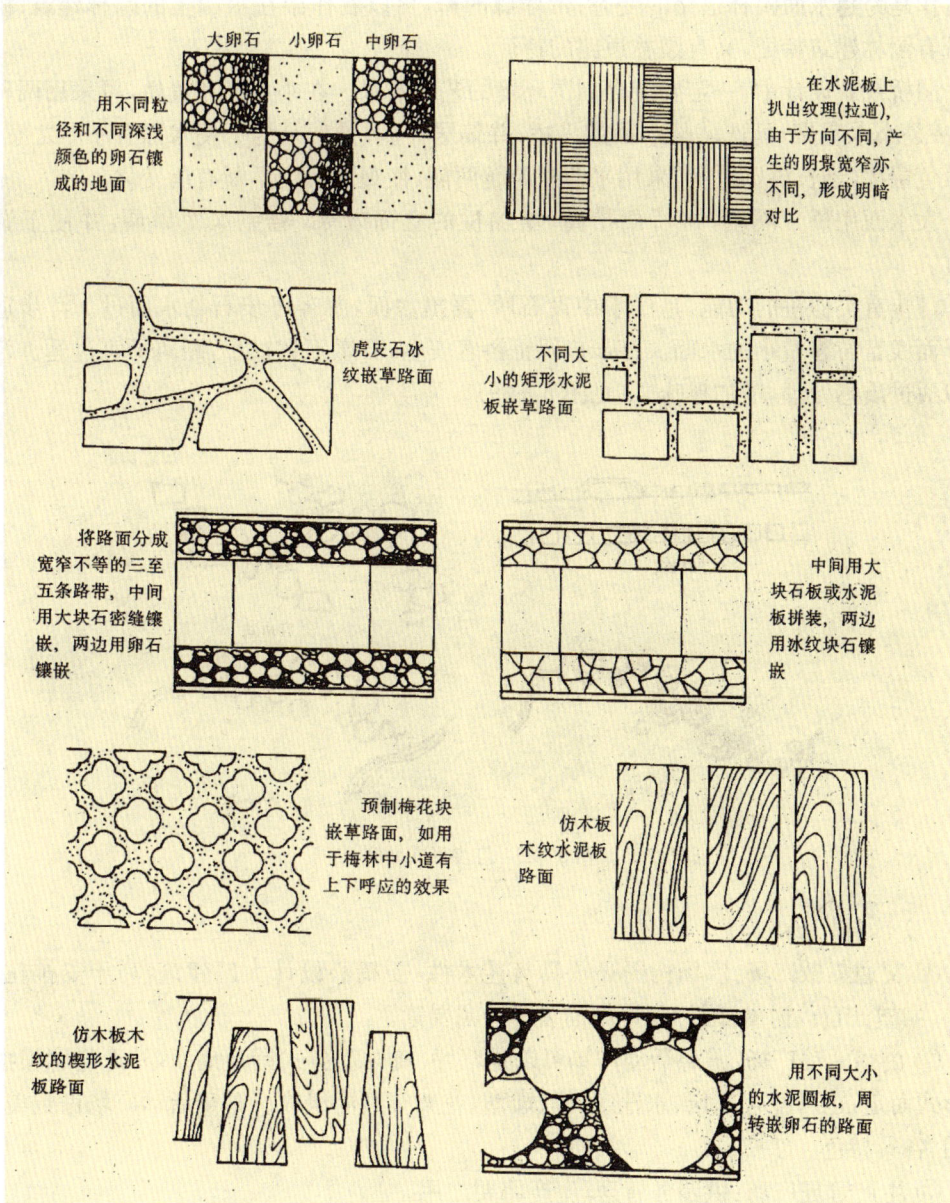

图 5-28 园路铺装举例

c. 道路铺装设计(见图 5-28)

整体铺装路面:水泥混凝土路面、沥青路面、三合土路面。

块状路面:预制混凝土块、块石、片石、鹅卵石镶嵌路面。

简易路面:煤渣路面、沙石路面、夯土路面。

(2)园桥、汀步

园林绿地中的桥梁,不仅可以联系交通跨越河道,组织导游,而且分隔水面,自成一景。

园林的桥梁,既有园林道路的特征,又有园林建筑的特征。贴近水面的平桥、曲桥可以看作是跨越水面园林道路的变态;带厅廊的桥,可以看作架在水面上的园林建筑;拱桥则既有园林建筑特征,又有园林道路的特征。

园桥规划设计中,一定要配合周围环境的艺术效果。在小水面布置桥,可采用两种手法,一是小水宜聚,可选贴临水面的平桥,并偏居一侧;另一是为了使水面有不尽之意,增加景色层次,延长游览时间,采用平曲桥跨越两侧,使观赏角度不断有所变化。

大水面用桥分隔时,将桥面抬高,增加桥的立面效果,避免水面单调,并便于游船通过。

汀步有类似桥的功能,是浅水中设石墩,露出水面,游客可步石临水而过。汀步适宜于窄而浅且游客量小的水面。汀步应保证游客安全,石墩不宜过小,距离不宜过远。汀步可以通过质感处理,增加趣味。(见图5-29)

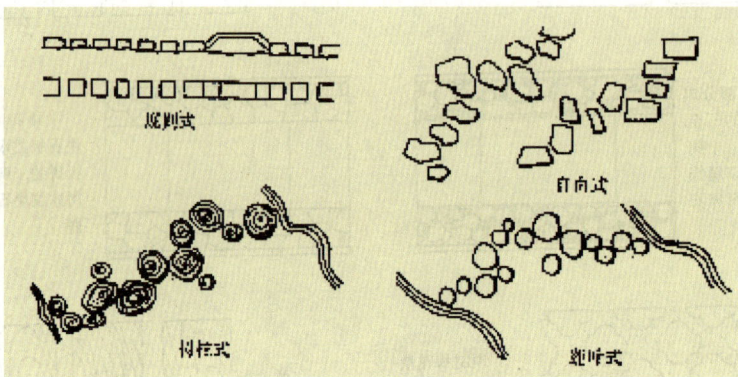

图5-29　汀步形式举例

（3）园林广场

① 交通集散广场:广场构图必须具有艺术性,要精心设计大门建筑,巧于安排花坛、草坪、雕塑、山石、树木、园灯和地面铺装等造园要素。

② 游憩活动广场:游憩活动广场可以是草坪、疏林及各式铺装地面,外形轮廓根据园林形式而定,也可配合花坛、水池、亭廊、雕塑、花架等共同组成。游憩活动广场做到美观、适用、各具特色。

③ 生产管理广场:供园务管理,生产需要之用。

三、园林植物

园林植物是园林绿地中的一个极为重要的组成要素,园林植物要有体型美或色彩美,作为观赏组景、分隔空间、装饰、遮荫、防护、覆盖地面等作用。

园林植物的主要观赏特性:

1. 园林植物的分枝高度

乔、灌木,藤本植物等。

2. 园林植物的树冠

尖塔形、圆锥形、圆柱形、圆头形、宽卵形、伞形、垂枝形、匍匐形等。

3. 园林植物的叶、花、果

色彩、形态、大小等。

4. 园林植物的韵味

园林植物的特性及园林中应用,将在本章第四节详细分析。

第三节 园林绿地规划设计

一、规划设计基本理论

1. 园林绿地布局形式

园林绿地布局形式是园林设计的前提,有了具体的布局形式,园林内部的其他设计工作才能逐步进行。园林绿地的布局形式,一般归纳为规则式、自然式和混合式三大类。

(1) 规则式园林与自然式园林特点(见表5-5):

表5-5　规则式与自然式特点对比

园林要素	规则式园林	自然式园林
总体特点	整形式、几何式园林。各种景物都要求严整对称。规则式园林给人庄严、雄伟、整齐之感。	风景式、山水式园林。模仿再现自然为主,各种景物布置自然和自由。以含蓄、幽雅、意境深远。
地形地貌	平原,由不同标高的水平面及缓倾斜的平面组成;山地及丘陵,由阶梯式的大小不同的水平台地、倾斜平面及石级组成。其剖面均为直线所组成。	平原,地形为自然起伏的和缓地形与人工堆置的土丘相结合;山地及丘陵,利用自然地形加以人工整理。其剖面均为曲线所组成。
水体	外形轮廓均为几何形,多采用整齐驳岸,园林水景的类型以整形水池、壁泉、喷泉、整形瀑布及运河等为主,其中常以喷泉作为水景的主题。	其轮廓为自然曲线,自然驳岸,园林水景以溪涧、河流、自然式瀑布、湖泊等为主,常以瀑布作为水景的主题。
建筑	不仅个体建筑采用中轴对称均衡设计,而且建筑群和大规模建筑组群的布局,也采用中轴对称的均衡的手法。	个体建筑为对称或不对称均衡的布局,建筑群和大规模建筑组群,采用不对称的均衡的布局。
道路广场	道路均为直线、折线或几何曲线组成,构成方格形或环状放射形,多成中轴对称或不对称的几何布局。 空旷地和广场外形轮廓均为几何形。	道路平面与剖面为自然起伏的曲折的平曲线和竖曲线组成。 空旷地和广场外形轮廓为自然形。
种植设计	花卉布置采用图案式为主题的模纹花坛为主;树木配置以行列式和对称式为主,运用大量的绿篱、绿墙以区划和组织空间。树木进行整形修剪。	花卉布置以花丛、花群为主;树木配置以反映自然界植物群落的自然美,以树丛、树群、树带区划和组织空间。树木进行自然形修剪。
其他景物	常采用盆树、盆花、瓶饰、雕塑等为主要景物。雕塑的基座为规则式。	常采用山石、假山、桩景、盆景、雕刻为主要景物。雕塑基座为自然式。

规则式园林举例(见图 5 - 30)。

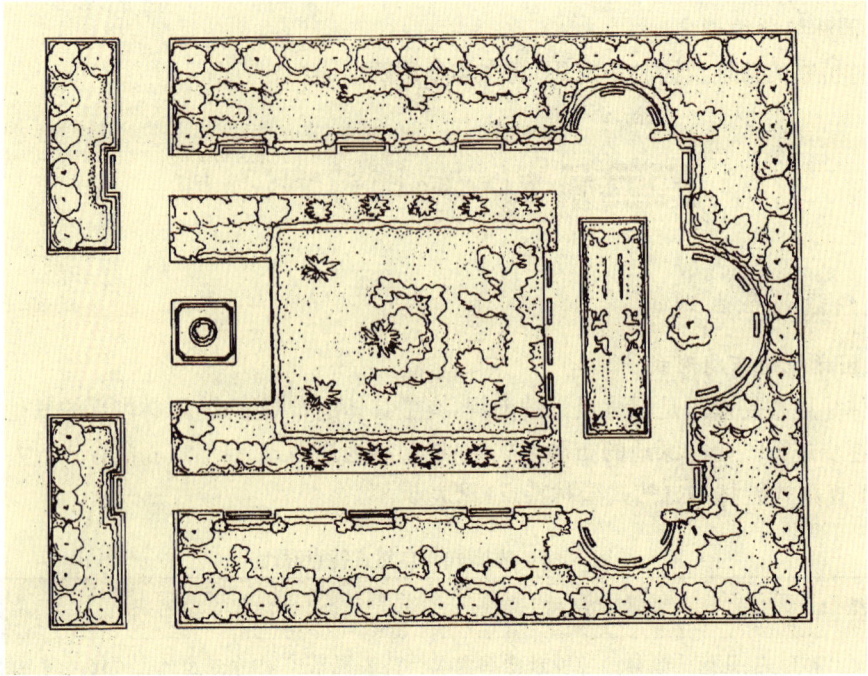

图 5 - 30 规则式园林

自然式园林举例(见图 5 - 31)。

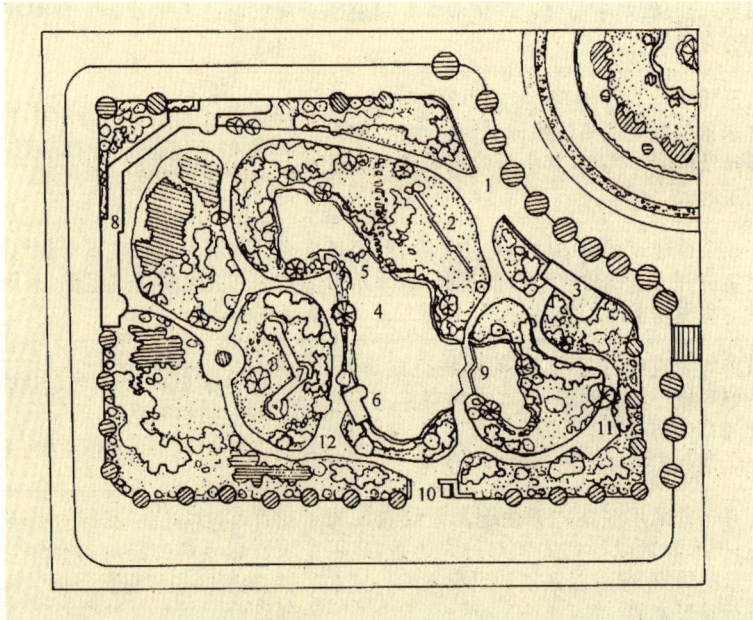

图 5 - 31 自然式园林

（2）混合式园林

规则式与自然式比例差不多的园林，称为混合式园林。混合式园林是将自然式和规则式的特点用于同一园林布局中（见图5-32(a)），或是将一个园林分为若干区，一些区域采用规则式布局，另一些区域采用自然式布局（见图5-32(b)）。

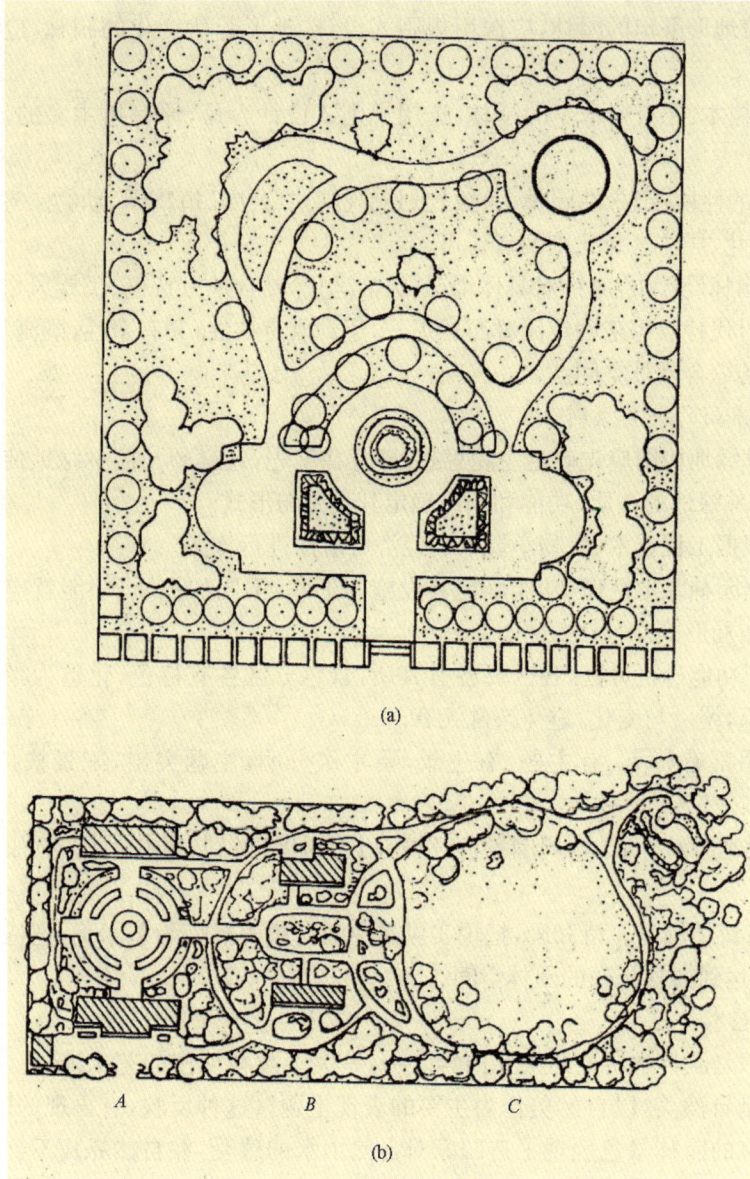

(a)

(b)

图5-32 混合式园林

混合式园林是在规则式和自然式的基础上发展出来的，可以看作是两种形式按照统一和变化的规律灵活运用的结果。

（3）园林布局形式的选择

一个园林绿地，选择怎样的布局形式，与规划用地的环境、面积、地形等有关，还与服务对象的年龄、文化有关。

① 环境:一般来说,周围环境较为整齐规则,气氛比较热闹,形式可选规则式,周围环境复杂多变,相对安静时,形式可选自然式。

② 面积:占地面积较小,外形规整时,应选用规则式设计为主,而面积较大,外形不规整时,应选用自然式设计为主。

③ 地形:地形平坦的园林,应选用规则式设计,地形起伏变化的园林,应选择自然式设计为主。

④ 原有树木:原有树木少的园林,选用规则式设计容易,原有树木多的,选用自然式设计为主。

⑤ 园林的性质:纪念性园林,一般规划成规则式,公园、植物园、动物园等可规划成自然式,街道绿化、居住区绿化则两者皆可。

在具体园林设计中,应针对具体情况,灵活运用,结合地方特色、民族风格、文化传统、社会要求及时代特点等来确定园林布局形式,达到既有共性,又有个性,既满足使用功能,又美化环境的综合园林空间。

2. 园林布局的一般原则

(1) 园林绿地构图应先确定主题思想,即意在笔先,还必须与园林绿地使用功能相统一,要根据园林绿地的性质、功能和用途确定其设施与形式。

(2) 要根据工程技术、生物学要求和经济可能性进行构图。

(3) 根据园林绿地性质、功能确定其设施与形式,不同的性质、功能就应有不同的设施和不同的布局形式。

(4) 按照功能进行分区,各区要各有其所,景色分区各有特色,化整为零,园中有园,既分隔又联系,统一与变化,避免杂乱无章。

(5) 各园都有特点、有主题、有主景,要主次分明,主题突出,配景扶持,避免喧宾夺主。

(6) 根据地形特点,结合周围景色环境,巧于因借,做到"虽有人作,宛如天开",避免矫揉造作。

(7) 要有诗情画意。诗和画,把现实风景中的自然美提炼为艺术美,把诗情和画境搬回现实中来,达到情景交融的园林空间。

3. 园林艺术

园林艺术是园林学研究的主要内容之一,是关于园林创作的艺术理论。园林艺术主要反映对象是自然美,以自然美作为主要的表现主题。这种反映,有再现的因素,也有表现的因素。有的园林景色表现了造园家对自然山水的感受,在自然界找不到,如:建筑附近布置立体花坛等。有的是山水风景的创造,是自然界风景美进行浓缩、提炼。园林艺术融表现、再现于一体的特性,大大增加了它的艺术内涵。

(1) 园林艺术的特点

① 园林艺术是特殊的造型艺术。园林艺术是真实的、立体的、以静态和动态的方式呈现于一定空间。园林艺术是实体,通过众多风景形象的组合,构成连续风景空间,也就是空间序列流程,有明确的起始、主体、陪衬和结尾。可以动态和静态观赏,同时也是时间

艺术,是四度空间艺术。

② 园林艺术是综合艺术。园林艺术创造过程中应用多种艺术手段,多种艺术结合在一起,产生综合效果。如文学、绘画、雕塑、书法艺术等,有时还借助音乐渲染气氛。多种艺术结合在一起,产生一种综合效果,形成园林有机整体美。

③ 园林艺术是通过人的各大感觉器官感受。园林环境的创造让游客活动时,不但必须进入空间,而且必须调动五官的积极性,才能得到全面的审美享受。眼:观赏,景物的外形、色彩、明暗、体量等;耳:听声,风声、雨声、鸟鸣等;鼻:闻香,花草的芬芳等;舌:尝味,品茶、泉水的清冽等;身:触摸,质感、风的吹拂等。

(2) 园林美

园林艺术便是塑造风景美的艺术,它可以用自然的风景材料在特定区域,按风景师的意图进行创造,也可以对审美价值较高的自然山水风景形象进行艺术加工,美化改造,使它们的美更加集中,个性更加突出。因此,园林美是经过人类艺术创造或改造,具有三度空间的风景美。

园林美可以是完全由人工创造,以自然界的典型山水美为创造源泉,艺术地再现风景,可以自由的布局。园林美也可以是人工加以改造,在自然环境中经过风景线组织,在自然山水的基础上对景观设计扩展。

园林美的创造和改造有共同之处:

① 均表现以山水、花木等自然真实风景。

② 都是经过造园家的规划设计,安排主要风景、组织游览路线等。

③ 都应用其他艺术组合到山水风景中,以烘托、点缀风景。

(3) 自然美

自然景物和动物的美称为自然美。日月星辰、风云雨雪、虫鱼鸟兽、峡谷峭壁、溪涧飞瀑、江河湖海、鸟语花香等自然景观千姿百态、千变万化,体现自然美。

自然美的特点偏重于形式,往往以其色彩、形状、质感、声音等感性特征直接引起人的美感,它所积淀的社会内涵往往是曲折、隐晦、间接的。

园林的自然美存在如下共性:

① 变化性:随时间、空间和人的文化心理结构的不同,自然美会发生明显或微妙的变化,处于不稳定状态。时间上的朝夕、四时,空间上的旷奥,人的文化素质与情绪,都直接影响自然美的发挥。

② 多面性:园林中的同一自然景物,可以因人的主观意识与处境而向相互对立的方向转化;完全不同的景物,可以产生同样的美的效果。

③ 综合性:园林作为一种综合艺术,其自然美常常表现在动静结合,如山静水动、树静风动、物静人动、水静鱼动;在动静结合中,又往往寓静于动或寓动于静。

(4) 生活美

园林作为一个现实的物质生活环境,是一个可游、可憩、可赏、可学、可居、可食的综合活动空间,必须使其布局能保证游客在游园时感到非常舒适。

首先应该保证园林是清洁卫生的环境,空气清新,无烟尘污染,水体清澈。其次园林的生活美是良好的生活环境,人们在舒适、优美、完善的服务设施的环境下,开展休息、活动、娱乐等,带来生活的美感。

（5）艺术美

艺术美是现实美的升华,是人类对现实美的全部感受、体验、理解的加工提炼,是人类对现实审美关系的集中表现。艺术美的具体特征是:

① 形象性:是艺术的基本特征,用具体的形象反映生活。

② 典型性:作为一种艺术形象,它虽来源于生活,但高于普通的实际生活,比普通生活更有集中性、更典型、更理想。

③ 审美性:艺术形象具有一定的审美价值,能引起人的美感,使人得到美的享受,培养和提高人们的审美情趣,提高人们审美素质,而进一步提高人们对美的追求和美的创造能力。

园林艺术美是综合艺术美。如有音乐的节奏和韵律,有诗情画意的表现,有立体形象的体现等。

（6）意境美

意境从字面上解释,就是"意识中的境界",它是从诗与画的创作而来。

① 园林意境的特性

园林是一个真实的自然境域,其意境随时间而演变。时序的变化,称"季相"变化;朝暮的变化,称"时相"变化;阴晴雨雪风霜烟云的变化,称气象现象;有生命的植物变化,称"龄相"变化等。

中国园林艺术是自然环境、建筑、诗、画、楹联、雕塑等艺术的综合。园林意境产生于园林境域的综合艺术效果,给予游赏者以情意方面的信息,唤起以往经历的记忆联想。如松、竹、梅"岁寒三友",梅、兰、竹、菊"四君子"等。

园林意境不是所有园林都拥有的,更不是随时随地都具备意境,所以意境是园林设计师追求的核心,也是中国园林在世界上独有的内在魅力。

② 园林意境的创造方法

意境的创造是造园家才能、学识、教养以及对山水风景的游赏经验在园林创作过程中的激情和理念的外露和表达。

必须在调查研究中掌握客观存在的现象,要体察入微,善于发现,经过选择、提炼又重新组合加工而成的典型形象。

4. 园林艺术构图的基本原则

园林艺术构图的基本原则即园林艺术形式美规律(法则)。园林形式美法则表述点、线、面、体及色彩,质感的普遍组合规律。

形式美在构成上由两部分组成,一种是构成形式美的感性材料,属自然属性,主要是色彩、形体和声音;另一种是感性材料之间的组合规律,既形式美规律。

（1）整齐纯一

单纯的、单一的,整齐一律,这是最简单的形式美原则。整齐就是事物各个局部都秩序井然,完整而不杂乱的排列的美。单一就是没有明显的差异或对立因素,这是一种单纯而不复杂,明朗清楚的美。

其美学特征是创造庄重、威严、力量,给人一种秩序感、节奏感、微小的变化感。如大片草坪,竹林、纯林等。

（2）对称与均衡

对称与均衡是形式美在量上呈现的美。对称是以一条线为中轴,形成左右或上下均等,在量上的均等。而均衡是对称的一种延伸,是事物的两部分在形体布局上不相等,但双方在量上却大致相当,是一种不等形但等量的特殊的对称形式。也就是对称都是均衡的,但均衡不一定都对称。

对称均衡给人庄重严整感觉,规则式园林绿地中采用。如纪念性园林,公共建筑前绿化,行道树、花坛、雕塑及整齐式水池的布置。但对称布置常常显得过于刻板、稳重而不亲切。

不对称均衡的布置要综合衡量园林绿地构成要素的虚实、色彩、质感、疏密、线条、体形、数量等给人产生体量感觉,切忌单纯考虑平面构图。它给人轻松、自由、活泼、变化的感觉。自然式园林绿地广泛采用。

（3）对比与调和

对比与调和是一种统一与变化,是一种矛盾中趋向统一,统一中显出对立的美。园林景象中要在对比中求调和,在调和中有对比,使景观丰富多彩,生动活泼,又风格协调,突出主题。

对比:差异程度大的表现。彼此对照,互相衬托,更加鲜明地突出各自特点,令人感到醒目、鲜明、强烈、振奋、活跃。

调和:差异程度小的表现。相近的不同事物的相融,达到统一的效果,使人感到协调、融合、亲切、随意、不孤独。

对比与调和只存在于同一性质的差异之间,有共同的因素。

① 形象的对比:园林景物的线、面、体和空间常具有各种不同形状,如长宽、高低、大小的不同形象的对比。以短衬长,长者更长;以低衬高,高者更高;以小衬大,大者更大,造成人们视觉上的错觉。如在圆形的广场中央布置圆形的花坛,因形状一致显得协调;而布置长方形花坛则突出花坛,引人注目,成为主景。

② 体量的对比:体量相同的物体,在不同环境中,给人的感觉不同,在大环境中,会感觉其小,在小环境中,会感觉其大。较小体量的景物衬托大体量的景物,大的更加突出,小的更加亲切。如主景与配景体量差异;树木与山体等。

③ 方向的对比:在园林中立面,形体、空间的处理上,常常运用水平与垂直的对比、横纵的对比,以丰富园林景物的形象。如园林中常常把山水互相配合在一起,使垂直方向高耸的山体与横向的水面互相衬托,避免只有山或只有水的单调;园林中还常在水平的湖面岸边配以高直的乔木(如水杉),平直的强烈对比,给人留下难忘的印象。

④ 空间的对比:在空间处理上,开敞空间与闭锁空间可形成对比。在园林绿地中利用空间的收放与开合,形成开敞和闭锁的对比,开朗风景与闭锁风景共存于同一园林中,相互对比,彼此烘托,视线忽远忽近,忽放忽收,可增加空间的对比感、层次感,达到引人入胜的目的。

⑤ 明暗的对比:由于光线的强弱,造成景物、环境明暗,而环境的明暗使人有不同的感受。明,给人以开朗、活泼的感觉;暗,给人以幽静柔和的感觉。如明朗的广场空地供游

客活动,幽暗的密林供游客散步休息。明暗对比的实例应用如密林中有空地;室内与室外的对比等。

⑥ 虚实的对比:园林绿地中的虚实,常常指园林中的实墙与空间,密林与疏林草地,山与水的对比等等,在园林布局中要做到虚中有实、实中有虚是很重要的。虚给人轻松,实给人厚重。如水面中的小岛,游客隔水欣赏,感觉悠然远逸,如果渡水上岛心情则有很大变化,水体是虚,小岛是实;漏空围墙打破实墙的闭塞感,产生虚实对比效果,隔而不断,求变化于统一,与园林活泼气氛协调。

⑦ 色彩的对比:色彩对比与调和包括色相与色度的对比与调和。色相的对比指补色产生对比效果,如红与绿、黄与紫;色相的调和指相邻的色彩,如红与橙、橙与黄。色度指深浅、黑白的对比与调和。利用色彩对比关系可引人注目,以便更加突出主题,如"万绿丛中一点红";背景与主景的色彩对比等。

⑧ 质感的对比:在园林绿地中,可利用山石、水体、建筑、植物、道路、广场等所使用不同材料的质感,造成对比,增强效果。有粗糙与细腻、厚实与空透、软弱与坚硬等对比。如粗面的石材、混凝土、粗木、建筑等给人感觉稳重,而细致光滑的石材、细木等给人的感觉轻松;汀步的材质与水面;山石与植物等。

(4) 比例与尺度

比例要体现的是事物的整体之间,或整体与局部之间,局部与局部之间的一种关系。这种关系使人得到美感,就是合乎比例了,比例具有满足理智和眼睛要求的特征。

园林绿地构图的比例包含两方面的意义,一方面园林景物、建筑物整体或局部的长、宽、高之间的关系;另一方面园林景物、建筑物整体与局部,或者局部与局部空间形体、体量大小的关系。

在各种比例中,黄金分割(1:0.618)是最佳形式美比例。在人们的审美活动中,更多的是人的心理感应,并不是仅仅黄金分割比例关系。决定比例的因素很多,如社会思想意识、艺术传统以及一定比例的几何形体等,还受工程技术、材料、功能要求的影响。

园林绿地中的比例问题,有建筑、广场等固定不变的物体,也有形体易变化的物体,主要是植物,它随着时间的变化而变化,尤其是近期到远期是设计者应当注意的。如建筑物附近设计乔木,栽植初期可能感到树木矮小,过几年长大些感到比例适当,再过几年则过于高大,比例失调,又影响建筑的采光、通风,就不但比例不当,功能上也不合适了。

尺度:园林景物、建筑物的实际大小。比例是相对的,而尺度涉及到具体尺寸。尺度是景物和人之间发生关系的产物,凡是与人有关的物或者环境空间都有尺度问题,尺度取决于人类习惯和爱好的观念。尤其是园林建筑中,一些构件有功能要求,尺寸比较确定,有助于正确显示出建筑物的整体尺度感,如门高、栏杆、扶手、坐凳、台阶、花架、凉亭等。对于特殊要求的景物,往往通过处理,使其该大就大,想小该小,如纪念性景物,为了给人崇高的感觉,尺度就要大一些;而庭园建筑,为了小巧玲珑,让人产生亲切的感觉,尺度就小一些。

比例与尺度受多种因素和变化影响,典型的例子如苏州古典园林,多是明清时期江南私家宅院,各部分造景都是效法自然山水,把自然山水提炼后缩小在园林之中,道路曲折有致,大小合适,与建筑之间相辅相成,主从分明,无论在全局上或者局部上,它们之间比例都是很相称的,就当时少数人起居游赏来说,其尺度也是合适的。但是现在随着旅游事业的发展,国内外游客大量增加,游廊显得窄小,假山显得低而小,庭院不敷回旋,其尺度就不符合现代功能的需要。

(5) 韵律与节奏

韵律指有规律又有自由变化,从而产生富于感情色彩的律动感,使得风景产生更深的情趣和抒情意味;节奏指景物有规律地反复连续出现。由于韵律与节奏有着内在的联系与共同性,故可用韵律节奏表达有规律、有秩序并富于变化的一种动态连续的美。

① 简单韵律:即是由同种因素等距反复出现的连续构图,如等距的行道树;等高等距的长廊;等高等宽的台阶等。

② 交替韵律:即是由两种以上因素交替等距反复出现的连续构图。如一株桃树一株柳的交替布置;两种不同的花坛等距交替排列;登山道一段踏步一段平台交替等。

③ 渐变韵律:就是在连续重复的组成部分,某方面作规则的逐渐增加或减少所产生的韵律。如塔的体型;山体的处理等。

④ 起伏曲折韵律:即由一种或几种因素在形象上出现较有规律的起伏曲折变化所产生的韵律。如连续布置的山丘、道路、树木等,可起伏曲折变化;围墙也有起伏式。

⑤ 拟态韵律:即既有相同因素又有不同因素反复出现连续构图。如花坛外形相同,花卉布置不同;漏窗的窗框一样,花饰不一样等。

⑥ 交错韵律:即某一因素作有规律的纵横穿插或交错,其变化是按纵横或多个方向进行的。如空间的组织,一开一合,一明一暗,景色有时鲜艳,有时素雅,有时热闹,有时幽静,都可产生节奏感;园路的花纹用卵石、片石、水泥板、砖瓦等组成纵横交错的各种图案,连续交替出现等。

⑦ 整体布局韵律:园林景物在整个布局中有重复出现,又有变化,有十分复杂而活泼的韵律。如水景或水面的安排;山石的布置等。

(6) 多样统一

园林中的各组成部分,它们的体形、体量、色彩、线条、形式、风格等要求有一定程度的相似性,给人统一的感觉。由于一致程度的不同,引起统一感的强弱也不同。

① 形式统一:建筑的风格、形式一致;园林总体布局上要求形式一致等。

② 材料统一:假山的石料统一;指路牌、灯柱等材料的统一等。

③ 线条统一:假山尤其注意线条的统一。

④ 局部与整体统一:局部服从整体,不能远离主题。

(7) 发展

形式美不是固定不变的,它随着人类生产实践,审美实践的丰富、发展而不断积淀、探索这些法则,从而注入新的内容。形式美的丰富、发展、不断完善,必将大大开拓人的审美境界,促使人对美的发现和创造。

二、居住区规划设计

居住区绿地是城市绿地系统的重要组成部分。它的布局方式直接影响到居民的日常生活,对居民的健康有很大的影响。

1. 居住区绿化的作用

首先,绿化所用的植物材料本身就具有多种功能:调节气温、增加空气湿度、防止西晒、降低风速、吸收噪音、减少灰尘、净化空气等。

其次,植物及绿化空间为居民创造良好的游憩社交环境;组织空间、美化环境,丰富居住区内容等。

2. 居住区绿地的分类

居住区绿地,应包括公共绿地、宅旁绿地、配套公用建筑所属绿地和道路绿地等。而居住区内的公共绿地,应根据居住区不同的规划组织结构类型,设置相应的中心公共绿地,包括居住区公园(居住区级)、小游园(小区级)和组团绿地(组团级),以及儿童游乐场和其他的块状、带状公共绿地等。各中心公共绿地的设置内容应符合表5-6的要求。

表5-6　各级中心公共绿地设置规定

中心绿地名称	设置内容	要　求	最小规模(hm²)
居住区公园	花木、草坪、花坛、水面、凉亭、雕塑、小卖部、茶室、老幼设施、停车场和铺装地面等	园内布局应有明确的功能划分	1.0
小区游园	花木、草坪、花坛、水面、雕塑、儿童设施、铺装地面等	园内布局应有一定的功能划分	0.4
组团绿地	花木、草坪、花坛、简易儿童设施等	灵活布局	0.04

3. 居住区绿地规划设计原则

(1) 居住区绿地规划设计应与居住区总体规划紧密结合,要做到统一规划,合理组织布局,采用集中与分散,重点与一般相结合的原则,形成以中心绿地为核心,道路绿化为网络,庭院与空间绿化为基础,集点、线、面为一体的绿地系统。

(2) 绿地内的设施与布置要符合其功能要求,布局要紧凑,出入口的位置要考虑人流的方向,各种不同年龄组、不同活动项目之间要有分隔,避免互相干扰。

(3) 要利用自然地形和现状条件,对坡地、洼地、河湖以及树木、建筑要注意利用,因地制宜地布置绿地,以节约用地和节省投资。

(4) 绿地布置要美化居住环境,既考虑绿地的景观,注意绿地内外之间的借景,还要考虑到在不同季节、时间和天气等各种不同情况下景观的变化。

(5) 植物配置要发挥绿化在卫生防护等方面的作用,改善居住环境与小气候。

4. 居住区绿地规划设计要求

(1) 中心公共绿地规划设计

居住区公共绿地是最接近于居民生活环境的,主要适合于居民的休息、交往、娱乐等,有利于居民心理、生理的健康,不宜照搬或模仿城市公园的设计方法。

① 居住区公园

主要供居民就近使用,面积大于1 hm²,其位置要求适中,居民步行到达距离为800～

1000 m,最好与居住区的公共建筑、社会服务设施结合布置,形成居住区的公共活动中心,以利于提高使用效率,节约用地。

居住区公园以绿化为主,设置树木、草坪、花卉、铺装地面、庭院灯、亭等园林建筑、花架等园林建筑小品、雕塑、桌、凳、儿童游乐设施、老年人及成年人休息场地、健身场地、小卖部、服务部等主要设施。并且宜保留和利用规划或改造范围内的地形、地貌及原有树木和绿地。

② 小区游园(见图 5-33)

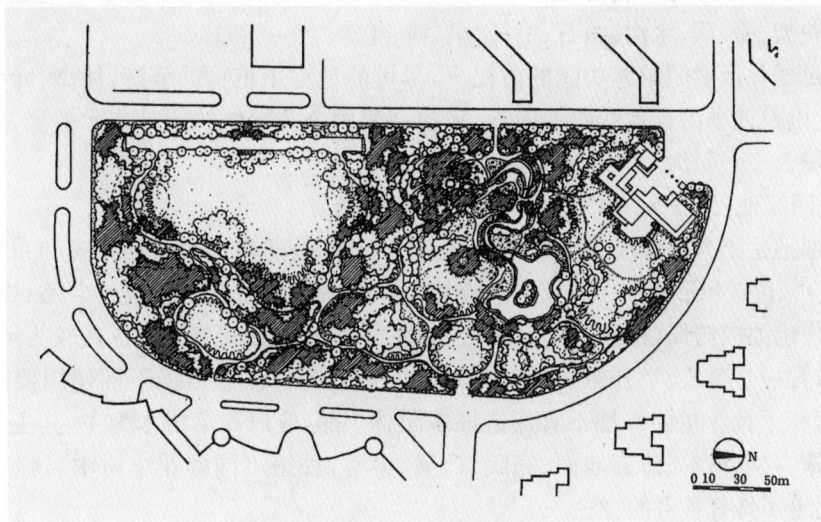

图 5-33 小区游园举例

小区游园较居住区公园更接近于居民,面积大于 0.4 hm² 为宜,其服务半径为 300~500 m,内部可设置简单的游憩、文体设施,如:儿童游戏设施、健身场地、休息场地、小型多功能运动场地、树木花草、铺装地面、庭院灯、亭、花架、凳、桌等,以满足小区居民游戏、休息、散步、运动、健身的需求。

小区游园的布置可采用三种形式:规则式布置,采用几何图形布置方式,有明确的轴线,园中道路、广场、植物、建筑小品等组成有规律的几何图案。其特点是整齐、庄重,但形式较呆板、不够活泼。自然式布置,布置灵活,采用迂回曲折的道路,结合自然条件进行布置。其特点是自由、活泼、易创造出自然而别致的环境。混合式布置:可根据地形或功能的特点,灵活布局形式。既能与周围建筑相协调,又能兼顾其空间艺术效果,可在整体上产生韵律感和节奏感。

入口应设在居民的主要来源方向,数量 2~4 个,与周围道路、建筑结合起来考虑具体位置。入口处适当放宽道路或设小型内外广场以便集散。内可设花坛、假山、置石、景墙、雕塑、植物等作背景。

小区游园可设儿童游戏场、青少年运动场和成年、老年人活动场。场地之间可利用植物、道路、地形等分隔。儿童游戏场的位置,要便于儿童前往和家长照顾,也要避免干扰居民,一般设在入口附近稍靠边缘的独立地段。儿童游戏场不需要很大,但活动场地应铺草皮或海绵胶面砖铺地。场地上应种植高大乔木以供遮阴,周围可布置绿篱与其他场地分开。青少年运动场设在游园深处或靠近边缘独立布置,以避免干扰附近居民,该场地应以铺装地面为主,适当安排运动器械及坐凳。成人、老人休息场地可单独设立,也可靠近儿童游戏场,在老人活动场内应多设桌椅坐凳,便于下棋、打牌、聊天等。场地铺设铺装地面,地面预留种植池,种植高大乔木遮阴。

小区游园的地形应因地制宜地处理,因高堆山,就低挖池,根据场地分区、造景需要适当创造地形,地形设计要有利于排水。

园林建筑及小品能丰富绿地的内容、增添景致,应给予重视。如布置花坛、水池、喷泉、景墙、花架、亭、廊、水榭、山石、栏杆、桌、椅、凳等。

在满足居住区游园游憩功能的前提下,尽可能地运用植物的姿态、体型、叶色、高度、花期、花色以及四季的景观变化等因素,来提高集中公共绿地的园林艺术效果,创造一个优美的环境。

③ 组团绿地(见图 5 - 34)

组团绿地是结合居住建筑组团布置的公共绿地,是随着组团布局方式和布局手法的变化,其大小、位置和形状均相应变化的绿地。其面积大于 0.4 hm²,服务半径 60～200 m,主要供居住组团内居民(特别是老人和儿童)游戏、休息之用。其布置形式较为灵活,富于变化,可布置为开敞式、半开敞式和封闭式等。规划时应注意根据不同使用要求分区布置,避免互相干扰。组团绿地不宜建造许多园林小品,应以花草树木为主,其主要内容包括功能设施、花草树木、铺装地面、庭院灯、凳、桌等,种植不同的花草树木可强化组团特征,使不同组团具有各自的特色。

组团绿地是居民的半公共空间,组团绿化实际上是宅间绿化的扩展或延伸,增加了居民室外活动的层次,也丰富了建筑所包围的空间环境,是一个有效利用土地和空间的办法。在规划设计中可采用以下几种布置形式:

a. 院落式组团绿地:由周边住宅围合而成的楼与楼之间的庭院绿地集中组成,有一定的封闭感,在同等建筑密度下可获得较大的绿地面积。

b. 住宅山墙绿地:指行列式住宅加大住宅墙间的距离,开辟为组团绿地,为居民提供一块阳光充足的半公共空间。

c. 扩大住宅间距的绿化:指扩大行列式住宅间距,达到原住宅所需的间距 1.5～2 倍开辟组团绿地。

d. 住宅组团成块绿地:指利用组团入口处或组团内不规则的不宜建造住宅的场地布置绿化。在入口处利用绿地景观设置加强组团的可识别性;不规则空地的利用,可避免消极空间的出现。

e. 两组团间的绿地:因组团用地有限,利用两个组团之间规划绿地,既有利于组团间的友好交流,又可以争取到较大的绿地面积,有利于布置活动设施和场地。

f. 临街组团绿地:在临街住宅组团的绿地规划中,可将绿地布置临街,既可以起到为居民使用,又可以向市民开放,成为城市空间的组成部分。

(2) 宅旁绿地规划设计

宅旁绿地多指在行列式建筑前后两排住宅间的空地,其大小和宽度决定于房屋间距,

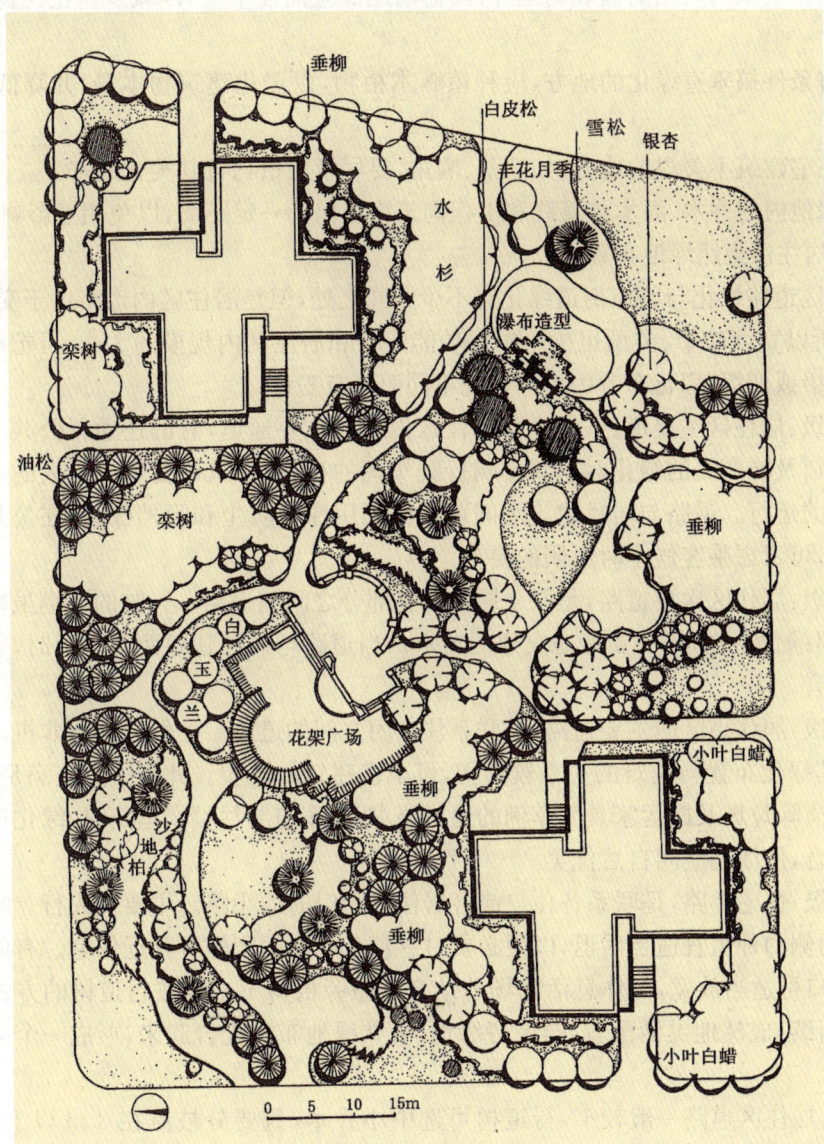

图5-34　组团绿地举例

一般包括宅前、宅后以及建筑物本身的绿化,它只供本幢居民使用。宅旁绿化重点在宅前(建筑物南部),它在宅旁绿地中面积最大。

宅旁绿地布局形式可千变万化,有树林式、花园式、庭院式等,要遵循的原则为:

① 植物品种应选择抗性强、病虫害少、寿命长等管理较粗放的,以便管理养护。

② 要注意适地适树,充分考虑植物的生态习性,使植物能长时间存活,以保证绿化效果。

③ 植物的种植点,乔木应距楼南5～8 m以上,距楼其他方向3～4 m以上,灌木距楼1.5～2 m以上,且不要正对窗口,以便室内采光、通风。

④ 绿化重点应放在出入口视线所及之处,以突出美化效果。

⑤ 除留足供活动用的铺装场地外,其他场地都应铺设草皮,以减少尘土飞扬,保证环境卫生。

⑥ 有条件搞垂直绿化的地方,应种植藤本植物,以美化建筑物本身,并降低温度、吸附尘土。

⑦ 住宅建筑不美观的地方,如墙基、墙角,要尽量用植物将其美化起来。

⑧ 绿地内的乔木、灌木与管线和工程构筑物应保持一定距离,以免相互影响。

(3) 居住区道路绿地布置

居住区道路绿化与城市街道绿化有不少共同之处,但是居住区内道路由于交通、人流量不大,所以宽度较窄、类型也少。根据功能要求和居住区内规模的大小,可把居住区道路分为三级或四级,绿化布置因道路情况不同而各有变化。

第一级:居住区主要道路,是联系居住区内外的主要通道,有的还通行公共汽车。在道路交叉口及转弯处的绿化时不要影响行驶车辆的视线,行道树要考虑行人的遮阴及不妨碍车辆的运行。道路与居民建筑之间可考虑利用绿化防尘和阻挡噪音,在公共汽车的停靠站点,可考虑乘客候车时遮阴的要求。

第二级:居住区次要道路,是联系居住区各部分之间的道路。行驶的车辆虽较主要道路为少,但绿化布置时,仍要考虑交通的要求。当道路与居住建筑距离较近时,要注意防尘和防噪音。

第三级:居住小区内主要道路,是联系住宅团之间的道路。一般以通行非机动车和人行为主,其绿化布置与建筑的关系较密切,可丰富建筑的面貌。此级道路应满足救护、消防、运货、清除垃圾及搬运家具等车辆的通行要求,当车道为尽端式道路时,绿化还需与回车场地结合,使活动空间自然优美。

第四级:住宅小路,是联系各住户或各居住单元门前的小路。主要供人行。绿化布置时,道路两侧的种植宜适当后退,以便必要时急救车和搬运车等可驶近住宅。有的步行道路及交叉口可适当放宽,与休息活动场地结合。路旁植树不必都按行道树的方式排列种植,可以断续、成丛地灵活配置,与宅旁绿地、公共绿地布置配合起来,形成一个互相关联的整体。

总之,居住区道路一般较窄,行道树可选中小乔木,只要分枝点在 2 m 以上就可以。居住区主路两侧行道树要体现居住区的特色,不宜选用与城市道路相同的树种。

第四节 园林绿地种植设计

园林植物指在园林中作为观赏、组景、分隔空间、装饰、遮荫、防护、覆盖地面等用途的植物,包括木本植物和草本植物。园林植物要有体型美和色彩美,适应当地的气候和土壤条件。园林植物种植设计就是根据园林布局要求,按植物的生态习性,合理地配置园林中各种植物(包括乔木、灌木、藤本、花卉、草皮和地被植物等),以发挥它们的园林功能和观赏特性。

一、园林植物的观赏特点

1. 园林植物观赏是一种立体空间

对园林植物的观赏不仅仅是简单地看一幅画、一张照片，而是以自然美为特征的空间环境。所以，园林植物的观赏与地形、地貌、山水、建筑等结合在一起的，多角度、多视野地表达美感。

2. 园林植物观赏受时间、年龄变化影响

植物景观与其他景观相比，最显著的特征是季相变化明显。同样一群植物，不同季节所表现的景色，春花秋实，冬季落叶，夏季浓荫都会给人不同的感受，从而使景色丰富多彩、变化无穷。同样，植物的年龄也会使形态发生变化。

3. 园林植物观赏受地区自然条件制约

不同地区的自然条件，如气温、日照、土壤、水分等各不相同，其植物的分布也不同，所以植物景观受到限制。根据上述原因，植物种植设计必须因地制宜，不能生搬硬套，否则，植物景观根本无法成为现实。

4. 园林植物观赏让人产生联想

不同植物给人不同的感染，让人产生不同联想，使人触景生情。如"松、竹、梅"有"岁寒三友"之称，"梅、兰、竹、菊"称为"四君子"。当然，不同地域、不同民族看到相同植物产生的联想也会不同。

二、园林植物的生长习性

各种园林植物有不同的生物学特性，不同的植物对环境有不同的要求和适应性。所以，对植物生长习性的了解，有利于园林植物的生长，保证树群的稳定性。通过正确的配置，适地适树，树与地统一，达到绿化的效果。

植物生长环境中的温度、水分、光照、土壤、空气等因子都对植物的生长发育产生重要的生态作用，因此，研究环境中各因子与植物的关系是植物造景的理论基础。某种植物长期生长在某种环境里，受到该环境条件的特定影响，通过新陈代谢，于是在植物的生活过程中就形成了对某些生态因子的特定需要，这就是其生态习性。

三、种植设计的一般原则

1. 符合园林绿地的性质和功能要求

进行园林种植设计，首先要从该园林绿地的性质和主要功能出发。不同性质的园林有不同的功能，通过种植设计发挥园林绿地的综合功能。

如行道树功能要求是遮阴、吸尘、阻隔噪音、美化市容，配置上以行列栽植，选择树冠浓密，生长健壮，寿命长，抗性强的乔木。医院绿地要求保护环境卫生，隔离噪音，创造清洁卫生、安静的环境，设计上在周围可配置密林，而病房、门诊处附近多种植花木供休息观赏。

2. 考虑园林艺术的需要

(1) 总体艺术布局上要协调

规则式园林植物配植多以对植、行列式栽植,而自然式园林中则采用不对称的自然配置,充分表现植物材料的自然姿态。根据局部环境和在总体布置中的要求,采用不同的种植形式,如一般在大门、主要道路、整形广场、大型建筑物附近多采用规则式种植,而在自然山水、草坪及不对称的小型建筑物附近则采用自然式种植。

(2) 考虑四季景色的变化

园林植物的景色随季节而有变化,可分区分段配置,使每个分区或地段突出一个季节的植物景观,但在重点地区,四季游客集中的地方,应使四季皆有景可观赏,即使以一季节景观为主的地段也应点缀其他季节的植物,否则一季节过后,就显得单调。

(3) 全面考虑植物在观形、赏色、闻香、听声上的效果

人们欣赏植物景观的要求是多方面的,人可以通过五种感觉器官来欣赏园林植物,如鹅掌楸主要是观赏其叶形;桃花、紫荆主要是春天赏其色;桂花主要是秋天闻其香;成片的松树形成"松涛"是闻其声。所以,园林种植设计时,是充分动用人的各感觉器官赏景。

(4) 配置植物要从总体着眼

在平面上要注意配置的疏密和轮廓线,在竖向上要注意林冠线(天际线),树林中要组织透视线。要重视植物的景观层次,远近观赏效果,远观常看整体、大片效果,近看才欣赏单株树形。植物的个体选择,也要先看总体,如体型、高矮大小、轮廓,其次才是叶、枝、花、果等。

3. 选择适合的植物种类,满足植物生态要求

优美的植物景观能够呈现在人们眼前,先决条件是植物能正常生长。要使植物正常生长,必须做到适地适树,使植物的生态习性和栽植地的生境条件一致。满足植物生态要求的方法有:选择乡土植物为主,适地选树;创造植物生长所需的生长环境,改地适树;引种驯化,增加园林植物品种,适地改树。

不同性质园林绿地适地适树的标准也是不同的。如卫生防护绿地标准是有一定的绿化效果,植物能成活。以观赏为目的的园林绿地标准为生长健壮、清洁、无病虫害、供观赏的花、果正常;特定艺术要求的植物(古树名木)标准是维持长寿。

4. 种植的密度和搭配

(1) 种植密度:植物种植的密度应根据成年树树木树冠大小来决定。绿化初期为了取得绿化效果,种植距离可近些。所以种植密度设计时必须兼顾近期和远期效果。

(2) 种植搭配:在植物搭配上应注意速生树与慢生树搭配;常绿树与落叶树搭配;乔木与灌木搭配;观叶树与观花树搭配等。植物种植搭配时还要注意和谐,要逐次过渡,避免生硬。

四、乔灌木的种植设计

乔木和灌木都是直立的木本植物,在园林绿化综合功能中作用明显,居于主导地位,在园林绿化中所占比重较大,是园林绿化的主要材料。

乔灌木的种植设计类型很多,主要有:

1. 孤植

乔木单株种植或两、三株紧密栽植形成单株效果的种植类型称为孤植。孤植往往作为局部空旷地的主景,同时也可以蔽荫。主要反映园林树木的个体美。

(1) 孤植树选择

① 植株的形体美而较大,枝叶茂密,树冠开阔。如奇特的姿态,丰富的线条,浓艳的花朵、硕大的果实等。

② 生长健壮,寿命长,宜选用乡土树种。

③ 树木不含毒素,没有带污染性并易脱落的花果。

经常用作孤植树的树种有:银杏、槐、樟、悬铃木、无患子、枫杨、七叶树、雪松、云杉、龙柏、枫香、乌桕、樱花、荷花玉兰(广玉兰)、玉兰(白玉兰)等。

(2) 孤植树设计要求

① 孤植树地点要求

孤植树的地点要求比较开阔,不仅要保证树冠有足够的生长空间,而且要有合适的观赏视距和观赏点,使人们有足够的活动地和适宜的欣赏位置。

② 孤植树背景处理

孤植树作为园林构图的一部分,不是孤立的,必须与周围环境和景物相协调,孤植树背景可选择色彩既单纯又有丰富变化的景物,如天空、水面、草坪、山冈、树群、建筑、广场等。孤植树必须与背景之间要有不同,如色彩上有差异;体形上高大与背景宽阔形成对比等。

2. 对植

两株树或两丛树按照一定的轴线关系作相互对称或均衡的种植方式称为对植。主要用于强调公园、建筑、道路、广场的出入口,同时结合遮荫和装饰美化的作用,很少作主景。种植的位置既要不妨碍交通,又保证树木足够的生长空间。

(1) 对称对植

利用同一树种、同一规格的树木(树丛)依主体景物的中轴线作对称布置,两树距轴线距离相等。适宜布置在规则式园林中,园林入口、建筑物入口和道路两旁经常运用这种形式。

(2) 均衡对植

在自然式种植中,对植是不对称的,但左右仍是均衡的。

① 两侧株数不相同

两侧树木株数不相同,树种相同或相似配置成均衡对植:左侧设计一株大树,右侧为同种(相近)的两株小树,这样既避免了呆板,又形成对应。

② 两侧株数相同

采用同一树种,大小、姿态不同,离中轴线支点距离不同,大树近,小树远,连线与轴线不垂直。

3. 行列栽植

乔灌木按一定的株行距成行成排的种植,或在行内株距有变化的种植形式称为行列栽植。行列式栽植形成比较整齐、单纯、气势大的景观效果。它是规则式园林中道路、广场、建筑物绿化应用的一种形式。

行列栽植宜选用树冠体形整齐的树种,如雪松、水杉、荷花玉兰(广玉兰)等,行列栽植与道路配合,可起夹景效果。

(1)等行等距

树木间行距相等,行内株距也相等,平面上成"品字形"或"梅花形",多用于规则式园林中。

(2)等行不等距

树木间行距相等,行内株距有疏密变化。株距的疏密不同,比严格的等行等距有变化,常用于规则式园林到自然式园林的过渡。

4. 丛植

由二株到十几株乔灌木组合种植而成的种植类型称为丛植。树丛是园林绿地中重点布置的一种类型,既体现树木的群体美,又体现其个体美。树丛可成为园林中的主景、配景和诱景等。

树丛可以分为单纯树丛及混交树丛两类。树丛设计必须以当地的自然条件和设计意图为依据,用的树种少,但要选得准,充分掌握植株个体的生物学特性及个体间的相互影响,这样才能保持树丛稳定,达到理想效果。

(1)二株树丛(见图5-35)

① 选材:既有通相,又有殊相,才能使两者做到统一与变化。所谓通相就是选择同一树种或相似树种;殊相就是两者间在姿态上、动势上、大小上有显著差异。

② 栽植距离:必须靠近,即两株树栽植距离小于两树树冠之和。

图5-35 二株丛植

（2）三株树丛（见图5-36、37）

① 选材：三株树木既有通相，又有殊相，同样做到统一与变化。通相，即选择同一树种或相似树种；殊相就是三株树木在姿态上、动势上、大小上有显著差异，并且最多只能选两个品种的树木，忌用三个品种。

② 位置与距离：三株树木平面构图上忌在一条直线上，忌成为等腰（等边）三角形栽植；其中最大的一株与最小的一株靠近，中等的一株树稍远，平面上构成不等边三角形。

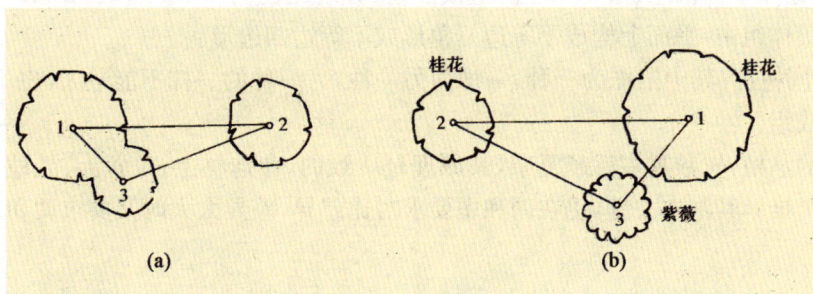

图5-36 三株丛植形式

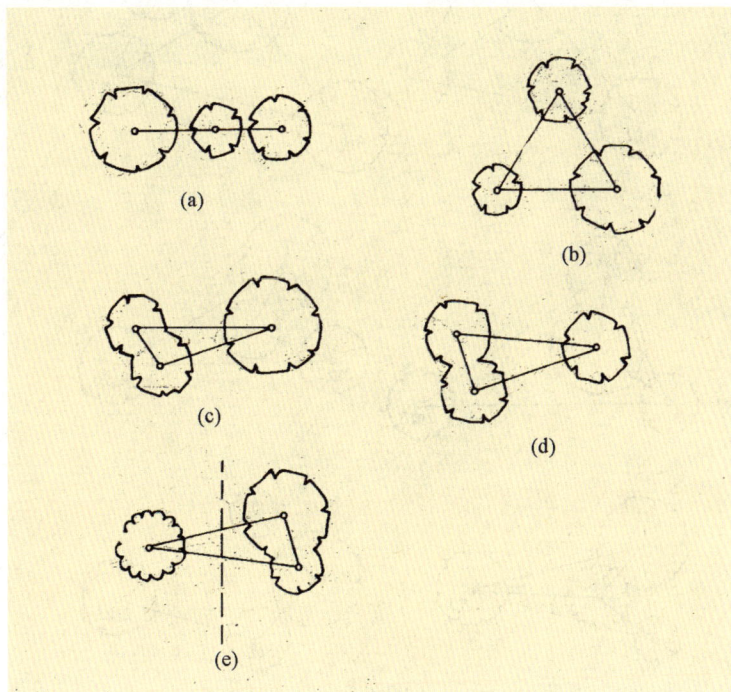

图5-37 三株丛植应忌形式

（a）三株在同一直线上；（b）三株构成等边三角形；（c）三株，最大株一组，其余两株为一组，使两组重量相同，构图机械；（d）三株大小姿态相同；（e）三株由两个树种组成一组，构图不统一

③ 不同树种:最大树和中等树为同一个树种,最小为另一个树种,保证两组间有呼应,构图不致分隔。

(3) 四株树丛(见图5-38、39)

① 选材:四株树木间既有通相,又有殊相。通相可以选择同一树种,或选择相似树种。殊相就是四株树木在姿态上、动势上、大小上有显著差异,但是最多只能选择两个品种的树木。

② 位置与距离:四株树木在平面构图中任何三株忌在一直线上,忌等腰(等边)三角形栽植;分组不能两两组合,可以分两组或三组,分组比例为3∶1或1∶2∶1,最大与最小必须在集体组中,平面上构成不等边三角形或不等边四边形。

③ 不同树种:其中三株为一种,一株为另一种,另一种的一株不能最大,也不能最小,不能单独成组。

树木的丛植,株数越多就越复杂,其原理是一致的,在选材上、位置上、品种上的要求可以同理类推。其基本关键,仍在调和中要求对比差异,差异太大时又要求调和。

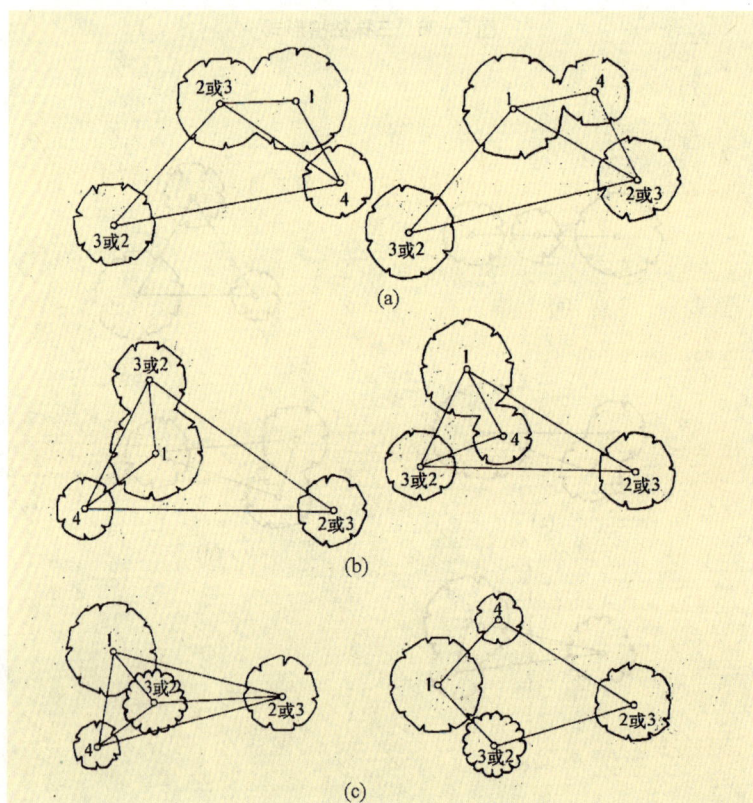

图5-38　四株丛植形式

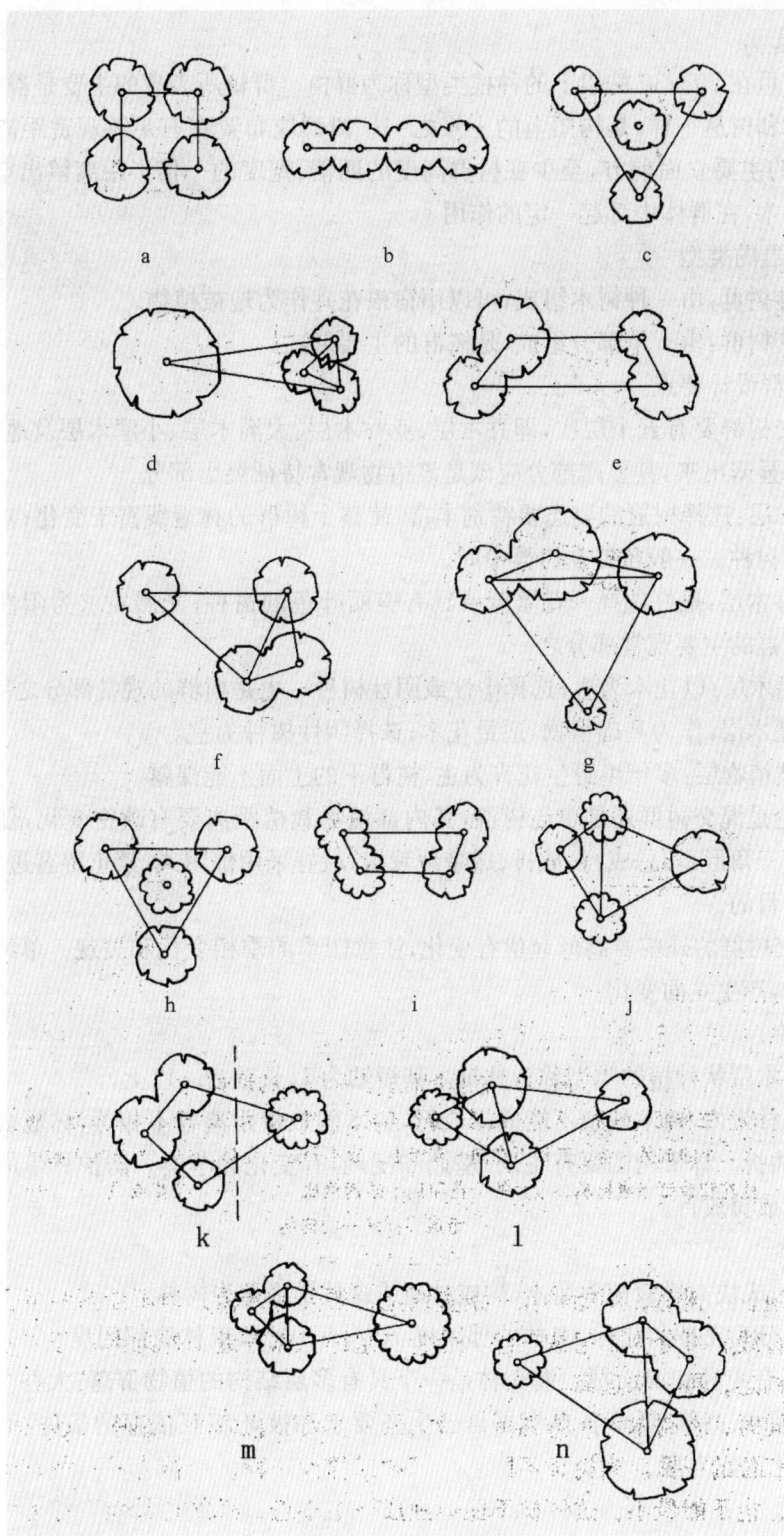

图 5-39 四株丛植应忌形式

(a) 正方形；(b) 直线；(c) 等边三角形；(d) 一大三小各成一组；(e) 两两成组；(f) 大小、姿态相近；(g) 三大一小分组；(h) 几何中心；(i) (j) 每种树各两株；(k) 两种树分离；(l) 一个树种偏于一侧；(m) 一株的树种最大，且自成一组；(n) 一株的树种最小，且自成一组

5. 群植

树木数量在 20～30 株以上的种植类型称为群植。群植所表现的主要是群体美,树群也像孤植树和树丛一样,是构图上的主景之一。树群应布置在有足够观赏距离的开朗场地上,树群的主要立面前方,至少在树群高度的四倍、宽度的一倍半距离留出空地。树群内的每株树木,在群体中都起一定的作用。

(1) 树群的类型

① 单纯树群:由一种树木组成,可以用宿根花卉作为地被植物。

② 混交树群:由五个部分组成,是树群的主要形式。

(2) 树群设计要点

① 混交树群要有五个层次,即乔木层、亚乔木层、大灌木层、小灌木层及地被植物层。每一层都要显露出来,其显露部分应该是该植物观赏特征突出部分。

a. 乔木层:选择树冠的姿态要特别丰富,使整个树群的林冠线富于变化;对光照的要求应为阳性树种。一般布置在树群中间。

b. 亚乔木层:最好选择开花繁茂或具有美丽叶色的树种;光照要求为阳性或中性树种。它是树群的主要观赏部分之一。

c. 大灌木层:以花木为主;选择中性或阴性树种。也是树群的观赏部分之一。

d. 小灌木层:作为基础植物,适量花木;选择阴性树种为宜。

e. 地被植物层:多年生野生花卉为主,树群下的土面不能裸露。

② 无论是混交树群还是单纯树群,其内部植物栽植距离要有疏密变化,任何三株要构成不等边三角形,切忌成行、成排、成带地栽植,最好采用郁闭式,禁止游客进入,树群以观赏为主要目的。

③ 混交树群的外貌要高低起伏有变化,注意四季的季相变化和美观。单纯树群可通过地形处理,产生立面变化。

6. 林带

大量树木带状种植的类型称为林带。其短轴为 1,长轴为 4 以上。

自然式林带内,树木栽植不能成排成行,树木间栽植距离各不相等,林冠线要起伏变化,林缘要曲折。林带构图要有主调、基调和配调,有变化和节奏。防护林带的树木配置形式可采用成排成行。

7. 树林

凡成片、成块大量栽植乔灌木,构成林地或森林景观称为树林。

树林可分为密林和疏林,密林的郁闭度 70%～100%,疏林的郁闭度 40%～70%,密林和疏林都有纯林和混交林。混交林是一个具有多层结构的植物群落,大乔木、小乔木、大灌木、小灌木、高草、低草各自根据自己生态要求和彼此相互依存的条件,形成不同层次,季相变化比较丰富。

8. 绿篱

凡是有灌木或小乔木以近距离的株行距密植,构成紧密结构的规则的种植形式称为绿篱。

（1）绿篱的类型（按高度分）

① 绿墙：高度在 160 cm 以上，可以阻挡人们视线不能透过。如珊瑚树、龙柏、月桂、蜀桧柏等。

② 高绿篱：高度在 160 cm 以下，120 cm 以上，人的视线可以透过，但一般人不能跳跃而过。

③ 中绿篱：高度在 120 cm 以下，50 cm 以上，比较费力才能跨越而过，常用作边界和范围。

④ 矮绿篱：高度在 50 cm 以下，毫不费力跨过，作为装饰或基础。

（2）绿篱的作用与功能

① 范围与围护作用

在园林绿地中，常以绿篱作防范的边界，可用刺篱、高篱或绿篱内加铁丝。绿篱可以组织游览路线，游客按照所指的范围参观游览。

② 分隔空间和屏障视线

园林中面积有限，又需安排多种活动用地时，为了减少互相干扰，常用绿篱或绿墙进行分区和屏障视线，分隔不同功能的空间。这种绿篱最好采用常绿树组成高于视线的绿墙。

③ 作为规则式园林的区划线

以中绿篱作分界线，以矮绿篱作花境的边缘、花坛和观赏草坪的图案花纹。

④ 作为花境、喷泉、雕塑的背景

园林中常绿树修剪成各种形式的绿墙，作为喷泉和雕塑的背景，其高度一般要与喷泉和雕塑的高度相称，色彩以选用没有反光的暗绿色树种为宜，作为花境背景的绿篱，一般均为常绿的高绿篱及中绿篱。

⑤ 美化挡土墙

在各种绿地中，在不同高程的两块高地之间的挡土墙，为避免立面枯燥，常在挡土墙的前方栽植绿篱，把挡土墙的立面美化起来。

⑥ 作色带、色块

作为中绿篱的拓展应用，即按绿篱栽植的密度，宽窄则随设计纹样而定。主要在大草坪和坡地上利用不同的观叶木本植物组成适合远观或鸟瞰，具有大气势、大尺度、大效果的纹样，起装饰美化作用。色带、色块的应用要注意与周围环境的和谐，不要滥用，过多应用也不利于植保。

（3）种植密度

绿篱的种植密度根据不同树种、苗木规格和种植地段的宽度而定。矮绿篱和一般绿篱，株距可采用 30～50 cm，行距为 40～60 cm，双行式绿篱成三角形交叉排列。绿墙的株距可采用 1.0～1.5 m，行距 1.5～2.0 m。绿篱的起点和终点应作尽端处理，从侧面看来比较厚实美观。（见图 5－40）

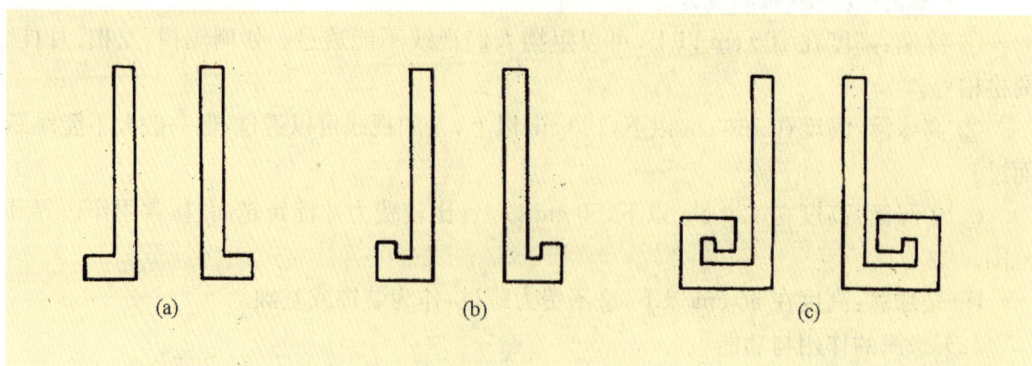

图 5-40　绿篱终点处理举例

五、藤本植物的种植设计

1. 藤本植物及生物学特性

（1）藤本植物

具有长的枝条和蔓茎,借助吸盘、卷须攀缘高处,或借蔓茎向上缠绕与垂挂覆地,形成立面或装饰效果的绿化材料,称为藤本植物。

（2）藤本植物的生物学特性

① 生长速度

藤本植物生长速度快慢差异很大,有的生长快速,如瓜豆类,2～3 个月可长成浓绿遮阴;有的生长缓慢,如五味子等。利用不同生长速度的藤本植物,可以取得绿化的近期与远期效果。

② 攀缘高度

藤本植物的攀缘高度相差很大,高的可攀缘 20 m,如凌霄;低的只能长到 1～2 m,如金莲花、豌豆等。不同的生长高度可以为选择材料提供依据。

③ 攀缘方式

有些藤本植物借助自身的卷须、吸盘或气生根攀缘高处,如爬墙虎(爬山虎)、络石等;有的植物借助绳索或支柱引导才能缠绕攀高。

④ 常绿或落叶

常绿藤本植物有常春藤、络石等;落叶藤本植物有爬墙虎、葡萄、紫藤等。不同场合采用常绿或落叶藤本植物,如花架、棚架宜采用落叶植物,而地被材料宜采用常绿品种。

⑤ 生长习性

藤本植物生长习性各异,有的耐寒,如南蛇藤;有的不耐寒,如簕杜鹃(叶子花);有的喜阴湿,如络石;有的喜阳光,如葡萄;有的喜肥沃土壤,如葡萄;有的耐瘠薄土壤,如爬墙虎。

设计时,要善于从藤本植物的生物学特性出发,考虑生态习性,因地制宜,根据条件和要求,合理地选用藤本植物种类。

2. 藤本植物的种植设计

(1) 建筑物的藤本植物种植

① 直接贴附墙面:植物有吸盘或气生根,用不着其他装置便可攀附墙面,如爬墙虎、薜荔等,从而形成绿色或五彩的"挂毯"。

② 借助支架攀缘:植物本身不能吸附墙面,要求设支架供植物攀附缠绕,如葡萄、常春藤等。设立支架时,要考虑冬季无叶而露出支架外形,影响美观问题,故支架也必须具有一定的观赏性。

③ 引绳牵引:一、二年生草本攀缘植物,体重轻,地上部分冬季枯萎,用引绳即可,如牵牛、茑萝等。

藤本植物墙面绿化,选择材料还必须考虑植物与墙面的色彩、形态、质感对比;近期与远期效果等问题。

(2) 独立布置藤本植物

独立布置藤本植物常利用棚架、花架、花柱作为蔽阴设施,可以成为局部构图的焦点,也可以用作室内到花园的过渡空间。

设计时也要考虑植物的观赏特点及生长特性,处理好近期效果与远期效果的关系。卷须类和缠绕类的藤本植物最宜选用,如紫藤、中华猕猴桃、葡萄、五味子、木通、油麻藤、葫芦、丝瓜等。

(3) 地被、假山上的应用

土坡、地面防止水土流失及装饰要求,可以利用藤本植物作为地被材料应用。藤本植物生长迅速、很多种类可以形成低矮、浓密的覆盖层,是优良的地被植物,能有效地控制杂草、防止水土流失,并把树木、花草、道路、建筑等联系和统一起来。

假山山石全部裸露,有时显得缺乏生气,除了布置乔灌木和草本植物外,适当布置藤本植物可以取得良好效果,打破单调。另外,藤本植物也可以将外观不美的山石覆盖,以润饰石面。当然在选用植物种类和确定覆盖度等方面,都要结合山石的观赏价值和特点,不要影响山石的主要观赏面而喧宾夺主。

六、水生植物的种植设计

1. 水生植物在园林绿化中的作用

园林绿地中的水面,不仅调节气候,解决园林中蓄水、排水、灌溉和提供水上活动的场所,而且在园林景观上也起重要作用。

水生植物可成为水景之一,水生植物的茎、叶、花、果都有观赏价值,种植水生植物可打破水面的单调,为水面增添情趣;水生植物也可改进水质;水生植物可做蔬菜、药材、饲料等。

2. 水生植物种植设计的要点

(1) 平面布置

在水体中种植水生植物时,不宜种满一池,否则水面看不到倒影,失去扩大空间作用和水面平静的感觉;也不要沿岸种满一圈,而应该有断有续。一般在小水面布置水生植物,占水面积的三分之一左右。

（2）水生植物的选择和搭配

水生植物的选择和搭配要因地制宜,可以是单纯一种,也可以几种混栽,混栽时的植物搭配除了要考虑植物生态要求外,在美化效果上要考虑有主次之分,以形成一定的特色。

（3）水生植物的种植床

为了控制水生植物的生长,常用的方法是设水生植物种植床。最简单的是在池底用砖或混凝土做支墩,然后把盆栽的水生植物放在墩上,水浅则不用墩,此方法适宜于小水面设计。大水面可用耐水的建筑材料作水生植物种植床,把种植地点围起来,可以控制植物生长。

七、植物与其他景物配置

1. 建筑与园林植物组景

园林植物与建筑的配置是自然美与人工美的结合,处理得当,两者关系可求得和谐一致。

植物丰富的自然色彩、柔和多变的线条、优美的姿态及风韵都能增添建筑的美感,使之产生出一种生动活泼而具有季节变化的感染力,一种动态的均衡构图,使建筑与周围的环境更为协调。

（1）建筑与园林植物在组景中的相互关系

园林建筑是构成园林的重要因素,但是要和构成园林的主要因素——园林植物搭配起来,才能对景观产生很大影响。建筑与园林植物之间的关系应是相互因借、相互补充,使景观具有画意。如果处理不当,会得出相反的结果。

优秀的建筑在园林中本身就是一景。建筑的线条往往比较硬直,而植物线条却较柔和、活泼。

建筑的屋顶、墙面也可用植物美化,这样建筑与植物更加接近。依山傍水的园林建筑,通过将植物配植其间,使其融成一体,成为一完整的景观。

（2）建筑与园林植物配植的协调

由于园林建筑的风格是各异的,所以园林植物配植的要求也有所不同,这样才能使两者协调。

皇家古典园林中的建筑体量庞大、色彩浓重、布局严整,选择侧柏、桧柏、油松、白皮松等树体高大、四季常青、苍劲延年的树种作为基调,来显示帝王的兴旺不衰、万古长青。

古典私家园林建筑色彩淡雅,黑灰的瓦顶、白粉墙、栗色的梁柱、栏杆,面积不大。因此,在地形及植物配植上力求以小中见大的手法,通过"尺咫山林"再现大自然景色,植物配植充满诗情画意的意境,在景点命题上体现植物与建筑的巧妙结合。

英国式建筑为主的园林,植物造景中以开阔、略有起伏的草坪为底色,其上配植雪松、龙柏、月季、杜鹃等乔灌木,丛植或孤植,这样植物与建筑风格就协调。

（3）建筑的门、窗、墙、角隅的植物配植

门是游客游览必经之处，充分利用门的造型，以门为框，通过植物配植，与路、石等进行精细地艺术构图，不但可以入画，而且可以扩大视野，延伸视线。

窗也可充分利用作为框景的材料，安坐室内，透过窗框外的植物配植，俨然一幅生动画面。由于窗框的尺度是固定不变的，植物却不断生长，体量增大，会破坏原来画面。因此要选择生长缓慢，变化不大的植物。如芭蕉、南天竹、慈孝竹、苏铁、棕竹等种类，近旁可再配些尺度不变的剑石、湖石，增添其稳固感。构成相对稳定持久的画面。为了突出植物主题，窗框的花格不宜过于花俏，以免喧宾夺主。

在园林中利用墙的南面良好的小气候特点，栽植美丽而不抗寒的植物，美化墙面。一般用藤本植物、或经过整形修剪的观花、观果的灌木，甚至极少数的乔木来美化墙面，如红枫、山茶、木香、杜鹃、枸骨、南天竹、荷花玉兰（广玉兰）等。经过美化的墙面，自然气氛倍增。为加深景深，可在围墙前作高低不平的地形，将高低错落的植物植于其上，使墙面若隐若现，产生远近层次的视觉。

建筑的角隅线条生硬，通过植物配植进行缓和最为有效，宜选择观果、观叶、观花等种类成丛配植，也可略作地形，竖石栽草，再植优美的花灌木组成一景。

（4）屋顶花园的植物配植

屋顶花园使建筑与植物更紧密地融成一体，丰富了建筑的美感。

"实用"是屋顶花园的造园目的，屋顶花园的形式不同、使用要求不同，但它的绿化作用应放在首位；"精美"是屋顶花园的特色，屋顶花园的景物配置、植物选配均精心设计，既要与主体建筑物及周围大环境保持协调一致，又要有独特的园林风格；"安全"是屋顶花园的保证，"安全"指结构承重和屋顶防水构造的安全使用，以及屋顶四周的防护栏杆的安全等。

屋顶花园植物选择总体要求四季有景。植物材料可选小乔木、花灌木、地被植物（草皮、宿根花卉、藤本植物等）。屋顶花园可采用孤植、丛植、花坛、绿篱、花境等形式。

2. 室内庭院与植物造景

室内植物造景是人们将自然界的植物进一步引入居室、办公室、超市、宾馆等建筑空间。植物景观宜素雅、宁静，植物造景需科学地选择耐阴植物和给予细致、特殊的养护管理、合理的设计及艺术布局，加上现代化的采光、采暖、通风、空调等人工设备改善室内环境条件。创造出既利于植物生长，也符合人们生活和工作要求、生理和心理要求的环境，让人感到舒适、雅致、美观，犹如处于宁静、优美的自然界中。

（1）组织空间

大小不同空间通过植物配植，达到突出该空间的主题，并能用植物对空间进行分隔、限定与疏导。

建筑的大厅高大宽敞、具有一定自然光照及温、湿度控制的空间，用来布置大型的室内植物景观，并辅以山石、水池、瀑布、小桥、曲径，形成一组室内游赏中心。

分隔：可应用花墙、花池、桶栽、盆栽等方法来划定界线，分隔成有一定漏透，又略有隐蔽的小空间，要做到似隔非隔、相互交融的效果。但布置时一定要考虑到人行走及坐下时视觉高度。

限定:花台、树木、水池、叠石等均可成为局部空间中的核心,形成相对独立的空间,供人们休息、停留、欣赏。

在一些建筑空间灵活而复杂的公共娱乐场所,通过植物的景观设计可起到组织路线、疏导的作用。主要入口的导向可以用观赏性强或体量较大的植物引起人们的注意;也可用植物做屏障来阻止错误的导向,不自觉地随着植物布置的路线疏导。

(2) 改善空间感

室内植物景观设计主要是创造优美的视觉形象,也通过人们嗅觉、触觉等生理及心理反应,感觉到空间的完美。

① 连接与渗透

建筑物入口及门厅的植物景观可以起到人们从外部空间进入建筑内部空间的一种自然过渡和延伸的作用,有室内、室外动态的不间断感。这样达到连接的效果。用落地玻璃,使外部的植物渗透进来,作为室内的借景,并扩大室内空间,使枯燥的室内空间带来一派生机。

② 丰富与点缀

室内的视觉中心也是最具观赏价值的焦点,通过以植物为主体,以其绚丽的色彩和优美的姿态吸引游客的视线。除植物外,也可用插花作品。墙前也被利用放置盆栽或盆景,也有在墙前辟栽植池,栽上观赏植物,还有在墙上贴挂山石盆景、盆栽植物等点缀环境。

③ 遮挡、控制视线

室内某些有碍观瞻的局部,如家具侧面、管道等都可用植物来遮挡。

(3) 渲染气氛

不同室内空间的用途不一,植物景观的合理设计可给人以不同的感受。

3. 植物与园路的配植

园路一般起着组织交通、导游路线、连接观赏点的作用。园路两边的植物可以强化园路的作用,或方向感增强,或幽深,或边走边赏。

(1) 主路

道路较宽,连接园中各主要景点。多选小乔木作为园路树,既可遮阴又可观赏花和叶,如樱花、玉兰、桃花、梅花、槭树、海棠、桂花等。树下可植耐阴花灌木如杜鹃、山茶、迎春,或镶边植物如葱莲(葱兰)、月季、石榴等。

(2) 小路

小路一般路面较窄,多为弯曲状,以自然式布置为主,常采用花境形式。对距离较短的小路边,可植一种花卉,对距离较长的小路,则宜选用两种以上交替种植以减少单调沉闷的感觉。如丁香、紫薇可形成拱券式幽静的小径;枝条较长的迎春、连翘形成夹道式小径;草本植物则形成开阔的路径,如葱莲(葱兰)、萱草、朱顶红、郁金香、美人蕉、鸢尾等。

(3) 交叉路口

交叉路口又称中间绿岛。它是视线交点处,为主要景点。植物选择则视交叉路口的面积大小,面积较小布置花坛、一株或一丛圆球形树木如海桐、日本卫矛(大叶黄杨)、含笑花、苏铁等,置山石配一株树木如南天竹、十大功劳等;面积较大则植一树丛,以观叶为主,配植不同颜色的叶木。

八、居住区种植设计

1. 居住区植物配置原则

从景观方面考虑,植物的选择与配置应该有利于居住环境尽快形成面貌,即所谓"先绿后园"的观点。选用易于生长、易于管理、耐旱、耐阴的乡土树种。应考虑各季节、各类区域或各类空间的不同景观效果,以利于塑造居住区的整体形象特征。

(1) 确定基调树种

主要用作行道树和庭荫树乔木树种的确定要基调统一,在统一中求变化,以适合不同绿地的需求。例如:在道路绿化时,主干道以落叶乔木为主。选用花灌木、常绿树为陪衬,在交叉路口、道路边配置花坛。

(2) 以绿色为主色调

适量配置各类观花观叶植物,以起到"画龙点睛"之妙。例如:在居住区入口处和公共活动中心,种植体形优美、色彩鲜艳、季节变化强的乔灌木或少量花卉植物,可以增加居住区的可识别性。

(3) 乔、灌、草、花结合

常绿与落叶、速生与慢生相结合;乔灌木、地被、草皮相结合;孤植、丛植、群植相结合。构成多层次的复合结构,使居住区的绿化疏密有致、四时有景,丰富了居住环境,获得好的景观效果。

(4) 选用具有不同香型的植物给人独特的嗅觉感受

如荷花玉兰(广玉兰)、桂花、栀子等。

(5) 尽量保存原有树木、古树名木

古树名木是活文物,可以增添小区人文景观,使居住环境更富有特色。将原有树木保存可使居住区较快达到绿化效果,还可以节省绿化费用。

(6) 选用传统植物

选用梅、兰、竹、菊以突出居住区的个性与象征意义。

(7) 选用与地形相结合的植物种类

如坡地上的地被植物;水景中的莲(荷花)、浮萍,池塘边的垂柳;小径旁的桃树等,创造一种极富感染力的自然美景。

2. 根据使用功能配置植物

从使用方面考虑,植物的选择与配置应该给居民提供休息、遮阴和地面活动等多方面的条件。

(1) 构成空间

植物是软质景观,与硬质景观有同样的功能,可以构成和组织空间,给人以空间感。低矮的灌木和地被植物形成开敞的空间;树冠下的地面构成平面覆盖的空间;地被植物与草坪暗示虚空间的边缘;绿篱与铺地围合形成中心空间;高而直的植物构成开敞向上的空间;另外植物还可以将建筑构成的主空间分隔成一系列的次空间,创造丰富的空间层次。

（2）遮阳和其他功能

行道树及庭院休息活动区，宜选用遮阳力强的落叶乔木，成排的乔木可遮挡住宅西晒；儿童游戏场和青少年活动场地忌用有毒或带刺的植物；而体育运动场地则避免采用大量扬花、落果、落叶的树木。

（3）植物配置位置

要考虑种植的位置与建筑、地下管线等设施的距离，避免有碍植物的生长和管线的使用与维修。（表5-7）

· 表5-7 树木中心与地下管线外缘最小水平距离

名　　称	乔　木(m)	灌　木(m)
直流电缆	1～1.5	1
管道电缆	1～1.5	—
上水管道	1	—
下水管道	1～1.5	1.5
煤气管道	2	1.5

3. 居住区绿地种植设计要点

（1）公共绿地

① 居住区公园

居住区公园户外活动时间较长、频率较高的使用对象是儿童及老年人，因此在规划设计中内容的设置、位置的安排、形式的选择均要考虑其使用方便，在老人活动、休息区，可适当地多种一些常绿树；青少年活动场地植物配置应该选择夏季遮阴效果好的落叶大乔木，结合活动设施布置疏林地，可用绿篱分隔，并成行种植大乔木以减弱喧闹声对周围住户的影响。绿化树种避免选择带刺的或有毒的、有味的树木，应以落叶乔木为主，配以少量的观赏花木、草坪、草花等，在大树下加以铺装，设置石凳、桌、椅及儿童活动设施，以利老人坐息或看管孩子游戏。

在体育运动场地内，可种植冠幅较大、生长健壮的大乔木，为运动者休息时提供遮阴。居住区公园的布置紧凑，各功能分区或景区间的节奏变化比较快，因而在植物选择上也应及时转换，符合功能或景区的要求。利用一些香花植物进行配置，如玉兰（白玉兰）、含笑花、蜡梅、丁香、桂花、栀子、玫瑰等，形成居住区公园的特色。

② 居住区中心绿地

由于居住区中心绿地利用率高，因而在植物配置上要求精心、细致、耐用。以植物造景为主，考虑四季景观，如要体现春景，可种植垂柳、玉兰（白玉兰）、迎春、海棠、樱花、碧桃等，使得春日时节，杨柳青青，春花烂漫。而在夏园，则宜选择悬铃木、栾树、合欢树、木槿、石榴、凌霄等，炎炎夏日，绿树成荫，繁花似锦。

在小游园因地制宜地设置花坛、花境、花台、花架、花钵等应用形式，有很强的装饰效果和实用效果，为人们休息、游玩创造良好的条件。

③ 组团绿地

组团绿地是最接近居民的公共绿地,特别要设置老人和儿童休息活动场所。在同一块绿地里要兼顾四季序列变化,不仅杂乱,也难以做到,所以,在植物配置时较好的处理手法是一块一个季相或一片一个季相。在组团绿化设计时,要充分渗透文化因素,形成各自特色。

封闭式住宅组团绿地被绿篱、栏杆所隔离,其中主要以草坪、模纹花坛为主,不设活动场地,具有一定观赏性。半封闭式组团绿地以绿篱或栏杆与周围分隔,但留有若干出入口,居民可出入于内,活动场地较少。开放式组团绿地一般绿地覆盖率50%以上,为了较高的覆盖率,并保证活动场地面积,可采用铺装地面上留种植穴来布置乔木。

(2) 宅旁绿地

宅旁绿地种植设计注意不影响采光和通风,乔木与建筑距离不要太近,在窗下不要种大灌木。在东西两侧可种植高大乔木,在西北面的种植能阻挡寒风。建筑北面种植考虑选择阴性植物。垃圾箱除出入口外,适当遮挡,以利于观瞻。植物材料具有季相变化,使宅旁绿化具有浓厚的时空特点。

宅旁绿地种植设计要做到:以绿化为主;美观、舒适;内外绿化结合;树种选择多样化;绿化布置注意尺度感。

(3) 居住区道路绿化

居住区道路绿化有利于居住区的通风,改善小气候,减少交通噪音,具有遮荫、防护、丰富道路景观等功能,尽量使用叶面积系数大、释放有益离子强的植物,居住区道路绿化行道树可选中、小乔木,如女贞、棕榈、合欢树等。

实训操作

园林图纸绘制

1. 操作要求

使用绘图工具,按照园林制图要求,绘制图5-49图纸一张,比例为1:250。

2. 操作准备

图板、图纸(A3)、丁字尺、三角板、比例尺、圆规、铅笔、绘图墨水笔、曲线板等绘图工具。

3. 操作步骤

(1) 分析所给图纸的内容,归纳所有线型和线条类型。

(2) 利用比例标尺,计算图纸中各景物平面尺寸。

(3) 应用网格法或坐标确定景物位置和大小,完成图纸。

4. 注意事项

(1) 图板板面要光洁平整,以保证绘图质量。切忌受潮、暴晒、重压,以免开裂、翘曲、变形。

（2）使用圆规前，应注意调整铅笔芯与针尖的长度，使其对齐。

（3）用铅笔打底稿时，常用 H - 2H 的铅笔芯。

（4）绘图墨水笔绘图时，笔杆应垂直纸面或略向右倾斜，运笔速度不宜过快，自左向右画线。

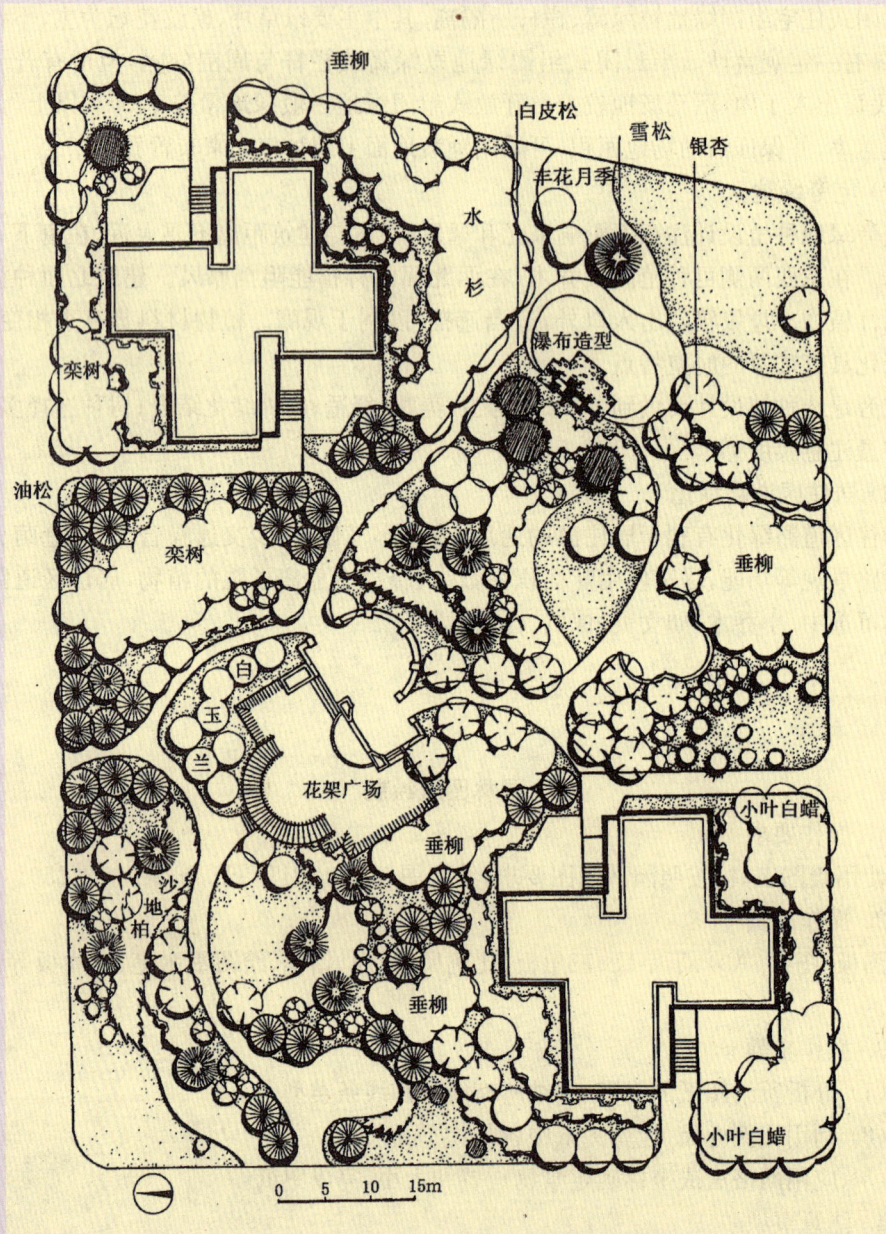

图 5-41　绘图样图

练习题

一、判断题

1. 粗实线用来绘制总平面图中新建道路路肩、人行道、排水沟、树丛、草地、花坛的可见轮廓线。 （ ）

2. 水体一般用两条线表示，外面的一条粗线表示水体边界线，里面一条细线表示水面（可多条表现）。 （ ）

3. 苗木表，其中 C 表示植物的地径，D 表示植物的胸径，H 表示植物的高度，P 表示植物的蓬径。 （ ）

4. 绘图墨水笔绘图时，笔杆应与纸面倾斜，与钢笔写字手势一致。 （ ）

5. 平地为了便于游客活动，不需要设计坡度，越平越好。 （ ）

6. 置石中散置要求有聚有散、有立有卧、主次分明、顾盼呼应。散置的布局无定式，通常布置在廊间、粉墙前、山脚、山坡、水畔等处。 （ ）

7. 岛的平面位置应在水面的构图中心。 （ ）

8. 亭的体量上不论平面、立面都不宜过大过高，宜小巧玲珑。 （ ）

9. 汀步有类似桥的功能，是浅水中设石墩，露出水面，游客可步石临水而过。故所有位置都可以布置汀步。 （ ）

10. 规则式园林建筑设计要求个体建筑为对称或不对称均衡的布局，建筑群和大规模建筑组群，采用不对称均衡的布局。 （ ）

11. 对比和调和是取得统一与变化的手段之一，对比取得统一的构图效果，调和则取得变化的构图效果。 （ ）

12. 拟态韵律是既有相同因素又有不同因素反复出现连续构图。如花坛外形相同，花卉布置不同。 （ ）

13. 居住区绿地，应包括公共绿地、宅旁绿地、配套公用建筑所属绿地和道路绿地等。 （ ）

14. 小区组团绿地内布局应有明确的功能划分以便居民找到自己喜爱的空间，满足不同居民的需求。 （ ）

15. 在各地旅游过程中发现优美的植物景观可以记下来，树种、配置方式应用到自己的设计作品中。 （ ）

16. 三株树丛设计时，三株树木在姿态上、动势上、大小上有显著差异，并且要用三个品种。 （ ）

17. 树林可分为密林和疏林，密林的郁闭度 $70\%\sim100\%$，疏林的郁闭度 $40\%\sim70\%$。 （ ）

18. 在水体中种植水生植物时，可种满一池，以展示水生植物的美感；也可沿岸种满一圈，展示水生植物的多样性。 （ ）

19. 从景观方面考虑，居住区植物的选择与配置应该有利于居住环境尽快形成面貌，即所谓"先绿后园"的观点。 （ ）

20. 宅旁绿地种植设计注意不影响采光和通风，乔木与建筑距离不要太近，在窗下不

要种大灌木。　　　　　　　　　　　　　　　　　　　　　　　　　　　　（　　）

二、单项选择题

1. 总平面图中新建道路路肩、人行道、树丛、草地、花坛的可见轮廓线,用以下的线型是＿＿＿＿＿＿＿。

　　A. 粗实线　　　　　B. 中实线　　　　　C. 细实线　　　　　D. 粗虚线

2. A3 图纸图框线离开图纸左侧（　　）mm。

　　A. 5　　　　　　　B. 10　　　　　　　C. 20　　　　　　　D. 25

3. 根据园林种植设计图所示各植物索引(或编号),对照苗木统计表及技术说明,了解植物种植的种类、数量、＿＿＿＿＿＿＿和配置方式。

　　A. 苗木规格　　　　B. 苗木价格　　　　C. 苗木质量　　　　D. 苗木种植要求

4. 平地便于人们文体活动,人流集散,并造成开朗的园林景观,也是欣赏景色、游览休息的好地方。为了有利于排水,一般要保持＿＿＿＿＿＿＿的坡度。

　　A. 0%　　　　　　B. 0.5%～2%　　　C. 2%～10%　　　D. 10%～50%

5. 瀑布附近的绿化,不可阻挡瀑身,因此瀑身高度的＿＿＿＿＿＿＿倍距离内,应空旷处理。

　　A. 1～2　　　　　B. 2～3　　　　　C. 3～4　　　　　D. 4～5

6. 有危险的地方,栏杆高度在人的重心线＿＿＿＿＿＿＿m,栏杆格栅间距 0.13 m,以防儿童头部伸出。

　　A. 0.2～0.3　　　B. 0.4～0.8　　　C. 0.8～1.0　　　D. 1.1～1.2

7. 联系分散在各景区内景点的道路称为＿＿＿＿＿＿＿。

　　A. 主路　　　　　B. 次路　　　　　C. 小径　　　　　D. 台阶

8. 园林给予游赏者以情意方面的信息,唤起以往经历的记忆联想称为园林的＿＿＿＿＿＿＿。

　　A. 自然美　　　　B. 生活美　　　　C. 意境美　　　　D. 艺术美

9. 密林的郁闭度在＿＿＿＿＿＿＿。

　　A. 0.1 以下　　　B. 0.1～0.3 之间　C. 0.4～0.6 之间　D. 0.7～1.0 之间

10. 植物的种植点乔木应距楼南＿＿＿＿＿＿＿m 以上,且不要正对窗口,以便室内采光、通风。

　　A. 1～2　　　　　B. 3～4　　　　　C. 4～5　　　　　D. 5～8

11. 有明显的主干,离地一定高度开始分枝,有较大的树冠,称为＿＿＿＿＿＿＿。

　　A. 乔木　　　　　B. 灌木　　　　　C. 藤本植物　　　　D. 花卉

12. 下列植物中,＿＿＿＿＿＿＿植物是阴性植物。

　　A. 桃树　　　　　B. 常春藤　　　　C. 玉兰(白玉兰)　　D. 苏铁(铁树)

13. 下列植物中,＿＿＿＿＿＿＿植物是干旱植物。

　　A. 松树　　　　　B. 柳树　　　　　C. 杨树　　　　　D. 水杉

14. ＿＿＿＿＿＿＿是园林绿地中重点布置的一种类型,既体现树木的群体美,又体现其个体美。

　　A. 孤植　　　　　B. 对植　　　　　C. 丛植　　　　　D. 群植

15. 藤本植物设计中,＿＿＿＿＿＿＿因素影响园林的近期效果。

A．生长速度 　　　　B．攀缘高度 　　　　C．生长习性 　　　　D．攀缘方式

16．高度在 50 cm 以下，毫不费力跨过，作为装饰或基础用的绿篱，通常称为_____。

A．绿墙 　　　　B．高绿篱 　　　　C．中绿篱 　　　　D．矮绿篱

17．_____是表示规划范围内的各种造园要素（如地形、山石、水体、建筑及植物等）布局位置的水平投影图。

A．园林设计平面图 　　　　　　　　　B．园林设计立面图

C．园林设计效果图 　　　　　　　　　D．园林设计施工图

18．一般在小水面布置水生植物，最大面积占水面积的_____。

A．全部 　　　　B．三分之一 　　　　C．二分之一 　　　　D．三分之二

三、多项选择题

1．园林设计平面图主要图纸包括_____和园林道路系统平面图、园林水电布置平面图等。

A．园林规划设计平面图 　　　　　　　B．园林地形设计图

C．园林植物种植设计图 　　　　　　　D．园林建筑设计平面图

E．园林绿地施工图

2．园林植物规格主要指标用_____表达。

A．植物的胸径 　　　　　　　　　　　B．植物的地径

C．植物的年龄 　　　　　　　　　　　D．植物的高度

E．植物的蓬径

3．岁寒三友指_____。

A．玉兰（白玉兰） 　　　　B．松树 　　　　C．梅花

D．牡丹 　　　　E．竹类

4．廊按平面形式分_____等。

A．直廊 　　　　B．半廊 　　　　C．曲廊

D．里外廊 　　　　E．回廊

5．下列说法错误的是_____。

A．三株丛植用三个树种

B．三株丛植三株树距离不等

C．三株丛植三株树可种植在一条直线上

D．三株丛植三株树呈不等边三角形

E．三株树丛植三株树应大小一致

6．树群分为_____层次。

A．大乔木层 　　　　B．亚乔木层 　　　　C．大灌木层

D．小灌木层 　　　　E．地被植物层

7．园林的自然美存在如下共性_____。

A．变化性 　　　　B．可塑性 　　　　C．多面性

D．典型性 　　　　E．综合性

8．以下水体中属于静水的是_____。

      A. 湖   B. 瀑布   C. 喷泉

      D. 水池   E. 溪流

9. 园林植物的观赏特点是_____。

      A. 一种立体空间   B. 花、果、叶的自然美

      C. 受时间、年龄变化影响   D. 受地区自然条件制约

      E. 让人产生联想

四、简答题

1. 简述居住区绿地规划设计的原则及设计要求。

2. 对比园林规则式与自然式的特点。

3. 简述居住区植物配置的原则。

4. 简述居住区宅旁绿地设计要求。

5. 举例说明园林植物生长习性与设计的关系。

第六章
物业绿化管理实务

本章导读

1. 学习目标

通过教学使学生了解物业绿化管理的基本运作模式、物业绿化管理的质量评价标准,掌握物业绿化管理项目的发包和质量验收,熟悉物业绿化养护管理质量标准。

2. 学习内容

本章主要学习物业绿化管理的特点、主要内容和基本模式、物业绿化管理和工程项目的发包和质量验收、物业绿化养护等评价标准,其中着重应该学习物业绿化管理和施工项目的发包和验收过程、方法和注意事项。

3. 重点与难点

重点:物业绿化管理项目和工程质量验收的过程、方法和注意事项。

难点:物业绿化管理项目和工程的验收程序和验收内容。

物业绿化管理既具有物业管理的内容，又是园林绿化管理工作的组成部分，因此物业绿化管理工作具有服务性和技术性双重特点。物业绿化管理的工作主要包括物业绿化管理的运作、物业绿化管理项目的发包、物业绿化项目的质量验收、物业绿化管理经费测算。

第一节　物业绿化管理的基本运作模式

一、物业绿化管理的主要内容

1. 物业绿化管理的前期介入

作为物业管理者，为确保日后物业绿化管理的顺利进行，需在物业绿化的规划、绿化设计、绿化工程施工、绿化工程项目验收等各个方面全程介入。

在物业绿化的规划和设计阶段，主要针对绿化规划和设计的合理性、科学性、使用性等提供建议，尽量避免小区物业绿化不合理的规划和设计给日后的物业绿化管理增加不必要的负担。

在物业绿化工程施工阶段，主要针对一些隐蔽工程的施工，从物业管理方便性和实用性的角度提供建议，避免隐蔽工程给日后的物业管理带来困难。

在物业绿化工程项目验收阶段，主要从物业管理的角度对存在的问题提出整改意见。

2. 物业绿化的验收

物业绿化验收根据性质可分为新建物业绿化工程的验收和旧有物业绿化的验收。物业绿化的验收是园林绿化工程施工单位或前物业管理公司移交给物业公司的管理手续。物业绿化的验收的主要内容包括物业绿化的资料交接、物业绿化的绿地面积测量、园林建筑及小品的维护状况、园林植物数量的清点和植物生长状况的评估。

3. 物业绿化的日常管理

物业绿化的日常管理内容包括室内外的园林植物养护管理(如浇水、施肥、修剪、除草、有害生物防治等)、园林建筑和小品的维护、物业绿地的环境卫生保洁。

4. 物业绿化的改建

物业绿化经过一定时期的使用后，由于受到有害生物、自然灾害、气候环境及人类活动等影响，常常会出现园林植物生长不良或死亡、园林建筑及小品破旧、园林绿地景观效果下降，因此必须对物业绿化进行改建或改造。物业绿化的改建或改造的主要内容包括园林建筑及小品的修缮和翻新、园林植物的补植或更新、绿地景观的调整或改造。

二、物业绿化管理的特点

1. 服务性

物业绿化管理是物业管理的一部分。物业绿化管理代表的是物业公司，因此物业绿化管理不是单纯的园林绿化管理,而是要面对业主的服务。因而物业绿化管理无论在工作时间、工作方式、工作态度等方面都必须遵循服务行业的规范,为业主考虑。

2. 技术性

物业绿化管理与一般的物业管理工作存在比较大的区别。其工作具有较强的技术性。要做好物业绿化管理工作,必须要充分掌握植物的生长习性、植物的各种养护管理技能、景观美学及造园技能等。

3. 消费性

物业绿化管理的费用主要由物业管理公司在收取的物业管理费用中拨付,与物业绿化管理的产品产出没有直接关系,因此物业绿化管理对于物业管理公司来说是一个纯消费的部门。

三、物业绿化管理的基本模式

1. 自主管理

所谓自主管理是物业公司具有专门的绿化管理队伍、完善的苗木生产基地、专业的设计人员,自主完成公司管辖范围内的所有物业绿化的日常养护管理及绿地改建。

自主管理具有物业绿化管理队伍稳定、绿化人员及物资调配灵活的特点。但由于人员和机构较多,会给物业公司带来较重的负担。

2. 半自主管理

所谓半自主管理指物业绿化管理中的绿化养护管理工作由物业公司的绿化管理人员自行完成,而物业绿地改建工作则由物业公司聘请社会上的专业公司来完成。

半自主管理的优点是人员较少、物业公司的负担较轻。但物业绿化管理是纯消费性,并且物业绿化管理的费用和管理质量受市场影响较大。

3. 外包管理

所谓外包管理指物业公司不设专门绿化管理的队伍,只设 1~2 名专职或兼职的绿化质量管理人员,将物业公司管辖范围内所有的绿化养护管理工作及绿地改建工作都发包给市场上的园林专业公司进行管理和施工。

外包管理优点是成本容易控制。但也存在管理灵活性差、管理难度大的缺陷。

第二节 物业绿化管理项目的发包

一、物业绿化项目发包前的准备工作

在物业绿化项目发包前必须做好下列准备工作:
1. 物业绿化的面积测量
2. 物业绿地的类型
3. 物业绿地内植物的种类及数量
4. 物业绿化管理的质量标准

5. 物业绿化管理的操作次数及检查
6. 物业绿化管理费用的测算
7. 物业绿化配套设备与设施
8. 对于未能完成物业绿化管理的处罚规定

二、物业绿化管理项目招标

1. 根据实际质量要求情况制定出切合实际的投标方评定标准

投标方评定的标准主要为:
(1) 投标方的专业资质;
(2) 投标方的资金实力;
(3) 投标方的技术力量;
(4) 投标方的管理经验;
(5) 投标方的专业业绩;
(6) 投标方的管理能力
(7) 投标方的设备及工具;
(8) 投标方的管理方案。

2. 向专业单位发出招标函

招标可分为公开招标和邀请招标两种形式。

(1) 公开招标指招标人以招标公告的方式邀请不特定的法人或者其他组织投标。采用公开招标的形式可由招标单位通过国家指定的报刊、信息网络或其他媒介发布,招标公告应当载明招标人的名称和地址、招标项目的性质、数量、实施地点和时间以及获取招标文件的办法等事项。所有符合条件的承包人(不受地区限制)都可以参加投标,机会均等。招标单位则在众多承包企业中优选出理想中标人。公开招标能够有效地防止腐败,并能够最好地达到经济性的目的。但在公开招标中也存在完全依赖书面材料,不能反映投标人的真实水平和情况,还会给某些投标人创造弄虚作假的机会;由于对招标文件的发布有一定要求、投标人也较多,从而使招标和投标的总成本较高;由于招标信息需要较长时间才能流传到潜在投标人处,因此招标时间周期较长等缺陷。

(2) 邀请招标指招标人以投标邀请书的方式邀请具备承担招标项目能力、资质和信誉良好的特定法人或其他组织发出投标。邀请招标只有接到投标邀请书的法人或者其他组织才能参加,而将其他潜在投标人排除在外的一种招标方式。

由于物业绿化管理项目合同金额较小,一般往往采用邀请招标。投标邀请书样例如下:

××××绿化、护坡、休闲广场铺装工程施工投标邀请书

××××绿化工程施工与养护管理有限责任公司:

　　××××绿化、护坡、休闲广场铺装工程施工,已经由上海市政府批准建设。该工程属于××××改造的一部分,是由××××投资拨款修造。现决定对该项目进行邀请投标,择优选定承包人。

　　本次招标工程项目概况如下：

　　1. 本工程是××××改造的一部分，由市政府投资拨款×××万元修造。工程总规模××××平方米，其中建筑×××平方米，园林绿化面积××××平方米。工程内容有建筑、园林绿化、护坡、休闲广场铺装等工程施工。目前资金已经落实到位。

　　2. 工程建设地点：××省××市××路××号。

　　3. 开竣工时间：××××年××月××日至××××年××月××日，共×××个日历天。

　　4. 工程质量要求达到国家施工验收优秀，一次性合格。

　　5. 报名条件：报名的投标人具备建设主管部门颁布园林绿化三级及其以上施工资质，企业必须具备足够的资产及其能力来有效地履行合同；企业项目经理近三年来有完成类似项目施工经验。

　　6. 请你方按照本邀请书后所附招标人或招标代理机构地址从招标人或代理机构处获取资格预审文件，时间为××××年××月××日至××××年××月××日，每天上午9：30至下午4：00（公休日除外）。

　　7. 资格预审文件每套售价×××元人民币，售后不退。如需要邮购，请书面形式通知招标人邮购，并加邮费××元人民币。招标人将立即以邮政快递方式向投标人寄送资格预审文件。

　　8. 要求将资格预审资料密封后，于××××年××月××日下午××（时间）以前将资格预审文件送往招标人处，逾期将被拒绝。申请书封面应该清楚注明"××××绿化、护坡、休闲广场铺装工程施工资格预审申请书"字样。

　　9. 招标人将及时通知投标人有关资格预审的结果，将于××××年××月××日发出资格预审合格通知书。

　　10. 凡是资格预审合格的投标申请人，请按照资格预审通知书中说明的时间、地点和方式获取招标文件及其有关资料。来时应该携带的资料：法人委托书、企业营业执照副本复印件（加盖公章）及副本原件、企业资质证书原件及复印件（加盖公章）、项目经理证书及复印件（加盖公章）、企业安全生产许可证。

　　11. 有关本项目投标的其他事宜，请与招标人或招标代理机构联系。

联系人：×××　　　联系电话：××××××××　　　联系传真：××××××××

联系地址：××××××××

××××××××

××××年××月××日

　　3. 组织供方评定小组

招标评定小组一般由公司领导及专业人员3～5名组成。

　　4. 提交资料

投标方在参加评定时需提交的资料：

（1）资质证明；

（2）营业执照；

（3）主要技术人员的学历证明、技术等级证明及个人资料；

（4）以往的主要工作业绩；

（5）主要规章制度；

（6）绿化管理的操作规程；

（7）主要园林机械、工具的名称和数量；

（8）针对投标项目的工作计划。

三、物业绿化管理项目合同

物业绿化管理项目合同主要包括下列内容：

（1）甲方（发包方）单位名称；

（2）乙方（承包方）单位名称；

（3）物业绿化管理面积；

（4）单位管理面积的费用；

（5）总费用；

（6）付款方式和时间；

（7）双方责任与义务；

（8）管理质量标准；

（9）绿化管理质量检查的方式与次数；

（10）违约或管理不达标的处理方法；

（11）其他需要说明的问题。

第三节　物业绿化的质量验收

一、原有物业绿化的接管验收

原有物业绿化的接管验收一般与物业其他项目的验收同时进行。验收应由委托方及物业公司的相关人员共同进行。具体的验收内容及验收步骤一般包括如下：

1. 物业公司自检

在正式移交前，物业公司应组织园林绿化专业人员对移交的物业绿化进行自检。自检的重点是原有物业绿化中园林建筑与小品的安全及损坏情况、物业绿化设备的运作及损坏情况、植物的生长状况、有害生物和杂草的发生和危害情况。

2. 绿化面积的清点验收

由于原有物业绿化资料一般不齐全或与现状不符，因此必须对物业绿化面积进行重新测量，并对植物重新进行清点。在对绿化面积清点后必须绘制现状图，将已经破坏的地方在现状图中注明。

3. 清点设备

对一些重要设备（如割灌机、割草机、灌溉设备、常用工具等）进行清点。

4. 清点原有资料

需要清点的资料包括产权资料、用地红线图、规划设计图、各种管线分布图、设备的运作情况记录和维修记录、绿地的改建记录及图纸、园林建筑与小品的维护记录等。

5. 协商存在问题的解决方法

对于原有物业绿化存在的问题双方进行协商,以寻找到解决问题的方法。

6. 原有绿化的评价与等级划分

在分析原有物业绿化的情况后,根据功能重要性及植物生长状况,将物业绿化划分为1~3级,方便日后管理。

7. 撰写备忘录

在对物业绿化验收后必须撰写"物业绿化接管备忘录",以便今后查阅。

8. 资料归档

将所有接管验收资料按类别归档。

二、新建物业绿化的接管验收

当新建物业绿化按设计要求完成施工并可供使用时,施工单位就要向建设单位(或物业公司)办理移交手续,这种交接工作就称为项目的竣工验收,或称为质量验收。

1. 质量验收的目的

物业绿化施工项目的竣工验收是物业绿化工程全过程的一个阶段,它是由投资成果转入使用、产生效益的一个标志。竣工验收既是对项目进行交接的必须手续,又可通过竣工验收对项目成果的工程质量、经济效益等进行全面考核和评估。

2. 物业绿化工程质量验收的依据

物业绿化工程质量验收的依据主要包括:

(1)上级主管部门审批的计划任务书、设计纲要、设计文件;

(2)招投标文件和工程承包合同;

(3)施工图纸和说明、图纸会审记录、设计变更签证、技术说明书或技术核定单;

(4)国家或行业颁布的施工技术验收规范及工程质量检验评定标准;

(5)有关施工记录及工程所用的材料、构件、设备合格文件及检验报告单;

(6)施工单位的有关质量保证等文件;

(7)国家颁布的有关竣工验收文件。

3. 验收的程序

(1)验收时间的确定:在接到施工单位接管验收书面函后,物业公司应在15天内书面签发验收通知,并约定验收时间。物业公司发出验收通知书后,物业公司及施工单位各自组织专业人员按约定的时间、地点进行物业绿化工程验收。

(2)书面汇报:由建设(或物业)、施工、监理、设计、勘察单位分别书面汇报项目建设质量状况、合同履约及执行国家法律、法规和工程建设强制性标准的情况。

(3)验收检查:建设单位(或物业公司)对物业绿化工程进行验收。主要验收绿化工程的质量、绿化面积及植物的数量和名称。

（4）验收情况汇总：对物业绿化工程验收情况进行汇总讨论，并听取质量监督机构对工程质量监督的情况。对于在验收时发现的问题，要求施工单位在规定时间内进行整改或约定补偿办法。

（5）验收意见形成：形成竣工验收意见，撰写"验收接管备忘录"。验收小组人员或验收委员会人员分别签字、建设（或物业）单位盖章，最后由验收小组组长或验收委员会主任宣布验收结果。如在验收过程中发现严重问题，达不到竣工验收标准时，验收小组应责成施工单位整改，并宣布本次验收无效，重新确定时间组织竣工验收。当竣工验收过程中发现一般需整改的质量问题，验收小组可形成初步验收意见，有关人员签字，但建设（或物业）单位不加盖公章，待整改完毕符合要求后再加盖建设（或物业）单位公章。当竣工验收小组各方不能形成一致的验收意见并协商不成时，应报建设行政主管部门或质量监督机构进行协调裁决。

（6）再验收检查：由物业公司对初次验收时发现的问题进行再验收。

（7）工程资料移交及归档：对于验收合格的物业绿化工程签订资料移交协议书，并对物业绿化工程的资料（如工程总平面图、设计变更通知单及变更图、竣工图及竣工报告、竣工验收合格证书的复印件、隐蔽工程验收合格证明、材料及设备的质量合格证书、设备使用操作说明书、重点园林植物的名录以及习性和养护措施等）进行核对、移交。物业公司在接到工程资料后及时归档。

第四节 物业绿化养护管理质量评价标准及收费

　　一般来说不同的物业区域绿化养护管理的质量要求不同。为了便于物业绿化管理人员进行操作达标及质量控制，对物业绿化的养护质量要求进行分级，可有效地控制物业绿化的养护管理质量。一般各地区都有各自的物业绿化养护的质量分级标准。上海市将住宅绿化管理划分为五级，其中一级管理要求最低，五级最高。表6-1是从2005年10月1日起执行的《上海市住宅物业服务分等收费标准》中公共区域绿化日常养护服务标准与收费标准，以供参考。

表6-1　上海市住宅物业公共区域绿化日常养护服务标准与收费标准

级别	基本条件	内容	要素	养护要求（植物）	每平方米绿地面积年最高收费标准（元）
一级	1. 以绿为主。绿地内植物覆盖率在80%以上。 2. 乔、灌、草等保存率90%以上。	草坪	修剪	年普修两遍以上。	1.30
			清杂草	每年除草三遍以上，控制杂草孳生。	
			灌、排水	无明显缺水枯黄，有积水采取排除措施。	
			病虫害防治	控制大面积病虫害发生。	

级别	基本条件	内容	要素	养护要求(植物)	每平方米绿地面积年最高收费标准(元)
		树木	修剪	乔、灌木每年适时修剪一次;篱、球年修剪两遍以上;地被、攀缘植物每年修剪、整理一次以上。	
			中耕除草、松土	年中耕除草不少于三遍,及时拔除大型杂草,控制大面积杂草发生。	
			病虫害防治	有针对性及时灭治,年喷药不少于两次,控制大面积病虫害发生。	
			扶正加固	发生倒伏及时扶正、抢救。	
二级	1. 以绿为主,植物造景。绿地内植物覆盖率80%以上,绿地基本无裸露。 2. 绿地保存率100%,乔、灌、草等保存率95%以上,大乔木保存率98%以上。绿地设施基本完好。	草坪	修剪	年普修三遍以上,切边整理一次以上。	2.00
			清杂草	年普除杂草四遍以上,杂草面积不大于8%。	
			灌、排水	干旱、高温季节基本保证有效供水,有积水应及时排除。	
			病虫害防治	发现病虫害及时灭治。	
		树木	修剪	乔、灌木按规范修剪每年两遍以上;篱、球每年修剪三次以上;地被、攀缘植物每年修剪、整理不少于两次。	
			中耕除草、松土	每年中耕除草四次以上。	
			施肥	每年普施基肥一遍。	
			病虫害防治	有针对性及时灭治,每年喷药不少于两次,控制大面积病虫害发生。	
			扶正加固	发生倒伏及时扶正、加固。	
三级	1. 利用植物、山石、水体等设置景点。 2. 绿地内植物覆盖率80%以上,且群落、层次明显,并有花卉布置。 3. 绿地保存率100%(包括经过规定手续变更)。乔、灌、草等保存率95%以上,大乔木保存率98%以上。绿地设施及硬质景观长年保持基本完好。	草坪	修剪	每年普修四遍以上,草面基本平整。	3.00
			清杂草	每年普除杂草五遍以上,杂草面积不大于6%。	
			灌、排水	及时灌溉,保证有效供水,有积水及时排除。	
			施肥	每年普施有机肥一遍。	
			病虫害防治	发现病虫害及时灭治。	

续　表

级别	基本条件	内容	要素	养护要求(植物)	每平方米绿地面积年最高收费标准(元)
		树木	修剪	乔、灌木修剪每年两遍以上,无二级枯枝;篱、球超过齐平线10 cm应修剪,每年不少于四遍,做到表面圆整,基本无脱节;地被、攀缘植物适时修剪,每年不少于两次。	
			中耕除草、松土	每年中耕除草五次以上,土壤基本疏松。	
			施肥	按植物品种、生长状况、土壤条件适当施肥;每年普施基肥一遍,部分花灌木增施追肥一次。	
			病虫害防治	有针对性及时灭治,主要病虫害发生率低于10%。	
			扶正加固	有倒伏倾向,及时扶正、加固。	
			其他	乔灌木生长良好,树冠完整;花灌木基本开花;球、篱、地被生长正常,缺枝、空档不明显。	
		花坛花境	布置	一年中有两次以上花卉布置。	
			灌、排水	保持有效供水,无积水。	
			补种	缺枝倒伏不超过十处。	
			修剪、施肥	保持花卉生长良好。	
			病虫害防治	及时做好病虫害防治。	
四级	1. 绿地总体布局合理,满足居住环境的需要,集中绿地率10%以上。 2. 利用植物、山石、水景等设置景点,且与环境协调。 3. 乔、灌、地被、草配植合理,层次较丰富,景观好。花坛、花境面积占绿地总面积的0.5%以上。 4. 绿地保存率100%,乔、灌、草等保存率98%以上。绿地设施、硬质景观保持完好。	草坪	修剪	草坪保持平整,草高不超过8 cm。	4.50
			清杂草	每年清除杂草七遍以上,杂草面积不大于5%。	
			灌、排水	常年保证有效供水,有低洼及时整平,基本无积水。	
			施肥	按肥力、草种、生长情况及时施肥,每年两遍以上。	
			病虫害防治	及时做好病虫害防治。	
			其他	草地生长正常,斑秃黄萎低于5%。	

续 表

级别	基本条件	内容	要素	养护要求（植物）	每平方米绿地面积年最高收费标准（元）
		树木	修剪	乔、灌木修剪每年三次以上，基本做到无枯枝、萌蘖枝；篱、球、造型植物及时修剪，每年不少于五遍，做到枝叶紧密、圆整、无脱节；地被、攀缘植物修剪及时，每年不少于三次，基本无枯枝。	
			中耕除草、松土	适时中耕除草，做到基本无杂草，土壤疏松。	
			施肥	按植物品种、生长状况、土壤条件适时施肥，每年普施基肥不少于一遍，花灌木增施追肥一遍。	
			病虫害防治	防治结合、及时灭治，主要病虫害发生率低于5%。	
			扶正加固	树木基本无倾斜。	
			其他	乔灌木生长良好，树冠完整；花灌木按时开花结果；球、篱、地被生长良好，无缺枝、空档。	
		花坛花境	布置	一年中有三次以上花卉布置，三季有花。	
			灌、排水	保持有效供水，无积水。	
			补种	缺枝倒伏不超过五处。	
			修剪、施肥	及时清除枯萎的花蒂、黄叶、杂草、垃圾；每年施基肥一次，每次布置前施复合肥一次。	
			病虫害防治	适时做好病虫害防治。	
五级	1. 绿地总体布局均衡，生态、景观效应显著，集中绿地率20%以上。 2. 运用植物、山石、水体等设置景点，且与环境协调，效果好。	草坪	修剪	草坪常年保持平整，边缘清晰，草高不超过6 cm。	6.50
			清杂草	及时清除杂草，做到基本无杂草。	
			灌、排水	常年保持有效供水，草地充分生长，有覆沙调整，地形平整、流畅。	
			施肥	按肥力、草种、生长情况，适时适量施有机复合肥两到三遍。	
			病虫害防治	预防为主、综合治理，严格控制病虫害。	
			其他	绿草如茵，斑秃黄萎低于5%。	

级别	基本条件	内容	要素	养护要求(植物)	每平方米绿地面积年最高收费标准(元)
	3. 乔、灌、地被、草配植科学,层次丰富、季相分明。集中绿地布置全冠大树;花坛、花境面积占绿地总面积1%以上;植物品种多样(1万 m² 以上绿地不少于80种,2万 m² 以上绿地不少于100种)。 4. 绿地保存率100%。乔、灌、草等保存率98%以上。绿地设施及硬质景观常年保持完好。	树木	修剪	乔、灌木修剪每年三遍以上,无枯枝、萌蘖枝;篱、球、造型植物按生长情况,造型要求及时修剪,做到枝叶茂密、圆整、无脱节;地被、攀缘植物修剪、整理及时,每年三次以上,基本无枯枝。	
			中耕除草、松土	常年土壤疏松通透,无杂草。	
			施肥	按植物品种、生长、土壤状况适时适量施肥。每年普施基肥不少于一遍,花灌木追施复合肥两遍,满足植物生长需要。	
			病虫害防治	预防为主、生态治理,各类病虫害发生率低于 5%。	
			扶正、加固	树木基本无倾斜。	
			其他	乔灌木生长健壮,树冠完整,形态优美;花灌木按时开花结果;球、篱、地被生长茂盛,无缺枝、空档。	
		花坛花境	布置	每年中有四次以上花卉布置,四季有花。	
			灌、排水	保持有效供水,无积水。	
			补种	缺枝倒伏及时补种。	
			修剪、施肥	及时清除枯萎的花蒂、黄叶、杂草、垃圾。每年施基肥一次,每次布置前施复合肥一次,盛花期追肥适量。	
			病虫害防治	适时做好病虫害防治。	

备注:
　　1. 本标准中所指绿地等级收费标准是按年、按绿地面积设置。绿化养护费用分摊公式为:每月每平方米建筑面积绿化养护费用＝该级绿地收费标准×绿地面积÷可分摊建筑面积÷12
　　2. 绿地以种植面积计算;地下车库顶上绿地按实际种植面积计算;棚架按垂直投影面积计算;行道、散植树按树冠垂直投影面积的1/5折算;嵌草停车地坪按地坪面积的 1/10 折算;墙面垂直绿化按实际覆盖面积的1/10折算;未定事项可按商定计算。
　　3. 绿地面积的计算以建设单位提供的绿化竣工图为主,以实地丈量为辅。
　　4. 草坪修剪频次所示为暖地型草的修剪次数,冷地型草修剪频次应酌情增加。狗牙根(百慕大草)高一般不超过4 cm。混合型运动草坪应增加修剪频次,可按实调整。
　　5. 因修剪等产生的废弃物,整理集中堆放,清运及时;树上悬挂物及时清除;发现死树及时清除,适时补种,保持绿地内清洁整齐。
　　6. 植物灌溉以保持土壤有效水分为原则,应按气候、立地条件、品种、生长等情况酌情增减浇水次数。
　　7. 使用化学药剂,必须严格执行国家现行有关规定。应选用高效低毒、低残留的药剂控制有害生物的危害,并在喷药前安民告示。
　　8. 每一级服务内容与要求高于并包含低一级的服务内容与要求(一级除外)。

练习题

1. 物业绿化管理有什么特点？物业绿化管理有哪些基本模式？
2. 物业绿化管理项目发包前后需要做好哪些工作？
3. 请叙述物业绿化质量验收的过程与步骤。

第七章
常用园林工具及机具介绍

本章导读

1. 学习目标

通过教学使学生了解、掌握常用园林工具的使用与保养。

2. 学习内容

常用园林工具六齿耙、锄头、手锯、大草剪、剪枝剪、手动喷雾器、铁锹的安装、使用与保养等。常用园林机具割灌机、草坪割草机、绿篱修剪机、树木扶正器的使用与保养。

3. 重点与难点

重点：常用园林工具的使用与保养。

难点：常用园林机具的使用与保养。

第一节 常用园林工具介绍

一、六齿耙

1. 六齿耙的用途

主要用作平整土地,苗床整形,树坛、花坛整形。

2. 六齿耙的组件

六齿耙是由钉耙、楔樽、垫樽、垫布和耙柄组成。(见图7-1)。

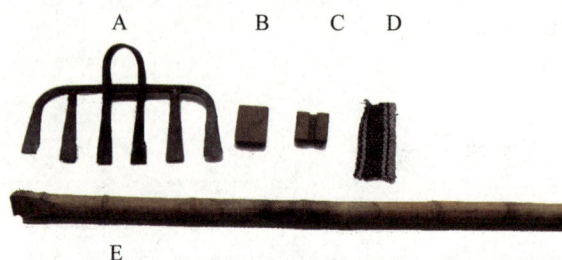

图7-1 六齿耙的组件

A钉耙 B楔樽 C垫樽 D垫布 E耙柄

(1)钉耙:是六齿耙的主件,主要起松土和整地作用。

(2)垫樽、楔樽、垫布:主要起固定钉耙和耙柄的连接作用。

(3)耙柄:是六齿耙的重要配件。

3. 六齿耙的装配

先将垫布包住耙柄的未削平的一侧,再将垫樽凹处装入六齿耙的颈部,同时将耙(竹)柄的头部垫入钉耙脑的内缘,最后将楔樽装入耙(竹)柄(削平一侧)和垫樽之间,樽紧即可,装配角度,一般钉耙与耙柄的交角装成70度左右。(见图7-2)

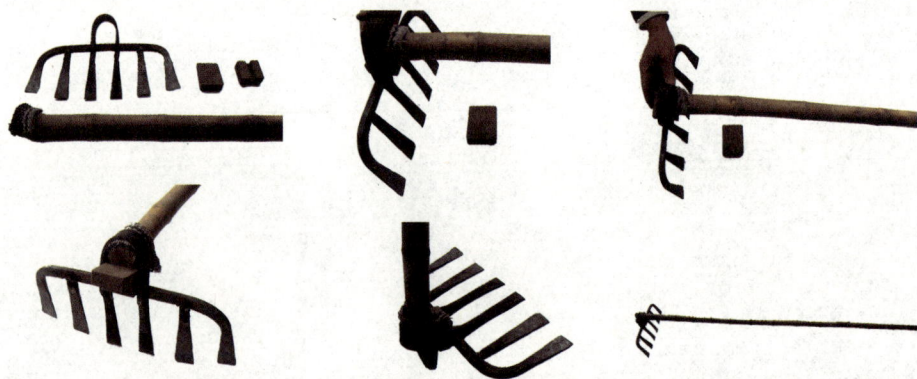

图7-2 六齿耙的装配过程

4.六齿耙的使用和保养

(1)使用

使用时,使用者两脚前后站立,左右手握耙间隔70 cm左右,在拉土整地过程中,六齿耙既能向后拉耙,也能向前推耙。

(2)保养

平时用好后,只要擦净泥土,保持清洁即可。如长期不用,可在拆装后进行全面保养,将钉耙部分的内外泥土洗刷干净,干燥后涂抹黄油或机油保持。

二、锄头

1.锄头的用途

主要用来除草、松土,还可作套播种沟和点播种子用。

2.锄头的组件及作用

锄头是由锄刀、楔樽、垫樽、垫布和锄柄等配件组成。(见图7-3)

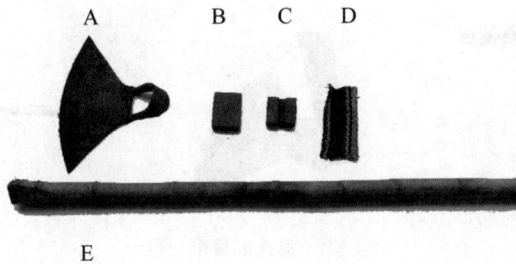

图7-3 锄头的组件

A 锄刀 B 楔樽 C 垫樽 D 垫布 E 锄柄

(1)锄刀

是锄头的主件,主要作用是松土、锄草等。

(2)楔樽

位于垫樽和锄(竹)柄之间,是呈楔形的小木块。它的作用是使樽紧贴锄刀并使锄柄、锄刀连接牢固。

(3)垫樽

垫樽是紧贴锄头的衬垫物,是一个略呈凹形的小木块,它能固定锄刀和锄柄的连接。

(4)垫布

垫布是紧贴锄脑内缘的垫物,能调节锄刀和锄柄之间的角度。

(5)锄柄

锄柄是装配锄头的主要配件,竹柄、木柄均可。

3.锄头的开口磨刃

(1)开口

开口主要指新锄刀的刀口部分。开口刀刃和砂轮的接触角度通常在3～5度为宜。

图7-4 磨锄刀

（2）磨刀

开口后即可磨刀。磨刀时,右手握锄脑,左手的手指按在锄刀中间部位,用手将锄脑稍微抬起,使刀刃和砂石成 2～3 度交角,然后两手同时用力,前推后拽,不断磨之即可。（见图 7-4）

4. 锄头的装配

先将垫布包住锄柄的未削平的一侧,再将垫樽凹处装入锄刀的颈部,同时将锄（竹）柄的头部垫入锄刀脑的内缘,最后将楔樽装入锄（竹）柄（削平一侧）和垫樽之间,樽紧即可,装配角度,一般锄头与锄柄的交角装成 60 度左右。当然也可根据入口高度确定安装的角度。（见图 7-5）

图7-5 锄头的装配过程

5. 锄头的使用与保养

（1）使用

根据草情,可将锄草方式分为两种,一种是"拉锄",另一种是"斩锄"。拉锄时,两手先将锄头端起向前送出,锄刀下落时,两手略用力,使锄刀落下时顺势把锄头向后拉拽,将草除掉。斩锄时,锄头下落时要用力,然后往回斩草。

（2）保养

使用后将锄头上的泥土擦净放妥即可,如较长时间不用,保养时应清除泥土,磨好,涂抹牛油或机油挂好,或用塑料薄膜包好收藏。

三、手锯

1. 手锯的用途

用于园林树木定型和整形的大枝修剪,移植树木时的根系修剪。（见图 7-6）

2. 手锯的组件及作用

手锯是由锯片、锯耙和铆钉组成。

（1）锯片

锯片是构成手锯的主要部件,锯片上有锯齿,主要用来锯断

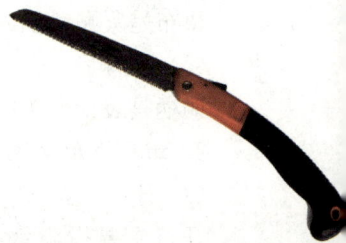

图7-6 手锯

枝条。

（2）锯耙

锯耙也称把手，与锯片连接，使人们有效地操作锯片，更好地发挥手锯的作用。

（3）铆钉

使锯片、锯耙有机连接，起牢固连接作用。

3. 锉齿与矫齿

（1）锉齿

手锯使用后，齿锋锐钝，锉齿能使锯齿恢复锋利。锉齿时，将锯片的背面置于 0.5 cm 粗线形的木槽中，或用老虎钳夹紧锯片背面。将扁锉贴紧锯齿的斜面，来回急速锉磨，待同方向的齿斜面锉好以后，再把锯片另一齿斜面调转过来，用同样的方法锉磨。锉过的锯齿应该厚薄一致，大小一致，斜面一致，齿锋锐利。

（2）矫齿

手锯使用后，尤其是使用时间较长或锯截较大枝干，锯片上的锯齿经过磨损，锯齿往往会产生平直现象。因此必须加以矫正，矫正时将锯片的背面置于木槽内或用老虎钳夹紧，用矫正器对锯齿一一矫正，矫过的锯齿应达到齿面一致，排列有序，角度大小一致。

4. 手锯的使用与保养

（1）使用

手锯携带方便，使用灵活，其作用、方法、动作姿势常因修剪、锯截的方法不同而异。在使用手锯时，无论怎样使用，锯片拉拽路线必须直来直去，用力均匀，不偏不倚。

（2）保养

手锯使用后，及时清除锯齿及锯片上的残留物。

如较长时间不用，还应在锯片各部位涂抹黄油，装入塑料袋内，置于干燥处，以防生锈。

四、大草剪

1. 大草剪的用途

大草剪的主要功能是用于草坪、绿篱、绿球和树木造型的修剪。

2. 大草剪的组件及功能

大草剪是由剪片、剪把、螺丝、垫圈、螺帽等五个部分组成。（见图 7-7）

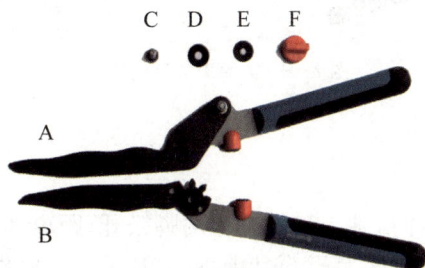

图 7-7　大草剪的组件

A、B 剪片和剪把　C 螺丝　D、E 垫圈　F 螺帽

（1）剪片

是大草剪的主要部件之一，由两片形状相同、方向相反的弧形铁片组成，修剪植物主要靠剪片的作用。

（2）剪把

剪把也称把手，是操作者操作的把手。

（3）螺丝

通过剪片的方形眼孔，把剪片连为一体，并起稳固作用。

（4）垫圈

位于螺帽和剪片之间，起缓冲和稳定作用。

图7-8　大草剪的磨刀

（5）螺帽

调节剪片的松紧。

3. 磨刀

大草剪磨刀时，正面应手磨，将剪片正面平放在砂石上，右手握把，左手指撬压在剪片上，前推后拽，反复进行即可。在磨背面时，将剪片背面的斜面紧贴砂石，前推后拽，反复进行，直至磨快磨平为止。（见图7-8）

4. 大草剪的装配

先将螺丝装入下剪片眼孔，再将垫圈套入螺丝底端。使上剪片和下剪片的刃部交叉吻合，再旋上螺帽，并调节松紧度即可。（图7-9）

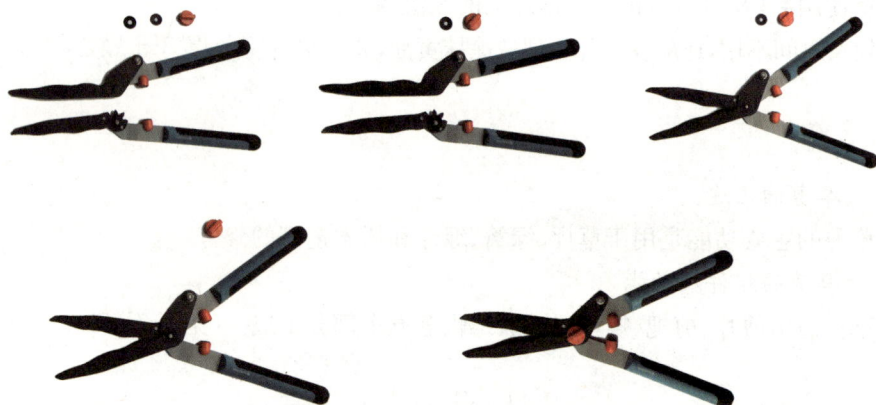

图7-9　大草剪的装配过程

5. 大草剪的使用与保养

（1）使用

① 绿篱：操作姿势，人体松弛，自然站立，两脚松开，距离和自己肩宽相仿，腹微收，重心稍向前倾，两手把握剪把中部，手臂自然前垂，剪片平端。操作时，手腕灵活，动作小，速度快。

② 草坪：草坪修剪的操作姿势有两种，一种是两脚左右开立，另一种是两脚前后开

立,身体下蹲,身体重心前倾,两手把握剪把中部,手臂自然下垂,剪片端平,手臂摆动,在修剪时脚步向前移动。

③ 绿球修剪:操作动作与姿势和绿篱修剪相同,大草剪修球时可用正剪法和反剪法修球。

（2）保养

大草剪用后,应很好地进行保养。保养方法是及时磨剪片和清除剪刀部分的树液积垢。如果久放不用,可在剪片和剪刀部分涂抹黄油,以防久放生锈。

五、剪枝剪(弹簧剪)

1. 剪枝剪的用途

主要用来修剪、采集、插穗等。

2. 剪枝剪的组件及作用

剪枝剪是由剪刀垫、剪刀、螺帽、螺丝、垫圈和弹簧组成。（图 7 - 10）

（1）剪刀、剪刀垫

是剪枝剪的主要组成部分,主要用来剪截枝条。

（2）螺丝、螺帽、垫圈

主要是连接剪刀和剪刀垫。

（3）弹簧

主要用来打开剪刀垫的张口。

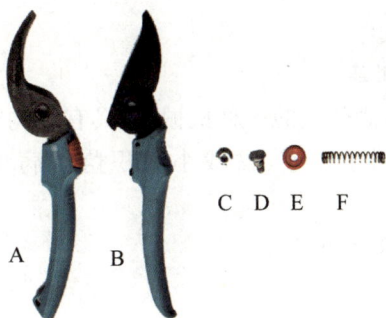

图 7 - 10　剪枝剪的组件

A 剪刀垫　B 剪刀　C 螺帽　D 螺丝　E 垫圈　F 弹簧

图 7 - 11　剪枝剪的磨刀

3. 开口磨刀

剪刀剪的开口磨刀应先将螺帽旋开,然后再把螺丝旋开。磨时把剪刀的外侧面置于平直的细砂石上,略加开口即可在细砂石上磨刀。开口磨刀时,右手把握剪把,右手食指和中指轻压内侧面,把外侧面的斜面的斜口放在砂石来回推磨。（见图 7 - 11）

4. 剪枝剪的装配

先将螺丝装入下剪刀眼孔,再将垫圈套入螺丝底端。使剪刀和剪刀垫的刃部交叉吻合,再旋上螺帽,并调节松紧度即可。(图7-12)

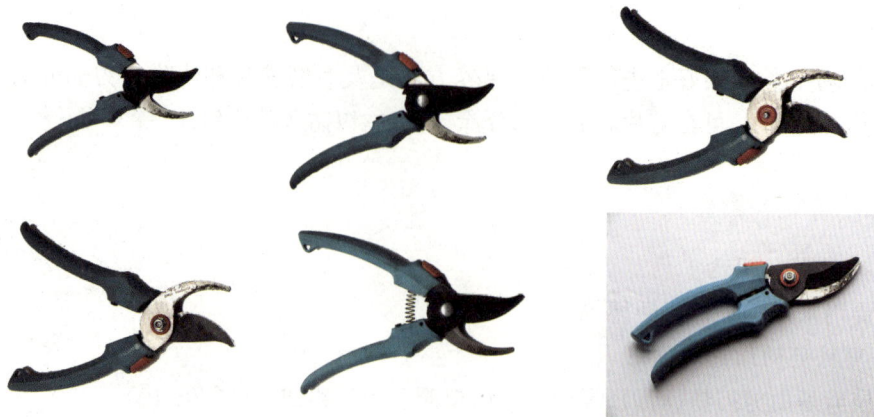

图7-12 剪枝剪的装配过程

5. 剪枝剪的使用与保养

(1) 使用

修剪使用时用剪枝剪的外侧面贴靠树干面,使剪截面平整,不留桩头。在剪截较粗枝条时,可用左手顺着剪口的方向推后,即可完成。

(2) 保养

剪枝剪使用后,应及时清除垢物或泥土,磨好备用。此外,还应经常拆装磨刃,螺丝、螺帽周围涂抹机油,以保证再次使用时能轻便、灵活。

六、手动喷雾器

1. 手动喷雾器的主要用途

手动喷雾器是用人力喷洒药液的一种机械,它具有结构简单、重量轻、使用方便等特点。适用于温室、盆栽小面积苗木病虫害防治。(见图7-13)

2. 手动喷雾器的组件及使用

(1) 药液桶

药液桶用薄钢板或塑料制成,外形做成鞍形,适于背负。桶壁标有水柱线,加液时液面不得超过此线。桶的加液口处设有滤网,防止杂物进入桶内,以保证喷头的正常工作。

(2) 液压泵

它是一种皮碗式活塞泵,由泵筒、塞杆、皮碗及出水阀、吸水管、空气室等组成。作用是按要求开闭,控制进出管路。

(3) 空气室

图7-13 手动喷雾器

空气室是一个中空的全封闭外壳,设置在出水阀接头的上方。其作用是减少液压泵排液的不均匀性,使药液获得稳定而均匀的喷射压力,保证喷雾均匀一致。

（4）喷射部件

主要由套管、喷头、开关和胶管等部件组成。喷头是喷雾器的主要工作部件,药液的雾化主要靠它来完成。

3. 手动喷雾器的使用与保养

（1）新皮碗使用前应浸入机油或动物油中,浸泡 24 小时后方可使用。

（2）正确选择喷孔。喷孔具有直径 1.3 和直径 1.6 两种喷头片,大孔片流量大,雾点粗,适用于较大植物,而小孔只适于植物幼苗期使用。

（3）背负作业时,应每分钟揿动液压泵杆 18～25 次。操作时不可过分弯腰,以防止药液溅到身上。在喷洒剧毒药液时,应注意安全操作,以防中毒。

（4）加药液不能超过桶壁上所示水位线,以免药液从泵盖处溢漏。空气室中的药液超过安全水位线时,应停止揿压泵杆。

（5）使用完毕必须用清水清洗内部与外壳,然后擦干桶内积水。较长时间存放应先用碱水洗再用清水洗刷,擦干,待干燥后存放。

七、铁锹

1. 铁锹的用途

翻地、挖穴、开沟、起苗、种植、整理地形等。（见图 7 - 14）

图 7 - 14　铁锹

2. 铁锹的组件及作用

（1）铁锹

铁锹是锹的主体,园林作业主要靠锹的作用。

（2）锹柄

通常用木制的,也有铁制的,主要连接铁锹,便于操作。

（3）铆钉

使铁锹和柄牢固连接。

3. 开口磨刀

铁锹开口可在砂轮上进行,开口时,将铁锹背面的锹刃贴紧砂轮均匀摩擦,锹刃和砂轮交角以 3～5 度为宜。开口时将锹刃置于砂石上,来回推磨,直至锹刃锋利光滑为止。

4. 铁锹的装配

先将已削好的锹柄下端插入铁鞘,再将铁锹朝上,使锹柄紧紧捶入锹鞘,并使两者无活动余地,然后用铆钉铆牢即可。

5. 铁锹的使用与保养

(1) 使用

使用时,人体自然站立,微收腹,重心略向前倾,右手把握锹柄支点,左手握住把手,用右脚踏住锹的右肩,用力蹬踏,然后左手将锹柄向后扳拉,右手同时向上,用力作翻挖作业。

(2) 保养

保养分为临时保养和长期保养。临时保养,只要把锹上的泥土、脏物除净,磨好擦干,即可继续使用;长期保养是在铁锹上涂抹牛油或机油,放在较干燥的地方即可。

第二节 常见园林机具介绍

图 7 - 15　割灌机

一、割灌机

使用割灌机(见图 7 - 15)进行除草作业可以大幅度地提高作业效率,可以将杂草保留在地表,防止水土流失,美化环境,保水保墒,增加土壤的有机质。

1. 保养

(1) 火花塞。拆卸火花塞,清理积炭,测量(电极)间隙在 0.6~0.7 mm 之间。

(2) 检修燃油滤清器和清洗燃油箱。倒出发动机内燃油,取出滤清器,并小心清洗;清除附在燃油箱中的水分和污物。

(3) 散热片。透过发动机罩检查散热片是否洁净,如果脏污要清理干净。

(4) 燃油管。检查燃油管,发现老化或漏油要及时更换。

(5) 及时更换刀片和尼龙盘。

2. 保存

倒出燃油箱内燃油,并倒空,把刀片盖安装到刀片上,把割草机放到干净处。

二、草坪割草机

随着草坪的迅速发展,对草坪割草机的需求也越来越大。正确使用和维护草坪割草机(见图 7 - 16),可延长其使用寿命。

1. 草坪割草机的组成

由发动机(或电动机)、外壳、刀片、轮子和控制扶手等部件组成。

图 7-16　草坪割草机

2. 草坪割草机的分类

(1) 按动力可分为：以汽油为燃料的发动机式、以电为动力的电动式和无动力的静音式。

(2) 按行走方式可分为：自走式、非自走手推式和座骑式。

(3) 按集草方式可分为：集草袋式和侧排式。

(4) 按刀片数量可分为：单刀片式、双刀片式和组合刀片式。

(5) 按刀片割草方式可分为：滚刀式和旋刀式。

一般常用的为发动机式、自走式、集草袋式、单刀片式、旋刀式机型。

3. 草坪割草机的使用

割草之前，必须先清除割草区域内的杂物。检查发动机的机油面、汽油数量、空气滤清器过滤性能、螺钉的松紧度、刀片的松紧和锋利程度。冷机状态下起动发动机，应先关闭风门，重压注油器 3 次以上，将油门开至最大。起动后再适时打开风门。割草时，若割草区坡太陡，应顺坡割草；若坡度超过 30 度，最好不用草坪割草机；若草坪面积太大，草坪割草机连续工作时间最好不要超过 4 小时。

4. 草坪割草机使用后的维护

草坪割草机使用后，应对其进行全面清洗，并检查所有的螺钉是否紧固，机油油面是否符合规定，空气滤清器性能是否良好，刀片有无缺损等。还要根据草坪割草机的使用年限，加强易损配件的检查或更换。

三、绿篱修剪机

1. 使用

(1) 使用前务必认真阅读使用说明书，了解绿篱修剪机（见图 7-17）的性能以及使用注意事项。

(2) 绿篱修剪机的用途是修剪树篱、灌木。为了避免发生意外事故，请勿用于其他用途。

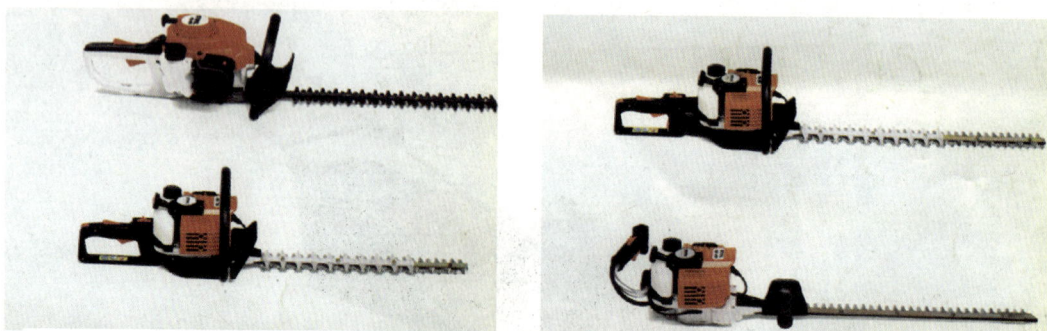

图 7-17　绿篱修剪机

（3）绿篱修剪机安装的是高速往复运动的切割刀，如果操作有误，是很危险的。所以，使用者在疲劳或不舒服的时候，在服用了感冒药或饮酒之后，请勿使用绿篱修剪机。

（4）发动机排出的气体里含有对人体有害的一氧化碳。因此，不要在室内、温室内或隧道内等通风不良的地方使用绿篱修剪机。

（5）以下各种场合，请勿使用。

① 脚下较滑，难以保持稳定的作业姿势时；

② 因浓雾或在夜间，对作业现场周围的安全难以确认时；

③ 天气不好时（下雨、刮大风、打雷等）。

（6）初次使用时，务必先请有经验者对绿篱修剪机的用法进行指导，方可开始实际作业。

（7）过度疲劳会使人的注意力降低，从而成为发生事故的原因，所以不要使作业计划过于紧张，每次连续作业时间不能超过 30～40 分钟，然后要有 10～20 分钟的休息时间，一天的作业时间应限制在 2 小时以内。

（8）未成年者不允许使用绿篱修剪机。

2. 注意事项

（1）在开始作业前，要先弄清现场的状况（地形、绿篱的性质、障碍物的位置、周围的危险度等），清除可以移动的障碍物。

（2）以作业者为中心，半径 15 m 以内为危险区域，为防他人进入该区域，要用绳索围起来或立标牌以示警告。另外，几个人同时作业时，要不时地互相打招呼，并保持一定间距，保证安全作业。

（3）开始作业之前，要认真检查机体各部件，在确认没有螺丝松动、漏油、损伤或变形等情况后方可开始作业。特别是刀片以及刀片连接部位更要仔细检查。

（4）确认刀片没有崩刃、裂口、弯曲之后方可使用，绝对不可以使用已出现异常的刀片。

（5）请使用磨好的锋利的刀片。

（6）磨刀片时，为防止刀刃崩裂，一定要把齿根部锉成弧形。

（7）在拧紧螺丝上好刀片后，要先用手转动刀片检查有无上下摆动或异常声响。如有上下摆动，则可能引起异常振动或刀片固定部分的松动。

四、树木扶正器

树木扶正器(见图 7-18)适用于对树木的扶正和精准调正的装置。其具有搬运灵活、不限场地、不伤树皮、节约成本的特点。

图 7-18 树木扶正器

1. 使用

(1) 安装顶板与底板。

(2) 将扶正器呈 45 度角架在需要扶正的树木上,顶板与树皮之间需安放树皮保护垫。

(3) 拿出上部收紧带和下部收紧带插入顶板洞内,下斜 45 度角缠绕树木一周。在顶板下方再水平缠绕一周,并把保护垫缠绕在内,与收紧器连接。缠绕后用收紧器用力收紧,使顶板只对保护垫摩擦,不摩擦及不伤及树皮。

(4) 用下部收紧带穿过底板螺丝柱,缠绕树木一周后用收紧器收紧。

(5) 安装步骤完成后,只需扭紧十字阀门,插入操作杆,上下挤压操作杆即可起到扶正树木的功效。扶正树木后拧紧十字阀门。

2. 注意事项

(1) 操作人员必须佩戴安全帽和工作手套,使用中注意安全。

(2) 使用前请检查十字阀门是否关闭。

(3) 使用时树木角度不得大于 75 度、小于 40 度。

(4) 使用时必须用树皮保护垫,防止树皮损伤。

(5) 操作杆下压不得过度用力,防止油封的损坏。

(6) 用完后必须打开十字阀门释放压力,再关闭阀门。

(7) 如遇地面松软,请放置垫板,防止轮子下陷,造成损坏。

参 考 书 目

1. 白德懋. 居住区规划与环境设计. 中国建筑工业出版社,1993.
2. 北京林业大学园林学院花卉教研组. 花卉学. 中国林业出版社,1990.
3. 陈俊愉. 中国农业百科全书——观赏园艺卷. 中国农业出版社,1996.
4. 陈瑞正,周心怡. 物业绿化管理. 天津大学出版社,2002.
5. 陈有民. 园林树木学. 中国林业出版社,1990.
6. 成海种. 园林植物栽培与养护. 高等教育出版社,2002.
7. 黄小鸾. 居住环境设计. 中国建筑工业出版社,1994.
8. 贾建中. 城市绿地规划设计. 中国林业出版社,2001.
9. 辽宁省林业学校,南京林业学校. 园林制图. 中国林业出版社,1992.
10. 卢圣. 植物造景. 气象出版社,2004.
11. 孟兆祯等. 园林工程. 中国林业出版社,1996.
12. 苏雪痕. 植物造景. 中国林业出版社,1994.
13. 同济大学,重庆建筑科学院,武汉建筑材料工业学院. 城市规划原理. 中国建筑工业出版社,1981.
14. 王汝诚. 园林规划设计. 中国建筑工业出版社,1999.
15. 王志儒. 住宅小区物业管理. 中国建筑工业出版社,1998.
16. 现代物业管理制度编委会. 现代物业管理制度全集. 中国言实出版社,2000.
17. 徐汉卿. 植物学. 中国农业出版社,1990.
18. 徐惠风,金研铭等. 室内绿化装饰. 中国林业出版社,2002.
19. 徐明慧. 园林植物病虫害防治. 中国林业出版社,1993.
20. 杨赉丽,班道明. 居住区物业环境绿化管理. 中国林业出版社,2002.
21. 余树勋. 花园设计. 天津大学出版社,1998.
22. 张天麟. 园林树木 1000 种. 学术书刊出版社,1990.
23. 张秀英. 观赏花木整形修剪. 中国农业出版社,1999.